Christine Bauer-Jelinek

**Business-Krieger**

Christine Bauer-Jelinek

# Business-Krieger

## Überleben in Zeiten der Globalisierung

ÖVG

**Bibliographische Information Der Deutschen Bibliothek**
Die Deutsche Bibliothek verzeichnet diese Publikation in der Deutschen Nationalbibliographie; detaillierte bibliographische Daten sind im Internet über http://dnb.ddb.de abrufbar

Printed in Austria



ISBN 3-7067-00832


1014 Wien, Kohlmarkt 16, Telefon: (01) 531 61-0
Internet: www.oevg.com
E-Mail: verlag@MANZ.at
Bestellen: bestellen@manz.at

Bildnachweis: Cover U1: © gettyimages GmbH, 1010 Wien; U4: © Sabine Hauswirth
Umschlaggestaltung: Wolfgang K. Buchner
Typografische Gestaltung & Satz: Mag. Christine Horn, 1070 Wien
Druck: Novographic Druck G.m.b.H., 1230 Wien

*Meinen Söhnen gewidmet.*
*Mögen sie in den Wirren des Business-Kriegs ihren Weg finden.*

# Inhalt

# Vorwort

Als ich vor vier Jahren auf einem Kongress einen Vortrag mit dem Titel „Inventur in der Waffenkammer“ hielt, konnte ich nicht ahnen, wie sich dieses Thema weiter entwickeln würde. Zu diesem Zeitpunkt hatte ich eben erst erkannt, dass viele Menschen versuchen, ihre Konflikte im Berufsleben mit einer pazifistischen und psychologisierenden Einstellung zu bewältigen – und dabei immer öfter scheitern. Manager, Politiker, Unternehmensgründer und einfache Angestellte, die sich auf der Karriereleiter aufwärts bewegen (wollten), und auch jene, die sich abwärts bewegen (mussten), kamen unter anderem deswegen zu mir in die Praxis. Ihre Beschreibungen sowie meine Tätigkeit als Managementtrainerin und Wirtschaftscoach ermöglichten mir tiefe Einblicke in die Abläufe in Unternehmen und darüber hinaus in gesellschaftliche Zusammenhänge.

In der folgenden Auseinandersetzung mit effektiven Durchsetzungsmethoden stieß ich auf ein Tabu: Die Beschäftigung mit der „Macht“ fand hinter verschlossenen Türen statt, die Erklärung ihrer Funktionsweise wurde in wissenschaftlichen Büchern versteckt. Als Antwort darauf erhob ich den Erwerb von Machtkompetenz zu einer Frage, die maßgeblich über Erfolg oder Misserfolg entscheidet. Der Bedarf an komprimiertem Wissen über die Mechanismen der Macht erwies sich als unerwartet groß; mein Buch *„Die helle und die dunkle Seite der Macht“* avancierte zum meistverkauften Sachbuch seiner Sparte. Damit war ich tief in das Terrain des strategischen Denkens und die Erfordernisse des kontrollierten Kampfes vorgedrungen.

Die weiteren Beobachtungen waren allerdings schockierend: Seit einiger Zeit hörten sich die Schilderungen meiner Klienten an, als befänden sie sich in einem Krieg. Da war die Rede von „Steinschleudern, mit denen man gegen Panzer antreten muss“, von „tagelangen Aufenthalten im Bunker ohne Tageslicht“, von „Blutbädern und Kampfgetöse“. Bei weiterem Nachsinnen stellte ich fest, dass sich auch meine eigene Sprache bereits verändert hatte. Meine Vergleiche bezogen sich immer häufiger auf Strategien, die für die Bewältigung von Traumatisierungen im Krieg herangezogen werden. Als ein Pionier des Coachings bin ich lange genug im Geschäft, um Eintagsfliegen von Trends unterscheiden zu können – und es war offensichtlich: Hier handelte es sich um eine brisante gesellschaftliche Entwicklung. Aufgrund dieser Erkenntnis prägte ich den Begriff „Business-Krieger“.

Sensibilisiert durch diese Überlegungen registriere ich seither überraschende Diskrepanzen zwischen den öffentlichen Stellungnahmen von Top-Managern und Politikern und dem tatsächlichen Geschehen. Nach wie vor lauten die ausgegebenen Parolen auf Kooperation und Konsens. Die Realität sieht jedoch anders aus: Wer nicht bereit ist für sein berufliches Überleben zu kämpfen, wird an den Rand gedrängt und verliert schließlich seinen Job. Der Verdrängungswettkampf, den große Konzerne wie kleine Familienunternehmen gleichermaßen führen, betrifft auch des Individuum – unabhängig von seiner Position. Der Einzelne hat zusätzlich noch den Nachteil, dass er seine Feinde nicht klar erkennen kann, denn diese befinden sich meist in den eigenen Reihen, am Nebenschreibtisch oder ein Stockwerk höher. Gute Chancen im wirtschaftlichen Überlebenskampf hat, wer rechtzeitig erkennt, dass die Zeiten von Frieden und Sicherheit vorerst einmal vorbei sind, dass Krieg herrscht in der Wirtschaft.

Dieses Buch soll einen Beitrag zur Klarheit leisten: auf der Ebene der gesellschaftlichen Entwicklung ebenso wie auf der persönlichen. Mit meinen Nachforschungen und Überlegungen bin ich dem Verdacht nachgegangen, dass die Gesetzmäßigkeiten des militärischen Kriegs weitgehend auch im Business-Krieg gelten. Ich wollte herausfinden, wie die daraus abgeleiteten Erkenntnisse im beruflichen Überlebenskampf zu nutzen wären. Die Metaphern von Business-Kriegern und Business-Soldaten, von Business-Rebellen und Power-Zivilisten sollen für meine Leserinnen und Leser einen Zugang zu Wirtschaftswissen* und Kampfkompetenz erschließen. Es ist mir besonders daran gelegen, dass dies „leichten Fußes" und mit vertretbarem Aufwand möglich ist. Wir legen heute die Grundlagen für morgen. Erst ein klarer Blick wird uns helfen, den Herausforderungen der Gegenwart gewappnet zu begegnen und die Zukunft aktiv mitzugestalten.

*Christine Bauer-Jelinek* *Jänner 2003*

PS: Meine geschätzten Leserinnen werden sich vielleicht fragen, welche Rolle die Krieger*innen* im Business-Krieg spielen. Dies ist ein Buch über die Männerwelt. Der militärische Krieg ist traditionellerweise eine Domäne der Männer – und nicht anders verhält es sich mit dem Business-Krieg. Wollen Frauen hier reüssieren, dann müssen sie sich notwendigerweise mit den Gesetzmäßigkeiten des Kriegs auseinandersetzen oder in Nischen arbeiten. Ihre Voraussetzungen für eine Karriere als Business-Kriegerin sind allerdings nicht die besten. Frauen werden wieder einmal doppelt soviele Anstrengungen auf sich nehmen müssen, um mit den Männern Schritt zu halten.

* Am Ende des Buches finden Sie dazu ein ausführliches Glossar.

# PROLOG
# Es herrscht Krieg im Business

Eine schmerzliche Wahrheit ist besser als eine Lüge.
*Thomas Mann*

*„Wir haben den Krieg gewonnen!"*, triumphierte der Chef des britischen Handy-Riesen Vodafone, als er nach einer medienwirksamen Übernahmeschlacht den deutschen Traditionskonzern Mannesmann gegen dessen Willen geschluckt hatte.* Bill Gates ist seit Jahren in einen „Browserkrieg" verwickelt, und die Deutsche Bank** erwartet nach einem dreistelligen Millionenverlust ein „Blutbad" in ihrer Bilanz. Die Wirtschaftsnachrichten bringen jeden Tag neue Hiobsbotschaften über Unternehmen, die ihre Mitarbeiter in großem Umfang entlassen müssen: *„Jede vierte Stelle im Investmentbanking fällt dem Sparstift zum Opfer"*.[1] *„Um den Schuldenberg von 64 Mrd. EUR abzubauen, verlieren bis 2005 rund 55.000 Mitarbeiter der Deutschen Telekom ihren Job."*[2] 8.000 Kündigungen stehen beim Autohersteller Fiat im Süden Italiens an. Einerseits werden Mitarbeiter massenweise abgebaut und andererseits führen Headhunter einen „war for talents", um für ihre Kunden die besten Mitarbeiter von der Konkurrenz abzuwerben. *„Auch wenn die Pazifisten unter den Managern sich dagegen verwahren mögen, haben zahlreiche Führungskräfte eine klare Mission für ihren Arbeitsalltag: Wirtschaft ist Krieg!"*[3]

Die Wirtschaft befindet sich im Umbruch. Kampf, Krieg, Intrige, Attacke, Übernahme – zunehmend werden Begriffe verwendet, die dem militärischen Vokabular entlehnt sind. Wir hören die beunruhigenden Meldungen und hoffen, dass die negativen Auswirkungen unser Berufsleben nicht tangieren und uns selbst nicht treffen werden. Aber merken wir nicht jetzt schon täglich,

Illusion

* „... die erste unfreundliche Übernahme in Deutschland leitet eine Wende in der Wirtschaftsgebarung ein ...", Reuter, Wolfgang: Wir haben den Krieg gewonnen, in: Der Spiegel, 7. 2. 2000

** „... im Kampf ums eigene Überleben müssen die Institute sogar verliehenes Geld eiligst zurückfordern und treiben damit andere Unternehmen in den Ruin ...", Pauly, Christoph: Kassieren und Abhauen, in: Der Spiegel, 14. 10. 2002

dass auch am eigenen Arbeitsplatz der Druck ständig zunimmt, dass ein schärferer Wind weht, dass sich die Bedingungen in der Wirtschaft verschlechtert haben?

Was hat sich verändert? Noch ist es nicht deutlich zu erkennen – es gibt in den westlichen Industriestaaten keine Hungersnöte und keine offensichtliche Massenarbeitslosigkeit – aber irgendetwas scheint außer Kontrolle zu geraten. Die Zeiten sind vorbei, in denen Wohlstand, sozialer Friede und blühende Unternehmen das Bild unserer Gesellschaft prägten. Der Laie wird aus den Wirtschaftsdaten nicht mehr richtig schlau: Auf der einen Seite zählen Österreich und Deutschland zu den reichsten Ländern der Erde, auf der anderen Seite steigen die Arbeitslosenzahlen rasant an und selbst Menschen, die in einem Arbeitsverhältnis stehen, können sich immer weniger leisten. Es ist paradox: Wir leben im Wohlstand und dennoch machen sich Existenzsorgen breit. Katastrophenmeldungen über die US-amerikanische Wirtschaft verstärken das Unbehagen noch. Sind wir denn in Europa sicher vor Bilanzskandalen nach dem Muster von Worldcom* und Riesenpleiten wie Enron**?

## Eiszeit am Arbeitsplatz

Während Wissenschafter und Journalisten optimistische Prognosen formulieren, spürt der einzelne Arbeitnehmer und die Arbeitnehmerin, dass die Arbeitsatmosphäre kälter wird. Ein Zugehörigkeitsgefühl zu einer Firma, zu einem Unternehmer, zum Staat will nicht mehr so richtig aufkommen, wenn man von Kündigungswellen bedroht ist. Immer weniger Mitarbeiter müssen immer mehr Aufgaben bewältigen, und der Stress nimmt ständig zu.

Auch Eigentümer und Geschäftsführer von Klein- und Mittelbetrieben registrieren einen deutlich stärker werdenden Konkurrenzdruck. Sie leben mit der Angst, zu klein zum Überleben zu sein und mit dem Zwang zur Expansion – der Kampf mit Finanzierungsproblemen gehört mittlerweile zu ihrem täglichen Geschäft. Ebenso geraten Vorstände und Aufsichtsräte

* Die Geschäftsführung von Worldcom (ein internationales Unternehmen für Internetdienstleistungen) räumt ein, in fünf Quartalen eine Summe von 3,8 Mrd. US-Dollar falsch verbucht zu haben. o.A.: Chronik: Der Bilanzskandal bei Worldcom, in: www.ftd.de, 28. 12. 2002

** „Enron (früher eines der führenden Unternehmen im Elektrizitäts- und Rohstoffbereich) hatte beim Ausweisen der Gewinne um nahezu 600 Mio. US-Dollar übertrieben; für Geschäfte, die bisher nicht in der Bilanz aufgetaucht waren, musste ein Verlust von 1,2 Mrd. US-Dollar verbucht werden." o.A.: Enrons traurige Bilanz, in: Financial Times Deutschland, 7. 12. 2001

von großen Unternehmen unter Druck: Sie sollen weitreichende Entscheidungen in einem Umfeld treffen, in dem sich die Bedingungen rascher ändern, als man sie kommunizieren kann. Die einwirkenden Kräfte sind so vielfältig, dass sie nicht mehr kontrolliert werden können, und die Konkurrenz ist so groß, dass man niemandem mehr vertrauen kann. *„Alles herausholen, was möglich ist"*, lautet die Devise – aus sich selbst und aus den anderen: die Herausforderung als Chance wahrnehmen, arbeiten bis zum Umfallen, sich und den Mitarbeitern Höchstleistungen abverlangen. Manager riskieren die Gesundheit und die Existenz aller Beteiligten, gewöhnen sich an „harte Maßnahmen" – dennoch trifft auch sie das plötzliche „Aus" oft unerwartet.

## Moderne Nomaden

Bindungen sind out. *„Sie wollen nicht in die Niederlassung nach Übersee, Ihren Kindern nicht schon wieder einen Schulwechsel zumuten? Ihre Frau/Ihr Mann steht eben selbst vor einem Karrieresprung und will nicht mitkommen? Sie hängen an der Stadt, an Ihrem Haus an Ihren Verwandten und Freunden?"* Chancen hat, wer solchen altmodischen Ballast möglichst ohne Rückstände entsorgen kann. Über die unangenehmen Nebenwirkungen einer solchen Lebensweise liest man nur in psychologischen Fachzeitschriften. In den Massenmedien wird diese Lebensform romantisierend als „modernes Nomadentum" bezeichnet. So schillernd, wie er klingt, ist dieser Zustand allerdings nicht: Die Symptome internationaler Manager gleichen eher jenen von Heimatvertriebenen als von Nomaden. Diese haben zumindest eine Gemeinschaft, mit der sie wandern und eine Tradition, der sie verbunden sind. Manager haben von all dem nichts, ja nicht einmal den Trost der Vertriebenen, die sich wenigstens als Opfer fühlen dürfen.

Die Begriffe Manager und Unternehmer werden oft in einem Atemzug genannt, doch noch nie war so deutlich zu erkennen wie heute, dass zwischen diesen beiden Berufsbildern Welten liegen: Ein traditioneller Unternehmer verhält sich zu einem internationalen Manager wie der General einer staatlichen Armee zu einem Offizier der Fremdenlegion. Trotz des drastischen Vergleichs liegt darin keine Abwertung der handelnden Personen, vielmehr beschreibt er den Zustand, an dem viele dieser Menschen leiden: *„Ich fühle mich entwurzelt und ausgebrannt, ständig von der Vernichtung bedroht – wie ein Fremdenlegionär."* Die Manager selbst verfallen auf solche Analogien. Während ein traditioneller Unternehmer mit seiner Firma, seinen Mitarbeitern und Kunden verbunden ist, haben die Manager im Heimatland ihre Freunde verloren und in den Gastländern keine Zeit gehabt, neue zu suchen. Legionäre der Wirtschaft sind einmal hier und einmal dort, einmal dienen sie diesem Unternehmen, das nächste Mal der Konkurrenz.

Die Kenntnis von Produkten wird für Topmanager immer unwichtiger, denn das Finanzgeschäft und die Maßnahmen zur Kostenreduktion funktionieren in jedem Konzern ähnlich. Die inhaltliche Arbeit nimmt nur noch einen Bruchteil der Zeit ein, den Löwenanteil verbraucht die interne Politik: die Positionierung für den nächsten Karriereschritt, die Absicherung gegen Verfolger, die Promotion der eigenen Leistung, der Aufbau der Seilschaft und die Pflege der Informanten. Entscheidend für den persönlichen Erfolg ist ein Gespür für den richtigen Zeitpunkt: Man muss in die nächst höhere Position in einem anderen Unternehmen wechseln, solange man die Erfolgszahlen im jetzigen Job dem eigenen Wirken zurechnen kann[*] und bevor der nächste Abschwung mit zu tragen ist.

## Immer mehr und immer größer

Natürlich wollen Unternehmer Gewinne machen. Dazu gehörte bis vor nicht allzu langer Zeit die Schaffung von beständigen Werten und der Aufbau von langfristigen Bindungen zu den Mitarbeitern. Nach dieser Maxime leben heute nur noch mittelständische Unternehmen[**] – und das nur solange sie es sich noch leisten können. In Großunternehmen, Aktiengesellschaften, internationalen Konzernen werden die Entscheidungen ausschließlich der Maximierung des Gewinnes untergeordnet. Das einzige Interesse ihrer Eigentümer, die zum Großteil „anonyme Aktionäre" sind, ist die Vermehrung ihres eingesetzten Kapitals. Wie dies erreicht wird, ist für sie nicht von Interesse. Daher ist die wichtigste Aufgabe des Managements die Steigerung des Aktienkurses um (beinahe) jeden Preis. Verkauft wird nicht in erster Linie das Produkt, sondern das Image eines zukünftigen Erfolges oder der virtuelle Wert einer Marke. Allerdings ist es nicht so, dass kein Umsatz mehr gemacht werden müsste, im Gegenteil – auf dem Vertrieb

[*] Die Deutsche Bank versprach bei der Übernahme der US-Investmentbank BT dem damaligen Chef Frank Newman 55 Millionen Dollar für die Motivation der BT-Mitarbeiter. Sofort nach dem Deal verschwand Newman in den Ruhestand und erhielt noch einen zweistelligen Millionenbetrag als „kleines Dankeschön". Pauly, Christoph: Kassieren und Abhauen, in: Der Spiegel, 14. 10. 2002

[**] „Zwischen 1995 und 2001 sei die Zahl der Mitarbeiter im krisengeschüttelten Baugewerbe und -nebengewerbe um 1 % gestiegen, während die Großunternehmen der Bauindustrie 26 % der Mitarbeiter abgebaut hätten ..." o.A.: Beschäftigtenstand wird trotz Unsicherheiten gehalten, in: Wiener Zeitung, 4./5. 10. 2002

lastet ein ungeheurer Druck, um die meist überzogenen Business-Pläne und Forecasts zu erfüllen. Das Ziel ist nicht die gewinnorientierte Führung des Unternehmens auf lange Sicht, sondern der nächste Quartalsbericht und der nächste Deal: der Verkauf, die Übernahme, der strategische Partner, die Steigerung des Markenwertes, der Börsengang, die Investorensuche, die Kapitalerhöhung.

Wenn einmal die Unternehmensgründer und ursprünglichen Eigentümer das Schiff verlassen haben oder verlassen mussten, ist niemand mehr an Bord, den die fernere Zukunft des Unternehmens interessieren würde. Aufsichtsräte, Vorstände, erste Managementebene – die Entscheidungsträger sind nur noch „Zeitarbeiter" mit einem Dreijahresvertrag oder maximal einem Fünfjahresvertrag, abhängig von den Ansprüchen der anonymen Aktionäre, getrieben von den Umsatzvorgaben. Für wen arbeiten sie, wofür riskieren sie ihre Gesundheit und ihre Beziehungen? Für Ideale, Überzeugungen oder wenigstens für den Erhalt ihres Erbes? Werte wie diese sind im Aussterben begriffen. Wenn die Steigerung von Aktienkursen das einzige Ziel eines Unternehmens ist, ist es dann nicht legitim, dass die Maximierung des eigenen Gehalts das einzige Ziel der Manager ist?

Internationale Firmen, transnationale Konzerne, Global Players – einige wenige gigantische Firmenkonglomerate in jedem Marktsegment, weltweit eine Handvoll Autohersteller, Softwareriesen, Versicherungskonzerne – das ist die Vision des herrschenden Wirtschaftssystems.* Diese Giganten befinden sich in einem für alle Beteiligten bedrohlichen Verdrängungskampf. Global Players können sich weitgehend der nationalen Gesetzgebung, den Steuerverpflichtungen und dem sozialen Gewissen entziehen. Dass auch sie nur mit motivierten und loyalen Mitarbeitern bestehen können, ist eine Behauptung, die zur notwendigen Steigerung der Leistung gerne verwendet wird. Tatsächlich sind die Konzerne nicht auf einzelne Menschen angewiesen, sondern auf die optimale und anonymisierte Besetzung von Funktionen – möglichst ohne Reibungsflächen wie Kündigungsschutz, Kollektivverträge und zwischenmenschliche Probleme. Der Mensch löst sich in seiner Funktion auf und das erzeugt Druck: „*Wenn ich nicht funktioniere, bin ich weg vom Fenster, es scharren schon die nächsten hungrigen Jobanwärter in den Startlöchern.*" Auf ein Stelleninserat bewerben sich zurzeit Hunderte Interessenten.

* So gehören z.B. zu Ford Motor inzwischen Marken wie Aston Martin, Jaguar, Land Rover, Lincoln, Mazda, Mercury, Volvo, in: www.ford.com, 28. 7. 2002; weitere Beispiele in: Martin, Hans Peter; Schumann, Harald: Die Globalisierungsfalle, Reinbek 1999

## Der Staat und seine Diener

Gibt es noch irgendwo Schonräume? Früher ging man in den Staatsdienst, wenn man auf Sicherheit bedacht war und den scharfen Wind nicht direkt im Gesicht spüren wollte. Kann man mit diesen Wünschen heute noch Beamter werden? Die schlechte Nachricht lautet: Nein. Unter dem Druck des marktwirtschaftlichen Denkens hat die Sanierung der Staatshaushalte oberste Priorität, die öffentliche Verwaltung wird Zug um Zug umorganisiert. Das geht zwar nicht so schnell, wie es sich die Regierungen wünschen, doch das Klima hat sich bereits geändert. Unternehmerisches Denken, Effizienz und schlanke Hierarchien halten in den Amtsstuben Einzug, immer mehr Aufgaben werden in eigene Gesellschaften ausgegliedert, in denen dann marktwirtschaftlich agiert wird. Vieles davon geschieht zum Nutzen der Bürger, jedoch um den Preis einer teilweise problematischen Angleichung des Wertesystems der öffentlichen Verwaltung an die freie Wirtschaft.

Die Vorteile des Beamtenstandes, oft auch Privilegien genannt, werden abgebaut. Hieß es früher: *„Ein Staatsdiener verdient zwar nicht viel, aber das sicher“*, so ist unter dem Titel Verwaltungsreform die Aufhebung der Pragmatisierung bereits angelaufen und die Einführung einer leistungsgerechten Entlohnung beschlossene Sache. Auswahlverfahren und Schulungen für höhere Beamte unterscheiden sich schon jetzt nicht mehr von jenen in der Privatwirtschaft. Wenn dann noch das Pensionssystem angeglichen wird, sind die Unterschiede ganz verschwunden, dann müssen die Menschen auch auf diesen „Inseln der Seligkeit“ den Überlebenskampf erlernen.

Und was wird aus den Idealisten? Wo sollen sie arbeiten? War früher der Sozialbereich ihr Wirkungsfeld, so zwingt die prognostizierte Unfinanzierbarkeit des Gesundheitssystems, des Bildungssystems, des sozialen Netzes auch hier zu einem Umdenken: Nicht was der Mensch braucht, soll finanziert werden, sondern was finanzierbar ist, kann er bekommen. Überall hält das Prinzip der Gewinnorientierung mit all seinen Folgen Einzug – schlechte Voraussetzungen für Menschen, die sich an ihrem Arbeitsplatz die Zugehörigkeit zu einer Gemeinschaft erwarten. Harmoniebedürfnis und Gerechtigkeitssinn sind auch im Sozialbereich hinderliche Eigenschaften auf dem Weg nach oben. Gefragt sind Mitarbeiter, bei denen Fürsorge- und Opferbereitschaft zwar noch vorhanden sind, die jedoch zugleich das Zeug zu „harten Managern“ haben. Den Idealisten bleibt die ehrenamtliche Tätigkeit in sozialen Vereinen, solange diese sich noch finanziell über Wasser halten können.

## Schwarze Freitage

In unserer Wirtschaft ist relativ unbemerkt eine Umschichtung von Vermögen im Gange: Während die einen ihr Hab und Gut verlieren, machen andere das Geschäft ihres Lebens. Wir erleben nicht einen „schwarzen Freitag“ an den Börsen wie im Jahr 1929, sondern eine Serie von „dunkelgrauen“ Freitagen. Es ist nicht an einem Tag eine Weltwirtschaftskrise ausgebrochen, vielmehr wird ein enormes Vermögen „stückchenweise“ verlagert. In einem Zeitraum von zwei Jahren wurden durch den Niedergang der New Economy 730 Milliarden (!) Dollar an Aktienvermögen vernichtet.[4] Laufend fallen unter dem Titel der Marktbereinigung kleine Läden, Büros, Fabrikhallen, Entertainment-Center, Produktionsstätten u.Ä. von Unternehmen, die es nicht geschafft haben, dem Verfall anheim.* Die Arbeitsplätze werden dabei meist nicht umgeschichtet, sondern einfach abgebaut. Damit wird täglich die wirtschaftliche Existenz unzähliger Menschen vernichtet.

Die Schere zwischen Arm und Reich öffnet sich rasant immer weiter – sowohl bei Einzelpersonen als auch im Verhältnis der Staaten zueinander: 1960 verdienten die reichsten 20 % der Weltbevölkerung gegenüber den ärmsten 20 % das 30fache, 1995 war es bereits das 80fache. Das Vermögen der drei reichsten Menschen der Welt ist größer als das Bruttoinlandsprodukt der 48 ärmsten Länder der Welt. War die Schweiz 1976 „nur“ 52-mal reicher als Mosambik, so betrug der Unterschied 1997 bereits das 508fache.[5]

## Krieg in der Wirtschaft

Die Brutalität im Geschäftsleben nimmt ständig zu, jeder kämpft gegen jeden um Arbeitsplätze, Kunden, Forschungsgelder oder Aufträge. Die Konzern-Kolosse überbieten einander in Übernahmeschlachten, an den Börsen werden Werte vernichtet, immer mehr Menschen kommen unter existenziellen Druck und fallen unter die Armutsgrenze. Der gesellschaftliche Zusammenhalt löst sich auf. Diese Bestandsaufnahme erlaubt den Schluss: Wir befinden uns im Krieg – in einem Business-Krieg. Dieser wird zwar nicht mit militärischen Mitteln geführt, doch sind seine Waffen – abgesehen vom direkten Angriff auf das Menschenleben – ebenso zerstörerisch.

Eine solche Behauptung löst bei vielen Angst und Widerstand aus. Kaum jemand möchte die Annahme vom Krieg in der Wirtschaft und in

* „Im August 2002 musste bereits das dritte Großkino im Raum Wien seine Pforten schließen. Dem Überangebot an Kinositzen steht nur eine geringfügige Steigerung der Besucherzahlen gegenüber.“, in: www.diemucha.at, 27. 8. 2002

der Arbeitswelt auf ihren Wahrheitsgehalt überprüfen. Die meisten hoffen auf Besserung, auf den Wirtschaftsaufschwung. Dieser Business-Krieg ist auch tatsächlich nicht leicht zu erkennen, denn wie im militärischen Krieg rollt auch hier die Propagandamaschinerie. Wenn Leser, Hörer und Seher einen Verantwortlichen aus Wirtschaft oder Politik in seinem privaten Umfeld erleben und seine menschliche Seite kennen lernen dürfen, dann wissen die wenigsten, dass die „Homestory" meist ein Märchen ist und mit der Wirklichkeit nur wenig zu tun hat. Sie wundern sich nur ganz leise, wenn sie aus den Medien erfahren – meist in einer kleinen Notiz am Rande –, dass die Gattin, die eben noch glücklich den Familientisch deckte, schwer krank oder bereits aus dem gemeinsamen Haushalt ausgezogen ist. Solche Homestorys werden auch für Unternehmen produziert, um die Mitarbeiter, aber vor allem die Investoren in Sicherheit zu wiegen: steigende Kurse, effektive Mitarbeiter, strahlende Manager – eine einzige Erfolgsgeschichte.*

Nur wenige haben Einblick in das wirkliche Geschehen. Berater, Wirtschaftsprüfer und Rechtsanwälte sehen zwar die Realität, doch sie wollen nicht die Kuh gefährden, die sie melken. Daher spielen sie mit – als glückliche Mitglieder einer großen Familie. Die Wende kommt immer ganz überraschend. Es folgt die Übernahme durch ein anderes Unternehmen mit der Garantie, dass kein Personal abgebaut werden wird – und ein Jahr später die kleine Notiz, dass Hunderte von Arbeitskräften von der „Freisetzung" bedroht sind.** Oder gleich Konkurs, Schließung, Filetierung oder Liquidierung – und jeder ist bass erstaunt. War das Unbehagen der Mitarbeiter reine Einbildung? Sagt nicht danach jeder, er hätte es kommen sehen? Vor allem die Berater haben dann alle Hände voll zu tun, um ihren eigenen Ruf zu reparieren, und das Management beginnt gemeinsam mit den Medien die nächste Runde zur Verbreitung des Glaubens an Friede und Wohlstand für alle.

* So geschehen bei der österreichischen Firma JoWooD: „Im August 2002 war alles eitel Wonne gewesen. Da hieß es nämlich zur Halbjahresbilanz: Beschleunigt wird die positive Geschäftsentwicklung durch die allgemeine Dynamik der Branche. Im November stand das Unternehmen vor dem Konkurs, die Aktie stürzte von 11 € auf 0,5 €. Kramer, Angelika: JoWooD: Was ist in zweieinhalb Monaten passiert?", in: Wirtschaftsblatt, 16. 11. 2002

** „Die Reifenproduktion im niederösterreichischen Semperit-Werk in Traiskirchen wird im Juli 2002 eingestellt. 950 von 1.500 Mitarbeitern werden gekündigt. Dabei war die Belegschaft des Produktionsstandortes Traiskirchen sehr erfolgreich. Immerhin so erfolgreich, dass nach einem Kaufpreis von 440 Mio. Schilling im Jahr 1985 die Firma Conti seither 6 Mrd. Schilling erhalten hat", in: www.oegb.or.at, 27. 8. 2002

## Hilflos und ohnmächtig

Viele Menschen suchen angesichts dieser angespannten Lage den Fehler bei sich selbst. Sie strengen sich noch mehr an, erhöhen ihr Engagement, machen Zusatzausbildungen oder engagieren Berater. Meist erhalten sie dafür jedoch nicht den erwarteten Lohn – weder in Form von Geld und Aufträgen noch in Form von Anerkennung. Wird aus einer einmaligen Krise ein Dauerzustand, so bewegt sich die Spirale von Unverständnis, Enttäuschung und Frustration nach unten und endet nicht selten bei Gefühlen der persönlichen Minderwertigkeit und der Hilflosigkeit.

Dieses Gefühl der Ohnmacht hat sich in den letzten Jahren epidemieartig ausgebreitet. Es erfasst Mitarbeiter ebenso wie Politiker und Wirtschaftsbosse. Es erreicht alle Bildungs- und Einkommensschichten. Weder Macht noch Geld, noch ein aufrechtes Arbeitsverhältnis bieten einen wirksamen Schutz davor. Die betroffenen Menschen fühlen sich schlecht, obwohl es ihnen eigentlich gut gehen müsste. „*Ich bin deprimiert und schlafe schlecht, obwohl ich doch alles habe*", ist ein typischer Einstiegssatz in ein Coaching oder eine Psychotherapie. Der Einwand, es handle sich dabei um die Symptome der überreizten Wohlstandsgesellschaft, die Wehwehchen des Jetsets, die psychischen Blähungen der ständig Übersättigten, greift zu kurz. Das tiefe Unbehagen, die unbenennbare Sorge um die Zukunft, erfasst auch die kritischen und intellektuell redlichen Menschen. Diese artikulieren sich allerdings nur vorsichtig, können die Dimension ihrer Wahrnehmung meist gar nicht erfassen, leben ständig in der Gefahr als „Jammerer" oder „Bedenkenträger" abqualifiziert zu werden und drehen sich mit ihren Erklärungsversuchen im Kreis.

Die einen müssen ihre Stimmung mit Medikamenten aufhellen, die anderen ihre Leistungsfähigkeit mit Aufputschmitteln hochhalten. 1999 wurden in der Bundesrepublik Deutschland 38 Mio. Packungen Schlaf- und Beruhigungsmittel verkauft, der Konsum von Antidepressiva nahm gegenüber dem Vorjahr um 16 % zu. In der Schweiz stieg der Umsatz von Antidepressiva innerhalb von 5 Jahren um mehr als das Doppelte.* „*Etwa jeder dritte Erwachsene leidet gelegentlich unter Ein- und/oder Durchschlafstörungen. Bei etwa jedem zehnten Erwachsenen liegt aber bereits eine chronische Schlafstörung vor, durch die er sich in seiner Stimmung und Leistungsfähigkeit am Tage erheblich beeinträchtigt fühlt. Schlafstörungen zählen damit (neben Kopfschmerzen) zu den häufigsten psychosomatischen Beschwerden.*"[6]

* Umsatzsteigerung für Antidepressiva: von 90,9 Mio. SFr im Jahr 1995 auf 214,9 Mio SFr im Jahr 2000, in: Pharma-Information, Basel, 4/2001

Schlaflosigkeit, Depressionen, Angst- und Panikattacken sind im Begriff zu ernsthaften Volkskrankheiten zu werden. Doch nicht nur die Verzweiflung wird mit Medikamenten niedergekämpft, auch dem Leistungs- oder Konzentrationsmangel wird zunehmend mit Hilfe der Pharmaindustrie abgeholfen. 1999 konsumierten die Bundesdeutschen um 45 % (!) mehr Psychostimulantien (Aufputschmittel) als im Jahr davor.[7] Diese Zahlen finden sich in Behördenberichten und in wissenschaftlichen Studien, in den Massenmedien hingegen nehmen sie nur wenig Raum ein. Wenn über den Zuwachs im Bereich der Psychopharmaka berichtet wird, dann – gemäß den Gesetzen der Finanzmärkte – eher auf der Wirtschaftsseite mit einer Empfehlung für eine viel versprechende Investition: „*Biotechnologie – Lukrativer Markt der Psychotherapeutika. Der Markt für Medikamente ist sehr lukrativ, schaffen es doch einige Produkte, Umsätze in Milliardenhöhe pro Jahr einzuspielen. Insbesondere Investoren suchen nach diesen Perlen, die eine hohe Rendite versprechen. Ein solches Gebiet sind Erkrankungen des Zentralnervensystems. Hierbei sind Psychotherapeutika das drittgrößte Indikationsgebiet. (...) In den nächsten fünf Jahren wird dieser Markt voraussichtlich mit rund 13 Prozent jährlich wachsen.*“[8] Während die Wissenschaft noch über die Ursachen dieser Symptomhäufung nachdenkt, hat der Kapitalmarkt diese längst als gewinnträchtige Realität aufgespürt.

Die Krankheitsbilder und ihre Behandlungsformen sind ein Spiegel für die unerbittlichen Gesetzmäßigkeiten der neuen Wirtschaftsordnung: „*Die Großen fressen die Kleinen, die Schnellen schlagen die Langsamen und wer stehen bleibt, fällt zurück.*“ Wenn die allseits empfohlenen Fitmacher wie Joggen oder Krafttraining nicht mehr den gewünschten Effekt erzielen oder wenn dafür keine Zeit oder Kraft mehr bleibt, greifen immer mehr Menschen neben Medikamenten zur legalen Droge Nr. 1 – zum Alkohol. „*Alkoholismus zählt zu den größten gesellschaftlichen Problemen in Deutschland. Die Deutsche Hauptstelle gegen Suchtgefahren schätzt die Zahl der Alkoholkranken in Deutschland auf 2,5 Millionen. Weitere 7 Mio. Menschen gelten als gefährdet durch missbräuchlichen oder riskanten Alkoholkonsum.*“[9] „*Jede sechste Kündigung in Deutschland erfolgt auf Grund von Alkoholmissbrauch. Rund ein Viertel aller Arbeitsunfälle ist auf Alkoholkonsum zurückzuführen. Die wirtschaftlichen Kosten, die durch die Schäden des Alkoholkonsums verursacht werden, sind in Milliardenhöhe angesiedelt.*“[10]

## Rette sich, wer kann

Solche Fakten müssten alle Menschen alarmieren. Es müssten sofort Maßnahmen eingeleitet werden, die schlimmeren Schaden verhindern.

Doch niemand scheint sich der Sache anzunehmen. Konzernchefs und konservative Regierungen haben als Vertreter der Gewinnmaximierung und Deregulierung keinen Grund dazu – im Gegenteil, sie streben mit Vehemenz weiter in diese Richtung. Seit einiger Zeit haben auch Politiker linker und grüner Parteien die Ziele des freien Marktes zu den ihren gemacht.* Mitarbeiter und Bürger hingegen hängen weiterhin an ihren alten Werten von Gerechtigkeit und Sicherheit und wollen die Realität nicht wahrhaben. Dass so wenige Menschen den Ernst der Lage erkennen können, liegt nicht daran, dass der wirtschaftliche Druck noch nicht alle Schichten erreicht hat. Vielmehr hält die „Propaganda" absichtlich ein idyllisches Bild von Wirtschaft am Leben, denn die Strategie geht nur auf, solange genügend Menschen noch an eine Sache glauben und sich dafür einsetzen. Daher wird der Mitarbeiter weiterhin als wichtigstes Kapital beschworen, werden in den Personalentwicklungsabteilungen weiterhin Schulungs- und Entwicklungspläne für Mitarbeiter angeboten. Doch immer weniger Menschen durchlaufen ein solches Curriculum. Wenn es „ernst" wird, zählen die schönen Worte und Konzepte wenig, dann geht es nur noch um die Rettung des Kapitals. Selbst Gewerkschafter übernehmen die Argumente der Geschäftsleitung, weil diese auch aus ihrer Sicht kaum zu entkräften sind.**

Berater kennen die menschlichen Tragödien, die durch Mergers, Fusionen und Liquidationen entstehen. Wer zum ersten Mal aus seiner „betrieblichen Heimat" vertrieben wird, für den zerbricht eine Welt. Erlebt man diese Situation nur einmal, kann man sie als Schicksalsschlag verarbeiten. Beim zweiten oder dritten Mal beginnt man allerdings nachzudenken und erkennt: Die Gefühlslage der Betroffenen erinnert an die Beschreibungen von Menschen, die einen Krieg erlebt haben. Die Devise heißt dann *„Kämpfe ums Überleben, nimm dir, was du kriegen kannst, oder zumindest – rette sich, wer kann!"* Das bedeutet aber auch, nicht mehr zu wissen, an wem man sich orientieren kann. Sich durch Appelle nicht mehr motivieren zu lassen – und wenn, dann nur, um für sich selbst eine bessere Position herauszuholen. Wer dann noch den Worten seiner Vorgesetzten glaubt,

* Gerhard Schröder und Tony Blair legten 1999 in London ein gemeinsames Papier unter dem Titel „Der Weg nach vorne für Europas Sozialdemokraten" vor. Darin wird ein Programm vertreten, das direkt aus der Schule des Neoliberalismus stammen könnte, wie beispielsweise: „Die Produkt-, Kapital- und Arbeitsmärkte müssen allesamt flexibel sein.", in: www.wsws.org, 27. 8. 2002

** Anlässlich der Übernahme von Mannesmann durch Vodafone: „Selbst der Betriebsrat wirkte hilflos. Es gab keine Krisensitzung, keine Betriebsversammlung, nicht einmal ein Flugblatt." Reuter, Wolfgang: Schmerzhafte Trennung, in: Der Spiegel, 6/2000

Fairness und Gerechtigkeit erwartet oder einem alten Kollegen vertraut, bezahlt meist einen hohen Preis.

## Chance und Risiko

Die Chancen, welche die Globalisierung[11] dem Einzelnen bietet, sind bestechend: in einem großen Konzern etwas bewegen zu können, tolle Karriereaussichten, interessante und vielseitige Aufgaben, das große Geld, ein spannendes und herausforderndes Leben, Prestige und Macht, die Möglichkeit ins Ausland zu gehen, das Gefühl ein Weltbürger zu sein. Allerdings treffen nur wenige die Entscheidung zu einem solchen Leben bewusst und in Kenntnis ihrer gesamten Tragweite. Erst lockt ein toller Karrieresprung in einer anderen Stadt und dann der nächste in einem anderen Land. Ist diese Dynamik einmal in Gang gekommen, gibt es dafür kein Zurück mehr. Über das Ende oder einen Crash mittendrin darf man sich gar nicht den Kopf zerbrechen, denn sonst könnte man leicht den Mut verlieren. Eigeninitiative, Mobilität und Flexibilität sind zu absoluten Werten geworden. Diesen nicht zu dienen, sich der allgemeinen Marschrichtung zu widersetzen, bedeutet ein großes persönliches Risiko einzugehen. Aber gleichgültig, ob man mitmarschiert oder gegen den Strom schwimmt, die Herausforderungen sind riesig und wer überleben will, muss kämpfen können.

# TEIL I
# Vom Wesen des Krieges

Alle Weisheit beginnt mit der Erkenntnis der Tatsachen.
*Cicero*

# 1. Kapitel
# Das Kriegs-Tabu

Die Übernahmeschlachten der Unternehmen werden immer brutaler und die Vernichtung von Kapital und Arbeitsplätzen nimmt bedrohliche Ausmaße an: In der Wirtschaft herrscht Krieg: ein Business-Krieg. Dieser macht vor nichts und niemandem Halt und kann jeden Einzelnen zu einem Überlebenskampf im Beruf zwingen. Wer sich dafür effektive Überlebenstechniken aneignen will, der muss die Gesetzmäßigkeiten dieses Business-Kriegs verstehen lernen. Voraussetzung dafür ist die Auseinandersetzung mit den Prinzipien des militärischen Kriegs und mit den weit verbreiteten Vorurteilen gegenüber dem Kampf. Diese Bedingung ist jedoch nicht einfach zu erfüllen, denn das Thema „Krieg“ ist in Westeuropa* weitgehend tabuisiert. Obwohl die meisten Männer und auch einige Frauen ihrer staatsbürgerlichen Verpflichtung zum Dienst an der Waffe nachkommen, verschwendet kaum jemand weitere Gedanken an die Auseinandersetzung mit der Theorie des Kriegs. Gehen wir der Frage nach, wie es dazu kam.

## Krieg und Frieden

Weltweit gab es in den letzten 60 Jahren über 200 bewaffnete Konflikte, zugleich ist in unserer Gesellschaft die Beschäftigung mit Krieg, Kampf und Waffengebrauch tabu. Dass bedeutet, dass die Art und Weise, wie man darüber zu sprechen hat, strengen Normen unterliegt. Die meisten Menschen halten sich für Pazifisten und können die kriegsfreundliche Einstellung früherer Philosophen und Dichter nur als Zeichen eines dunklen Zeitalters oder einer rohen Gesinnung interpretieren. Wir verstehen nicht oder nur schwer, wie Heraklit um 500 v. Chr. sagen konnte *„Der Krieg ist der Vater aller Dinge“*[12], oder Heinrich Heine über die Zeit Napoleons: *„Daher war die fünfzehnjährige Regierung Napoleons notwendig – er heilte durch Feuer und Eisen die kranke Nation, seine Regierung war eine Kurzeit. Er war der Moses der Franzosen; wie dieser sein Volk durch die Wüste herumzieht, um*

* Der Begriff Westeuropa schließt in Bezug auf das Kriegs-Tabu und die Wirtschaftspolitik Großbritannien aus.

*es durch diese Kurzeit zu heilen, so trieb er die Franzosen durch Europa.*"[13] In einem Gedicht lässt Heine einen alten Grenadier sogar sagen: „*Was schert mich Weib, was schert mich Kind, Ich trage weit bessres Verlangen; Lass sie betteln geh'n, wenn sie hungrig sind – Mein Kaiser, mein Kaiser gefangen.*"[14]

Offensichtlich gab es früher und gibt es heute in anderen Kulturen eine selbstverständlichere Haltung zum Krieg. Die allgemeine Verdrängung der Kriegsthematik hat das Wissen über den Zusammenhang von Krieg und Frieden verschleiert: dass nämlich der eine ohne den anderen nicht existieren kann. Auf kriegerische Auseinandersetzung folgen friedliche Phasen und umgekehrt, denn leider war bis jetzt noch kein Friede von Dauer. Diese Einsichten spiegelt der Wahlspruch römischer Heerführer wider: „*Si vis pacem, para bellum*" – „*Wenn du den Frieden willst, dann rüste zum Krieg.*"[15] Man findet sie ebenfalls in den Grundprinzipien fernöstlicher Kampfkünste, die auch bei uns zurzeit in Mode sind: „*Gut kämpfen können, bedeutet, nicht kämpfen zu müssen.*"[16] Auch der Volksmund schlägt mit einem Friedrich Schillers „Wilhelm Tell" entlehnten Sprichwort „*Es kann der Frömmste nicht in Frieden leben, wenn es dem bösen Nachbarn nicht gefällt*" in die selbe Kerbe.

Allein das Aussprechen kriegerischer Gedanken erzeugt Angst. Man fürchtet, den Teufel an die Wand zu malen, gerät scheinbar in die Nähe von rechtsradikalem Gedankengut und kann ganz leicht missverstanden werden. Veränderung und insbesondere der Bruch eines Tabus erzeugt immer auch Angst. Je wütender aber die Gegenreaktion auf neue Gedanken ausfällt, desto wahrscheinlicher handelt es sich um eine kollektive Verdrängung, denn andernfalls könnte man neue Ansichten nüchtern betrachten und diskutieren.

## Die linke Backe

Das herrschende Kriegs-Tabu besagt auf den Punkt gebracht: „*Es ist verboten, Krieg und Kampf als etwas zu sehen, das in gewisser Hinsicht auch positive Aspekte hat.*" Das hat zur Folge, dass nur die zweifellos schrecklichen und negativen Seiten des Kriegs im allgemeinen Bewusstsein aufscheinen, dass öffentlich nur über seine Ablehnung gesprochen werden darf, dass sein Missbrauch als Norm dargestellt und der Kampf im täglichen Leben verschleiert wird. Die Tatsache, dass lebensnotwendige Veränderungen manchmal nur mit Gewalt herbeigeführt werden können, wird verdrängt. Woran liegt das?

Die Basis für diese Haltung bildet das christliche Weltbild. Es ist ein wesentlicher Bestandteil der abendländischen Kultur und hat auf einer ganz grundsätzlichen Ebene unser Verständnis von Friedfertigkeit geprägt. Der Leitspruch unserer christlichen Gesellschaft ist nicht „Zahn um Zahn" wie im Judentum oder „mit Feuer und Schwert" wie im Islam – wir leben im Prinzip immer noch mit der Idealvorstellung: „*Wenn dich jemand auf die rechte Backe schlägt, so halte auch die linke hin.*"[17]

*Auszug aus der Bergpredigt*[18]

*[10] Also habe Ich auch zu euch ... gesagt, daß keiner haben solle zwei Röcke, keinen Sack, um etwas einzustecken, und auch keinen Stock, um sich gegen einen Feind zur Wehr zu setzen; denn Mein Name, Mein Wort und Meine Gnade genüge jedem!*

*[11] Also habe Ich euch und vielen andern Menschen auch treu und offen gesagt, daß ihr niemanden richten sollet, um nicht einmal selbst gerichtet zu werden, daß ihr auch niemanden verfluchen und verdammen und nie jemanden feindlich verfolgen sollet, um nicht dasselbe an euch zu erleben; denn mit dem Maße ihr ausmessen werdet, mit eben dem Maße wird es euch zurückbezahlt werden!*

*[12] Ja, ihr sollt nur beten für die, welche euch hassen und fluchen, und Gutes erweisen denen, die euch Arges zu tun bestrebt sind, so werdet ihr den Lohn von Mir zu erwarten haben und werdet so glühende Kohlen über den Häuptern eurer Feinde sammeln und sie so am ehesten zu euren Freunden machen!*

Diese Einstellung hat zwar nicht dazu geführt, dass die Welt weniger Kriege erlebt oder die Kirche selbst sich immer friedlich verhalten hätte, aber sie bestimmt unser ethisches Empfinden und die Art und Weise, wie wir über den Krieg denken.

## Nie wieder Krieg

Der wichtigste Grund für die in Westeuropa mangelnde Auseinandersetzung mit dem Krieg ist jedoch ohne Zweifel der Zweite Weltkrieg. Das gewaltige Ausmaß an Tod und Zerstörung sowie die Erkenntnis, dass ganze Völker und deren Regierungen in einen ideologischen Sog geraten können, hat eine Barriere im kollektiven Bewusstsein entstehen lassen: „*Nie wieder Krieg.*" Das allerdings wünschen sich die meisten Menschen zu jeder Zeit und in jedem Land. Nur dass dieser Wunsch diesmal mit der Unterdrückung aller Themen einherging, die mit Macht, Kampf und Krieg in Verbindung stehen. Seither existieren diese Bereiche vor allem in Deutschland und Österreich großteils in einem negativen Kontext.[19] Die Zeit schreitet jedoch voran und das Verweilen in einer „heilen Welt" wird immer schwieriger, weil auch die Ereignisse der letzten Jahre niemanden unberührt ließen.

Als 1999 die deutsche Regierung über die Entsendung von Truppen in den Kosovo-Krieg entscheiden und den Nato-Einsatz mittragen sollte, erlebte das Kriegs-Tabu eine große Erschütterung. SPD und Grüne mussten plötzlich zu Argumenten greifen, die explizit gegen ihre Ideologie gerichtet waren. Österreich bekam einen Vorgeschmack von der neuen Auseinandersetzung mit der Kriegsthematik, als 1991 an seiner südlichen Grenze im Zuge des Balkankriegs ernsthafte Kampfhandlungen stattfanden. Die Generation, die Kriege erlebt hatte, war schlagartig wieder mit ihren Ängsten, aber auch mit einem schon vergessen geglaubten Kampfgeist konfrontiert. Die Nachkriegskinder mussten erschrocken erkennen, an welch dünnem Faden der Friede hängt und wie brüchig die Utopie von einer „besseren Welt" ist.

Kaum war in Europa wieder Ruhe eingekehrt, erfuhr die Illusion vom dauerhaften Frieden eine neuerliche Erschütterung: 11. September 2001, New York. Der internationale Terrorismus wirft seither auch in Europa Fragen auf, von denen man gehofft hatte, sie nie mehr stellen zu müssen: Einschränkung der bürgerlichen Freiheiten zum Zwecke der Sicherheit, Militärbündnisse, Befürwortung oder Ablehnung des Bombardements Afghanistans durch die USA, Weltpolitik und Börsen auf ständigem Schlingerkurs. Viele sprechen von einem neuartigen Krieg gegen den Terrorismus. Das Tabu verliert seine Macht, und die Verunsicherung wächst. Wären wir allerdings in Europa tatsächlich von einem Krieg bedroht, stünde ein feindliches Heer vor unseren Grenzen oder ein Luftangriff bevor, würde das Umdenken noch viel schneller greifen.

## Zu wenig Information

Wie muss der interessierte Laie vorgehen, will er sich trotz des herrschenden Tabus über Kampf und Krieg informieren? Aus der Geschichte erfährt er etwas über die Ergebnisse von kriegerischen Auseinandersetzungen: welche soziale Umwälzungen oder territoriale Veränderungen sie gebracht haben und die dazugehörigen Jahreszahlen. Wissenschaftliche Arbeiten liefern theoretische Grundlagen, doch wenig Material für das Alltagsverständnis. In Romanen und Kriegsfilmen wird meist ein pathetisches Bild gezeichnet, das individuelle Leid anhand von Familiengeschichten aufgerollt, Vaterlandsliebe und -treue werden gepriesen – über das Wesen des Kriegs erfährt man jedoch nichts. Von den aktuellen Berichten über bewaffnete Auseinandersetzungen in den Medien sind wir meist zu schockiert, um sie zum Anlass für grundsätzliche Reflexionen über den Krieg zu nehmen.

Im Leistungssport trainiert man zwar strategisches Handeln und Durchsetzungsstärke, man kämpft um Ruhm und Ehre, doch die wenigsten sind in der Lage, das dort erworbene Wissen auch auf ihre Kämpfe im Berufsleben zu übertragen. Das Verständnis der Gesetzmäßigkeiten, Kampfgeist und Kompetenz bleiben auf dem Spielfeld zurück, und die nächsten unangenehmen beruflichen Entscheidungen erzeugen wieder grundsätzliche Zweifel, die nächste Attacke von einem Konkurrenten trifft wieder genau die selbe Schwachstelle. Strategische Planung von Angriff und Verteidigung ist kein Gegenstand in der Schule, sie wird nicht auf der Universität gelehrt, und die Männerbünde, die traditionell ein Hort dieses Wissens waren, verlieren zunehmend an Bedeutung.

Daher legen wir in den folgenden Kapiteln die Grundlage zum Verständnis der Gesetzmäßigkeiten des Kriegs. Dieses ermöglicht eine Orientierung im Business-Krieg und erhöht die Chancen im eigenen beruflichen Überlebenskampf.

*Das Kriegs-Tabu*
Der Schrecken des Zweiten Weltkriegs führte in Westeuropa zu einer kollektiven Verdrängung der Zusammenhänge von Krieg und Frieden.

Während Westeuropa seither die längste Friedensperiode seiner Geschichte erlebt, fanden weltweit über 200 kriegerische Auseinandersetzungen statt.

Ereignisse wie der Balkan-Krieg, der 11. September in New York und das Bombardement Afghanistans durch die USA lassen das Tabu aufbrechen.

# 2. Kapitel
# Krieg und Frieden – Begriffe im Wandel

Der Krieg kann nicht aus der Welt geschafft werden und macht den Menschen Angst. Seine schrecklichen Folgen können meist nur mühsam unter Kontrolle gebracht werden. Was sind die Gründe, die Menschen dazu bewegen, immer wieder Kriege zu führen? Was veranlasst Individuen und Regierungen dazu, ihre Ziele und Absichten mit Gewalt durchzusetzen und den friedlichen Weg zu verlassen?

## Was ist Krieg?

Wir hören und lesen täglich von Kriegen und verwenden den Begriff ganz selbstverständlich in unserer Alltagssprache. Was verbirgt sich dahinter? Im Herkunftswörterbuch[20] erfahren wir zum Begriff Krieg, dass neben den nahe liegenden Bedeutungen wie Anstrengung, Bemühen, Streben, Streit, Wortstreit, Rechtsstreit, Wettstreit, Widerstand, Zwietracht, Kampf, bewaffnete Auseinandersetzung auch noch das abgeleitete Verb ‚kriegen' veraltet für ‚Krieg führen' und umgangssprachlich für ‚bekommen' hinter ihm steht. Zur weiteren Information schlagen wir bei *dem* „Kriegs-Experten" nach: Carl von Clausewitz, der brillante Militär-Theoretiker des 19. Jahrhunderts, definiert den Krieg als ein *„Aufzwingen des Willens – mit den Mitteln der absichtlichen Herbeiführung von Schaden (...) Der Krieg ist nichts als ein erweiterter Zweikampf. Wollen wir uns die Unzahl der einzelnen Zweikämpfe, aus denen er besteht, als Einheit denken, so tun wir besser, uns zwei Ringende vorzustellen. Jeder sucht den anderen durch physische Gewalt zur Erfüllung seines Willens zu zwingen; sein nächster Zweck ist, den Gegner niederzuwerfen und dadurch zu jedem ferneren Widerstand unfähig zu machen. Der Krieg ist also ein Akt der Gewalt, um den Gegner zur Erfüllung unseres Willens zu zwingen."*[21]

Diese Beschreibung klingt für unsere Ohren doch ziemlich fremd – so, als sei der Krieg das adäquate Mittel zur Durchsetzung von Interessen. Als Militarist beschäftigt sich Clausewitz mit dem Phänomen des Kriegs selbst und nicht mit den politischen Verhältnissen in dessen Umfeld. Sein Verständnis davon wird heute noch oft zitiert: *„Der Krieg ist die Verlängerung der Politik mit anderen Mitteln."*[22] Krieg ist also ausschließlich ein Mittel zum Zweck, über die Ziele selbst entscheiden andere Instanzen wie demokratisch gewählte Regierungen, Herrscherhäuser, Diktatoren u.Ä.

**Erkenntnis**

Krieg ist ein *Mittel* zur Durchsetzung von Interessen. Zielsetzung und Legitimation erfolgen auf der Ebene der Politik.

## Organisierte Kämpfe

Kriegführen heißt also: Bis zum Äußersten gehen, um etwas zu „kriegen", das ohne Gewalt nicht zu haben ist. Gilt diese Definition nicht auch für den Kampf? Gibt es einen Unterschied zwischen Kampf und Krieg? Information und Verhandlungstechniken gelten als „friedliche Formen der Macht", um zu einem für beide Seiten akzeptablen Ergebnis zu kommen. Die Entscheidung zum Kampf macht Konfliktpartner zu Gegnern. Das bedeutet: Verletzung (und auch Tötung) von Personen sowie Beschädigung und Vernichtung von Sachwerten werden ab jetzt zur Durchsetzung der eigenen Interessen bewusst eingesetzt. Diese Gefahr besteht für den Gegner – allerdings im Falle der Niederlage auch für einen selbst.[23]

Kampf und Krieg unterliegen prinzipiell denselben Gesetzen und auch derselben Psychologie. Der Unterschied besteht in der Organisationsform und im Verantwortungsrahmen. Kann der Kampf von einem einzelnen Menschen und seinem Gegner („Zweikampf") begonnen und geführt werden, so handelt es sich beim Krieg um ein komplexes Geschehen. Bereits bei seiner Entstehung sind mehrere Personen, Organisationen und/oder Staaten beteiligt, die Abwicklung bedarf einer differenzierten Führungsstruktur und einer strategischen Planung über längere Dauer. Die Verantwortlichen entscheiden nicht nur über sich selbst, sondern vor allem über den Einsatz und das Leben der ihnen anvertrauten Menschen, über Sachwerte und Territorien.

**Definition**

Krieg ist die Anwendung organisierter militärischer Gewalt (eine Summe von Kämpfen) zwischen „politischen Einheiten" (Staaten, Staatenbünden, Gruppierungen u.Ä.).

## Sieben Motive für Kampf und Krieg

Die Grundprinzipien sind für Kampf und Krieg dieselben. Die Entscheidung, einen Kampf zu beginnen oder eine Kriegserklärung abzugeben, unterliegt einem ähnlichen psychischen Prozess. Es ist eine Mischung aus rationalen Argumenten und archaischen Emotionen, die letztendlich den Ausschlag zum Handeln gibt. Verantwortungsrahmen, Legitimation und Organisationsformen sind hingegen unterschiedlich. Kriegsentscheidungen werden neben den inneren Prozessen des Individuums durch die Abläufe in den politischen Gremien beeinflusst. Diese gehorchen den Gesetzmäßigkeiten der Gruppendynamik und dem freien Spiel der Kräfte. Die nachstehenden sieben Motive für Kampf und Krieg gelten gleichermaßen für das Individuum, für Organisationen, für Völker und Staaten. Wenn diese zu drängend werden und keine Instanz dem Streben Einhalt gebietet, dann kommt es zur gewaltsamen Durchsetzung der Interessen – Kämpfe oder Kriege sind die Folge.

### *Überleben*

Der vitalste Grund zu kämpfen ist bei Mensch und Tier derselbe: die Sicherung des Überlebens von Individuum und Art. Dazu gehört die Beschaffung von Nahrung, der Schutz gegen Witterung und Feinde sowie die Möglichkeit zur Fortpflanzung. Individuen führen in einer Situation, in der das eigene physische Überleben gefährdet ist, einen Kampf. Bei einem Stamm oder einem Volk führt diese Motivation zu einer Kriegsentscheidung, wenn beispielsweise die Menschen Hunger leiden, weil sich das Volk durch seine eigenen Ressourcen – etwa auf Grund von Klimaveränderung, Missernten oder Bevölkerungsüberschuss – nicht mehr ernähren kann. Die Suche nach fruchtbareren Gegenden wird zur Frage des Überlebens. Befinden sich in diesem Landstrich bereits andere Bewohner, ist ein Krieg unvermeidlich. Da die Überlebensangst bei der Bevölkerung leicht aktiviert werden kann, muss dieses Motiv sehr häufig als Alibi für andere herhalten.

### *Sicherheit*

Fühlt ein Mensch sich bedroht – und sei dies auch nur seine subjektive Wahrnehmung –, werden Schutzreflexe aktiviert und er beginnt sich zu verteidigen. Beim Tier regelt dieses Geschehen der Instinkt: Bei Hund und Katze sträuben sich die Nackenhaare, sie bellen und fauchen und gehen schließlich – wenn sie es nicht vorziehen, die Flucht zu ergreifen – zum Angriff über. Auch das Verhalten des Menschen ist noch teilweise von Instinkten geprägt, er ist jedoch in der Lage bzw. verfügt über die Möglichkeit, erste Eindrücke zu überprüfen, seine Emotionen zu zügeln und dann „vernünftige“ Entscheidungen zu treffen. Stellt sich eine Bedrohung als real heraus und nützen konstruktive Maßnahmen nichts, dann ist der Einzelne gezwungen, sich Kampfstrategien zu überlegen. Im Krieg wird das Sicherheitsmotiv angesichts realer Gefahren, aber auch für erfundene Feinde herangezogen, denn es eignet sich hervorragend zur Legitimation von Kriegsrüstung und Erstschlagtheorien. Ganze Völker wurden und werden durch die Vorstellung von einem bedrohlichen Außenfeind zusammengeschweißt und zum Krieg motiviert.

### *Recht und Gerechtigkeit*

Gar nicht wenige persönliche Kämpfe werden auf Grund eines verletzten Gerechtigkeitsempfindens geführt. Für davon betroffene Menschen zählt nicht der bloße Vorteil als Beweggrund – im Gegenteil, sie nehmen sogar schwere persönliche Nachteile bis zur Selbstvernichtung in Kauf, wie uns beispielsweise Heinrich von Kleist vor Augen führt. In seiner Novelle verliert der Rosshändler Michael Kohlhaas im Kampf um sein Recht erst seine Familie und seinen Besitz und schließlich auch sein Leben. Der Kampf um Recht und Gerechtigkeit hat seinen Ursprung in einer geistigen Überzeugung und ist nicht wie das Überlebens- und Sicherheitsmotiv an den Instinkt gekoppelt. Der Wunsch nach Recht und Gerechtigkeit kann als Kriegsmotiv ungemein starke Kräfte freisetzen, er beseelt die meisten Revolutionen und steht ganz allgemein für den Kampf von „unten nach oben".

### *Rache*

Ein Mensch, dem Leid geschehen ist, das nicht wieder gut gemacht werden kann, muss die Entscheidung treffen, ob er zur Wiederherstellung seines psychischen Gleichgewichtes dem Täter vergeben kann. Ist ihm dies nicht möglich, kommt Rache ins Spiel. Wenn jemand sich in seiner Ehre verletzt fühlt, will er „Satisfaktion". Früher forderte ein gehörnter Ehemann den Liebhaber seiner Ehefrau zum Duell, heute verlangt ein zu Unrecht beschuldigter Politiker eine Gegendarstellung in der Tageszeitung. Oft gerät bei diesem Motiv auf Grund seines starken emotionalen Anteiles das Verhältnis von Aufwand und Wirkung aus dem Gleichgewicht, oder es werden persönliche Motive und Staatsräson miteinander vermischt. Wird einer Volksgruppe Leid angetan, werden ihre Mitglieder unterdrückt, bedeutsame Plätze geschändet oder ideell besetzte Gegenstände gestohlen, dann kann das Bedürfnis nach Rache auch einen Krieg auslösen.

### *Machterhalt*

Es ist ein weiter Weg bis an die Spitze. Macht wird von vielen hart erkämpft, und ihr Erhalt ist mit großen Anstrengungen verbunden. Haben sie einmal von der Macht gekostet, fällt es den meisten Menschen schwer, sich von ihr wieder zu lösen. Daher sind sie versucht, am Zenit des Erfolges oder am Ende ihrer Amtszeit die Position durch Kampf zu festigen. Machterhalt ist häufig das Motiv dafür, dass jemand seine Funktion oder ein öffentliches Amt trotz Widerstands erhalten möchte. Potenzielle Nachfolger, Rivalen, „Königsmörder“ müssen in Schach gehalten und mitunter auf bloßen Verdacht hin bekämpft werden. Manche Menschen zerstören dabei ihr Lebenswerk. Als Kriegsmotiv ist der Wunsch nach Machterhalt nur schwer von den Motiven der betreffenden Person zu trennen. Meist haben starke Führerpersönlichkeiten ihre eigene Macht mit der Macht des Staates untrennbar verbunden. Die Wünsche nach Erhalt der Vorherrschaft von Gruppen oder Staaten, von Herrscher- oder Königshäusern oder nach dem Fortbestand von Demokratien können gleichermaßen kriegsauslösend sein wie persönliche Machtgier und Eitelkeit.

### *Expansion*

Das menschliche Wesen hat einen Drang zur Expansion. Das betrifft auf der einen Seite sein Verhältnis zu anderen: größer, stärker, mächtiger, schöner, reicher als die Konkurrenz sein zu wollen. Auf der anderen Seite strebt der Geist selbst nach immer neuen Herausforderungen: Auch Neugier und die Lust auf Abwechslung treiben den Menschen immer weiter. Ist ein Ziel erreicht, etwas erobert und abgesichert, drängt es ihn bereits nach Neuem. Wird der Expansionsdrang eingeschränkt, kann das durchaus ein ausreichender Beweggrund für einen Kampf sein. Bei Staaten zeigt sich das Expansionsmotiv durch Ziele wie territoriale Ausdehnung, Forschungsexpeditionen, Vergrößerung von Reichtum und Luxus. Zu diesen Zwecken schreckte man in der Vergangenheit auch nicht vor der Vertreibung oder Vernichtung der ansässigen Bevölkerung zurück.

### *Glaube und Ideologie*

Wird ein Mensch auf Grund seiner religiösen oder politischen Haltung benachteiligt, ausgegrenzt oder verfolgt, dann hat er auf Dauer nur die Wahl zwischen Martyrium, Flucht oder Kampf. Unter dieses Motiv fällt auch die Missionierung, das Bedürfnis, anderen die eigene Überzeugung mit Gewalt aufzuzwingen. In diese Kategorie gehören Kriege, die zur Verteidigung oder zur Ausbreitung des eigenen Glaubens oder der eigenen Ideologie geführt werden. Häufig muss das Glaubensmotiv als Deckmantel für eines der anderen Motive herhalten.

## Die sieben Todsünden

Selbstverständlich werden die Menschen auch von Charakterschwächen und unlauteren Beweggründen zu Kampf und Krieg getrieben. Gewissermaßen als Schattenseite der oben genannten „Sieben Motive“ drängt sich ein Blick auf die „Sieben Todsünden“ auf: Geiz, Trägheit, Neid, Zorn, Hochmut, Völlerei und Wollust bilden in der christlichen Tradition die Inbegriffe menschlicher Niedertracht. Die moderne Kommunikations-Psychologie hingegen hat brauchbare Modelle entwickelt, um die positive und die negative Seite ein und desselben Motivs aufzuzeigen.[24] So kann beispielsweise hinter dem Drang zum Überleben eigentlich der *Geiz* stehen, der einen dazu drängt, nicht zu teilen und sich nicht zu beschränken. Es kann das Recht auf Verteidigung missbraucht werden, um die *Trägheit* zu kaschieren, durch die die Suche nach anderen Problemlösungen, nach Kompromissen oder Verhandlungen verhindert wird. Der ehrbare Wunsch nach Recht und Gerechtigkeit kann den *Neid,* das Bedürfnis nach Rache und Strafe den *Zorn* überdecken. Das Motiv von Machterhalt und Ehre kann verwendet werden, um den *Hochmut* zu beschönigen, und die berechtigte Freude an Expansion und Luxus kann zur *Völlerei* entarten. Und – es sei eine tiefenpsychologische Interpretation gestattet – es kann das Motiv Ideologie und Glaube als sublimierte Lust verstanden werden und in Wahrheit die *Wollust* kaschieren.

Ob ein Kriegsmotiv positiv oder negativ bewertet wird, ist stets von einer subjektiven Betrachtungsweise abhängig. Die Grundlage dafür bilden geltende Normen, individuelle Ethik und persönliche Erfahrungen.

## Der gerechte Krieg

Wenn man die Gründe für Kampf und Krieg kennt, stellt sich als Nächstes die Frage, wer das Recht hat, seine Interessen mit den Mitteln der Gewalt durchzusetzen. Bei einem Kampf zwischen Einzelpersonen muss das Individuum diese Entscheidung treffen und vor seinem eigenen Gewissen, vor der Gesellschaft und dem Gesetz verantworten. Entscheidungsträger, die einen Krieg verantworten müssen, stehen zusätzlich noch unter dem Druck der Öffentlichkeit, des Volkes, der Wähler und suchen seit jeher nach „letzten Wahrheiten“, um ihr Vorgehen zu legitimieren.

So beschäftigte beispielsweise die Römer neben ihren Regeln für das friedliche Zusammenleben auch die Frage nach dem „gerechten Krieg“ dem „bellum iustum“[25]. Dieser Begriff war sowohl im religiösen als auch im juristischen Bereich verankert und wurde vom Kirchenlehrer Augustinus[26] als Grundlage für seine Lehre vom „gerechten Krieg“ verwendet. *„Die Ungerechtigkeit des Gegners zwingt nämlich den Weisen zu gerechten Kriegen, und so ist sie es jedenfalls, die der Mensch beklagen muss, weil sie des Menschen Laster ist, auch wenn aus ihr kein Zwang zum Krieg führen entstünde.“*

Nach Augustinus muss ein gerechter Krieg
*„a) von einer legitimen Autorität angeordnet sein*
*b) um einer gerechten Sache willen geführt werden*
*c) den Frieden als Ziel haben*
*d) sich gegen begangenes Unrecht richten*
*e) mit angemessenen Mitteln geführt werden*
*f) darf keine Unschuldigen mit einbeziehen*
*f) mit Aussicht auf Erfolg geführt werden“.*[27]

Lassen wir noch einen Mann der Kirche zu Wort kommen, der den Krieg zum Schutz der Schwachen und zur Wahrung des Friedens akzeptiert. Martin Luther, in „Ob Kriegsleute in seligem Stande sein können“: *„Was ist krieg anders / dann unrecht und böses straffen? ...So ists doch ynn der warheit auch ein werck der liebe / Also auch / wenn ich dem krige ampt zu sehe / wie es die bösen strafft / die unrechten würget und solchen iamer anrichtet / scheinet es gar ein unchristlich werck sein / und aller dinge widder die Christliche liebe. Sihe ich aber an / wie es die frumen schützt / weib und kind / haus und hoff /gut und ehre / und friede damit erhelt und bewaret / so find sichs / wie köstlich und Göttlich das werck ist / und mercke / das es auch ein bein odder hand abhewet / auff das der gantze leib nicht vergehe / Denn wo das schwerd nicht werete und fride hielte / so müste es alles durch unfride verderben / was ynn der welt ist / Derhalben ist ein solcher krieg nicht anders / denn ein kleiner kurtzer unfriede der eym ewigen unmeslichen unfride weret. Ein klein unglück / das eym grossen unglück weret.“*[28]

Bis heute akzeptiert die Kirche das Recht auf einen Verteidigungskrieg. Rechtswissenschaftler und Moraltheologen versuchen bei internationalen Konflikten immer wieder die Frage zu klären, wer über „Recht“ oder „Unrecht“ entscheiden kann.

Die Kritik an der Theorie des „gerechten Kriegs“ ist endlos und füllt Bände. Die Hauptargumente sind: Kein Krieg kann die seit Augustinus aufrecht erhaltenen Kriterien erfüllen. Jeder Kriegsführende behauptet, seinen Krieg um einer gerechten Sache willen zu führen. Es lässt sich immer irgendwie nachweisen, dass sich ein Krieg gegen begangenes Unrecht richtet. Die Entscheidung über die angemessenen Mittel ist grundsätzlich schwierig: Für eine gerechte Sache ist jedes Mittel zur schnellen Kriegsbeendigung vorstellbar, die Aussicht auf Erfolg verlangt den Einsatz aller Mittel – und immer trifft es auch Unschuldige. Das Gemeinsame an all diesen Überlegungen ist das Recht auf Verteidigung. Auch die Frage, wer letztendlich ein Angreifer sei, ist nicht leicht zu klären: *„Wer ist der Angreifer: jener, der den Krieg erklärt, oder jener, der das Ultimatum gestellt oder jener, der den Anlaß zu diesem Ultimatum gegeben hat?“*[29]

Auch andere Sichtweisen zeigen auf, dass – für viele vielleicht überraschend – die Frage der Gerechtigkeit für die Beurteilung von Kriegen nicht relevant ist. Der Philosoph Georg Friedrich Hegel meint dazu:

*„Das Recht ist der durch Verträge festgesetzte und zugestandene Nutzen des einen Staates, und weil in den Verträgen überhaupt die verschiedenen Interessen der Staaten festgesetzt, als Rechte aber diese Interessen so unendlich vielseitig sind, so müssen sie, und damit auch die Rechte selbst, in Widerspruch geraten, und es hängt nur von den Umständen, von den Kombinationen der Macht, das heißt dem Urteil der Politik ab, ob das in Gefahr kommende Interesse und Recht mit der ganzen Gewalt der Macht verteidigt werden soll, wogegen denn der andere Teil freilich auch ein Recht anführen kann, weil auch er gerade das entgegengesetzte Interesse, das in Kollision kommt und damit auch ein Recht hat, und der Krieg oder was es ist, hat nunmehr zu entscheiden, nicht, welches Recht der von beiden Teilen behaupteten, das wahre Recht ist – denn beide Teile haben ein wahres Recht –, sondern welches Recht dem anderen weichen soll. Krieg oder was es sonst ist, hat dies gerade darum zu entscheiden, weil beide sich widersprechende Rechte gleich wahr sind, also ein Drittes, und dies ist der Krieg, sie ungleich machen muß, damit sie vereinigt werden können, was dadurch geschieht, daß eins dem anderen weicht.“*[30]

Kurz gesagt entscheidet der Krieg nicht darüber, wer Recht hat – sondern derjenige, der stärker ist, kann sein Recht durchsetzen. Es geht also nicht um Recht und auch nicht um Gerechtigkeit, denn letztere können beide Seiten eines Konfliktes gleichermaßen für sich beanspruchen. Es geht vielmehr um eine andere Entscheidungsebene – nämlich die der militärischen Übermacht. Recht bekommt demzufolge, wer stärker ist.

## Kontrolle des Grauens

Hat sich der Mensch wirklich nicht weiterentwickelt? Sind die Mechanismen seit der Steinzeit dieselben geblieben, siegt immer der mit der größeren Keule? Wie steht es um die Bemühungen, den Frieden zu sichern, Konflikte auf eine zivilisierte Weise auszutragen? Ebenso lang wie die Geschichte des Kriegs liest sich auch die Geschichte der Friedensbemühungen und der Kontrolle des Schreckens. Philosophen, Rechtsgelehrte und Theologen bemühen sich seit Beginn der Zivilisation um die grundsätzliche Klärung von drei Fragen:[31]

1. Welche politischen Rahmenbedingungen lassen Kriege erst gar nicht entstehen?
2. Welche ethischen Kriterien erlauben eine Entscheidung zum Krieg?
3. Wie können im Falle eines Kriegs Grausamkeiten und Übergriffe unter Kontrolle gehalten werden?

### *Kriegsvermeidung*

Bereits Aristoteles definierte 350 v. Chr. in seinem Buch über die Erhaltung von Verfassungen Rahmenbedingungen, welche die innere Stabilität eines Staates begründen und erhalten und damit eine Voraussetzung für den Frieden darstellen sollen. *„Man muß dafür sorgen, (...) daß der Gegensatz der Reichen und Armen sich möglichst ausgleicht oder daß der Mittelstand wächst (...), ( ...) daß die Staatsämter alle sechs Monate wechseln, damit alle Gleichberechtigten zur Teilnahme an ihnen gelangen (...) durch die Gesetze die Verhältnisse so zu regeln, daß niemand aufkommen kann, der allzu übermächtig ist durch Anhang oder Reichtum; und gelingt dies nicht, so muß man solche Leute ins Ausland verbannen, (...) daß man sich an den Staatsämtern nicht bereichern kann.“*[32]

Erinnern diese Anleitungen nicht an die Prinzipien unserer heutigen Demokratien? Offensichtlich führte das Wissen um die Notwendigkeiten der politischen Rahmenbedingungen aber weder im Altertum noch in der jüngsten Vergangenheit dazu, dass Kriege wirklich zu vermeiden gewesen wären.

### *Ethische Legitimation*

Daher bleibt der Menschheit die zweite Frage nach der ethischen Rechtfertigung von Kriegen nicht erspart. Die meisten Staaten der Erde erkannten nach dem Schock des Zweiten Weltkriegs 1945 mit der Gründung der UNO eine Einschränkung der Legitimation des Kriegs an. 191 Mitglieder der Vereinten Nationen verpflichten sich mittlerweile, den Weltfrieden mit gemeinsamer Anstrengung erreichen und sichern zu wollen. Für einen Angriffskrieg soll es keinen „gerechten Grund“ mehr geben, ein ausgefeiltes Eskalationssystem soll garantieren, dass zur Regelung von Konflikten ausschließlich friedliche und politische Maßnahmen eingesetzt werden. Nur noch im Falle eines Angriffes oder der Gefährdung des Weltfriedens soll der Einsatz von Waffengewalt unter striktem Reglement genehmigt werden.

*Die Charta der Vereinten Nationen, Präambel*

*Wir, die Völker der Vereinten Nationen – fest entschlossen, künftige Geschlechter vor der Geißel des Kriegs zu bewahren, die zweimal zu unseren Lebzeiten unsagbares Leid über die Menschheit gebracht hat, (...) und für diese Zwecke Duldsamkeit zu üben und als gute Nachbarn in Frieden miteinander zu leben, unsere Kräfte zu vereinen, um den Weltfrieden und die internationale Sicherheit zu wahren, Grundsätze anzunehmen und Verfahren einzuführen, die gewährleisten, dass Waffengewalt nur noch im gemeinsamen Interesse angewendet wird, und internationale Einrichtungen in Anspruch zu nehmen, um den wirtschaftlichen und sozialen Fortschritt aller Völker zu fördern – haben beschlossen, in unserem Bemühen um die Erreichung dieser Ziele zusammenzuwirken.*

und weiter in Artikel 41–48

*Der Sicherheitsrat kann beschließen, welche Maßnahmen – unter Ausschluß von Waffengewalt – zu ergreifen sind, (...) Unterbrechung der Wirtschaftsbeziehungen, (...) Abbruch der diplomatischen Beziehungen (...) Blockaden und sonstige Einsätze der Luft-, See- oder Landstreitkräfte von Mitgliedern der Vereinten Nationen einschließen (...) halten Mitglieder der Organisation Kontingente ihrer Luftstreitkräfte zum sofortigen Einsatz bei gemeinsamen internationalen Zwangsmaßnahmen bereit.*[33]

Auch die neuen Positionen der Friedensforschung ersetzen das Argument des gerechten Kriegs durch einen „zulässigen Krieg", eine begrenzte militärische Intervention, wenn ethische Gründe nicht zurückgewiesen werden können. Dazu gehören die Beendigung oder Verhinderung von Massakern an der Zivilbevölkerung, von Völkermord oder Vertreibung.[34] Selbst die Tatsache, dass inzwischen nahezu alle Länder der Erde der UNO angehören, hat nicht zu einer Reduzierung der bewaffneten Auseinandersetzungen geführt. Verfolgt man die Argumente für den Krieg durch den Lauf der Geschichte, so kann man erkennen, dass sie unabhängig von den tatsächlichen Gründen immer dem Zeitgeist folgen. So können wir heute eine „Moralisierung des Kriegs"[35] beobachten, die andere Interessen überlagert. Ein Kampf gegen die „Achse des Bösen" rechtfertigt beispielsweise alle Mittel. Es muss uns daher nicht verwundern, wenn heute genau diese Motive zur Erlangung eines UNO-Mandates ins Treffen geführt werden.

### *Verpflichtung zur Menschlichkeit*

Daher führte die dritte Frage, wie im Falle eines Kriegs Grausamkeiten und Übergriffe unter Kontrolle gehalten werden können, ebenfalls zum Entstehen von internationalen Initiativen. Mit der Entwicklung der Waffentechnik nahmen auch die Möglichkeiten zur Vernichtung und Verletzung von Menschen an Intensität und Quantität zu und verlangten nach einem Regulativ. Der Schweizer Geschäftsmann Henry Dunant gründet, erschüttert durch den Anblick der unversorgten verletzten Soldaten nach der Schlacht bei Solferino, das Rote Kreuz (1863). Dieses konnte seine Grundsätze – wie die Neutralität der zivilen Helfer auf dem Schlachtfeld und die Versorgung von Verwundeten – auch international durchsetzen.

„*Sei menschlich auch im Kriege.*" Dieser Leitsatz der Genfer Konvention (eine internationale Vereinbarung zur Behandlung von Kriegsgefangenen) klingt an sich paradox. Wie können Krieg und Werte wie Menschlichkeit überhaupt in einem Atemzug genannt werden? In den „Genfer Abkommen" werden 1949 „Standards der Menschlichkeit" eingeführt. Die Kontrolle des Grauens wird durch „*einen Kompromiss zwischen militärischer Notwendigkeit und humanitären Erfordernissen*"[36] angestrebt. Das Kriegsvölkerrecht präzisiert weiter „wer gegen wen, wie und wo“ militärische Gewalt anwenden darf und liefert damit eine Art „Ehrenkodex“ für bewaffnete Konflikte.[37]

**Erkenntnis**

Es gibt keinen „gerechten“ Krieg, sondern: Recht bekommt, wer militärisch überlegen ist. Die ethische Legitimation wurde im Laufe der Geschichte auf einen „zulässigen“ Krieg reduziert (UN-Charta). Alle Versuche der Menschheit haben bis dato nicht dazu geführt, die Anzahl der Kriege zu reduzieren. Internationale Initiativen versuchen wenigstens, seine Auswirkungen zu kontrollieren und den Schaden zu begrenzen (Genfer Konvention, Kriegsvölkerrecht).

## Privatisierung des Kriegs

Der Krieg ändert ständig sein Antlitz. Kaum meinen die Verantwortlichen, ihn kontrollieren zu können, entzieht er sich durch neue Waffen oder Organisationsformen dem Zugriff. So wurden in der zweiten Hälfte des 20. Jahrhunderts die Staatenkriege immer seltener, die atomare Bedrohung hielt die Großmächte im Kalten Krieg in Balance. Außer den Stellvertreterkriegen in Korea und Vietnam fanden kaum noch „klassische Kriege“ statt. Das bedeutet jedoch nicht, dass auf der Welt Frieden herrschte. 1977 wurde in den Zusatzprotokollen zum Genfer Abkommen der Begriff „Krieg“, der sich hauptsächlich auf die militärische Auseinandersetzung zwischen Nationalstaaten bezog, um den Begriff „internationale bewaffnete Konflikte“ ergänzt. Damit gemeint sind u. a. Bürgerkriege, Grenzkonflikte, lokale Auseinandersetzungen, die sich immer mehr den internationalen Vereinbarungen entziehen und durch eine Zunahme der Gewalt gekennzeichnet sind. Der Verlauf der Konflikte wird durch die Dominanz von so genannten Warlords* bestimmt, die vom Krieg persönlich profitieren und gar kein Interesse an seinem Ende haben.

Auch die Finanzierung der kriegerischen Handlungen nimmt neue Formen an. Während die meisten Staaten ganz offiziell ihre Militärbudgets erhöhen, finanzieren sich viele internationale Konflikte über die organisierte Kriminalität. Drogenhandel, Menschenhandel, Geldwäsche oder die

* Wie beispielsweise General Abdul Rashid Dostum, ein usbekischer Warlord, der einen großen Teil des afghanischen Nordens kontrolliert.

Konfiszierung von Hilfsgütern liefern den Kriegsherren das nötige Geld. Während die „Verstaatlichung“ des Kriegs eine „Unterscheidung zwischen Soldat und Bandit“[38] brachte und internationale Vereinbarungen eine teilweise Kontrolle ermöglichten, erlaubt jetzt die zunehmende „Privatisierung“ des Kriegs die Umgehung all dieser Errungenschaften. Die Grausamkeiten in bewaffneten Auseinandersetzungen nehmen wieder zu, und die Bemühungen um Kontrolle scheinen zu versagen. Die aktuelle Bedrohung durch den internationalen Terrorismus wirft schließlich alle Theorien und Strategien über den Haufen und konfrontiert die Menschheit mit völlig neuen Problemen.

## Was ist Friede?

Wir haben gezeigt, dass das Wissen vom Krieg mangelhaft und die differenzierte Auseinandersetzung damit tabuisiert ist, doch was wissen wir eigentlich über den „Frieden“? Diesen Begriff glauben wir zu kennen, wir verwenden ihn in unserer Alltagssprache und halten uns für friedliebende Menschen. Tatsächlich ist der Friede mindestens genau so schwer zu begreifen wie der Krieg. *„Da sein politischer Inhalt bisher nicht definiert, nicht einmal einem Bestimmungsversuch unterzogen worden ist, bildet er eine Hülse, die beliebig gefüllt werden kann.“*[39]

„Krieg“ ist als die Anwendung organisierter militärischer Gewalt zwischen politischen Einheiten definiert. Daher ist die Schlussfolgerung nahe liegend, dass Friede dann herrscht, wenn diese Gewaltanwendung fehlt. Die Freiheit von Gewalt stellt sich jedoch nicht von selbst ein und ist auch kein ausreichendes Bestimmungsmerkmal. Um „wirklichen“ Frieden herzustellen und zu erhalten, sind ein ständiges Bemühen und Rahmenbedingungen, die einen Gewaltverzicht aller Beteiligten ermöglichen, notwendig. Die Vorstellung, dass Gerechtigkeit das Regulativ sein könnte, durch das der Friede gesichert würde, ist nicht zu halten. Die modernen Friedensforscher führen die Auseinandersetzung jenseits des Begriffs vom „gerechten Krieg“ und beschreiben einen umfassenden Friedensbegriff: *„Friede soll demnach heißen: ein Prozessmuster des internationalen Systems, das gekennzeichnet ist durch die Tendenz zur 1. Existenzerhaltung des Einzelnen auf Grund abnehmender Gewalt, 2. kontinuierlichen Existenzentfaltung des Einzelnen auf Grund zunehmender Gleichverteilung von Entfaltungschancen.“*[40]

Es handelt sich hierbei um den Versuch, Frieden über das Menschenrecht auf Sicherung des Überlebens und auf Entfaltung zu definieren – womit wir wieder bei Aristoteles angelangt wären.

## Scheinfriede

Dieser Ansatz bietet jedoch nur auf den ersten Blick eine Lösung. In Wahrheit ist er die Quelle eines neuen Dilemmas. Wir stehen mit der modernen Friedensforschung im ethischen Patt. Was tun, wenn jemand sich nicht an diese Forderungen hält? Wie lange soll man um des Friedens Willen auf Gewalt verzichten? Auch auf die Fragen, welche Aktionen zur Gewalt gezählt werden und warum passiver Widerstand oder Selbstschädigung eine „friedlichere" und damit bessere Form der Durchsetzung sein sollten, gibt es keine befriedigenden Antworten. Unter massivem Druck ausschließlich passiv zu bleiben, ist auf die Dauer weder möglich noch sinnvoll. Carl von Clausewitz beschreibt *„den reinen Widerstand als eine Erschöpfung der Streitkräfte und damit verbunden das Abwarten der eigenen Vernichtung"*[41]. Hier stellt er auch eine Entscheidungsfrage, die in heutige Terminologie übersetzt etwa so lautet: Wie weit darf ein Zulassen von Selbstschädigung durch Kampfvermeidung gehen? Clausewitz' Antwort: *„Sie darf kein absolutes Leiden werden. (...) Es ist ein großer Irrtum, dass passiver Widerstand unblutig und daher friedlich sein könnte."*[42] Hier deckt sich die Ansicht der Militärtheorie mit jener der Psychotherapie: Zu starkes Harmoniebedürfnis führt zur Depression und braucht zur Heilung eine Aktivierung der Konfliktbereitschaft und der Aggression.

Wenn alle friedlichen Interventionen wie Information und Verhandlung einen Konflikt nicht lösen konnten, wenn der Gewaltverzicht nicht zielführend war, wie soll man dann den Frieden erhalten? Das Dilemma reicht aber noch tiefer: *Soll* man den Frieden überhaupt um jeden Preis erhalten? Führt nicht oft das Postulat des Friedenserhalts dazu, jede Erneuerung in einem System zu ersticken? Gerade Befreiungsbewegungen haben meist keine andere Möglichkeit, als sich mit Gewalt Gehör zu verschaffen und verkrustete Systeme zu sprengen. Ein Friede, der den Kampf nicht mehr kennt, wird mit der Zeit entweder selbst zu einem verdeckten gewaltsamen System, weil er seine oppositionellen Kräfte erstickt hat, oder er fällt der Lethargie und der Verkrustung anheim. Die Abwesenheit von Kampf bedeutet also nicht automatisch, dass Friede herrscht. Oft genug wird durch unauffällige Unterdrückung von Konflikten und Anwendung von passiven oder verdeckten Kampfstrategien[43] nur ein Scheinfriede aufrechterhalten.

**Erkenntnis**

Das Fehlen von Kampf und Krieg bedeutet noch nicht, dass Friede herrscht. Erst die Qualität der Lebensbedingungen aller Beteiligten und die Möglichkeit zu ihrer Entfaltung ermöglicht eine Aussage über den Grad des echten Friedens.

## Friedenssicherung

Bestrebungen zur Friedenssicherung sind ein Beitrag zur notwendigen Balance und können die Chancen auf Lebenserhaltung und Entfaltung der Menschen einer Region deutlich verbessern, wie am Beispiel Europas zu sehen ist.

*„Was Friedenspolitik als zunehmende Gleich- oder Besserverteilung von Entfaltungschancen bedeutet, läßt sich beispielhaft anhand der Westeuropa-Politik beschreiben. (...) Da dies früher angesichts des Ost-West-Konflikts ständig vergessen wurde, muß daran erinnert werden, daß Westeuropa seit 400 Jahren ein unaufhörlich dampfender Kriegsherd gewesen ist. Er hat allein im 20. Jahrhundert zwei große Weltkriege verursacht. Diese Gefahr ist gegenwärtig gebannt (...). Die Förderung der Integration – wie immer sie sich im Einzelnen gestaltet – kann als die wichtigste Friedensaufgabe der Gegenwart bezeichnet werden. Hat die bisherige Geschichte der europäischen Kooperation gezeigt, in welchem Maße sie die Existenzentfaltung der Westeuropäer beförderte, so hängt die weitere Vermehrung der Entfaltungschancen von einer Weiterentwicklung der europäischen Integration ab.“*[44]

Diese Bestrebungen sind im Sinne einer Friedenssicherung in Westeuropa zurzeit erfolgreich, der Ost-Westkonflikt zwischen den USA und der UdSSR ist Geschichte. Dies ist jedoch keine Garantie auf eine grundsätzliche Bewahrung vor dem Krieg. Neue Gefahren mit hohem Kriegsrisiko bahnen sich an, wie beispielsweise der Nord-Südkonflikt oder die Spannung zwischen politischen Formen des Islam und den westlichen Industriestaaten. Welche neuen Bedrohungsszenarien der internationale Terrorismus auslöst und welche inneren Konflikte auf Westeuropa noch zukommen werden, können auch Experten in unserer zunehmend komplexeren Welt nicht voraussagen.

Niemand blickt diesen Tatsachen gerne ins Auge, und niemand – am wenigsten die Politik – möchte die Menschen verunsichern. Wir wiegen uns selbst gerne in Sicherheit, wir glauben lieber die hoffnungsvollen als die kritischen Botschaften und klammern uns an die Vorstellung vom dauerhaften Frieden. Wenn man dieses Dilemma frei von persönlichen Wünschen und ideologischen Zwängen betrachtet, stellt sich eine unangenehme Erkenntnis ein: Jeder Mensch und jeder Staat hat im Falle einer Bedrohung oder eines lebenswichtigen Anspruches letztlich nur die Wahl, Gewalt gegen andere auszuüben oder sich selbst Gewalt anzutun. Will man nicht zum Opfer werden und sich der Selbstvernichtung ausliefern, dann endet der Friede an diesem Punkt. Der Wunsch nach dauerhaftem Frieden im Privatleben, im eigenen Land und auf der ganzen Welt ist verständlich und emotional nachvollziehbar. Er ist nur leider nicht realistisch und führt daher zu falschen Entscheidungen. Die Folge davon kann ein unangemessenes Harmoniebestreben und ein gefährliches Konfliktvermeidungsverhalten sein, beim Einzelnen, bei Organisationen und bei Staaten. Das wiederum führt nicht selten zu Erstarrungen, Verkrustungen und Ineffizienz in privaten Beziehungen ebenso wie in Betrieben, in der öffentlichen Verwaltung und in internationalen Beziehungen. Echter Friede braucht eine gelebte Streit- und Konfliktkultur und die Förderung von Kampfkompetenz und Kampfkunst. Erst dadurch werden Kämpfe in einer kontrollierten Form verantwortbar.[45]

Jedoch auch diese Kontrolle bietet keine Garantie. In langen Friedenszeiten geht mitunter das Wissen verloren, dass auch Eskalationen nicht mit letzter Sicherheit zu vermeiden sind. Weder politische Rahmenbedingungen noch Demokratiebewusstsein oder Kommunikationstechniken können eine letzte Sicherheit bieten, dass Kampf, Krieg oder Selbstzerstörung vermieden werden können. Wenn alle Maßnahmen der Friedenssicherung und der Konfliktkultur versagen, ist niemand vor dem Ausbruch von Kriegen gefeit. Jemand, der dieser Realität mit Verantwortung ins Auge schaut, muss daher neben der Friedenssicherung auch Maßnahmen setzen, um für den Ernstfall gerüstet zu sein, denn Kampfkultur ist von Friedenskultur nicht zu trennen.

*Definition von Kampf*
Eine Interaktion ist dann als Kampf zu bezeichnen, wenn Verletzung oder Vernichtung von Personen und Werten bewusst eingesetzt werden, um eigene Ziele gegen einen Widerstand durchzusetzen. Er ist die letzte Stufe der Eskalation einer Machtausübung, seine kleinste Einheit sind zwei Individuen. Jeder trägt Verantwortung nur für sich selbst, Zusammenschlüsse zu Kampfverbänden sind mögliche Varianten.

*Definition von Krieg*
Krieg ist die Ausdehnung des Kampfes auf größere Organisationseinheiten, die Anwendung organisierter militärischer Gewalt in den Beziehungen zwischen „politischen Einheiten“ (Gruppen, Staaten) zur Durchsetzung von Interessen.
Sein Zweck wird von der Politik bestimmt. Die Kommandanten sind verantwortlich für den Einsatz und den Erhalt der Streitkräfte, die Sicherheit der Zivilbevölkerung, die Sachwerte und das Territorium ihrer Organisation.
Seine Elemente sind zentrale strategische Planung, taktische Vorgangsweise, Ausrichtung auf Dauer.

*Definition von Friede*
Im Falle einer Bedrohung oder eines lebenswichtigen Anspruches haben Menschen, Organisationen und Staaten – wenn ihre friedlichen Bemühungen gescheitert sind – letztlich nur die Wahl zwischen Gewalt gegen andere oder Gewalt gegen sich selbst. An dieser Stelle endet der Friede. Echter Friede ist auf Dauer nicht möglich – im Privatleben ebenso wenig wie bei Organisationen oder in internationalen Beziehungen. Kampfkultur und Friedenskultur sind nicht zu trennen.

*Ausblick*
Über das Wesen des Kriegs lässt sich festhalten, dass alle Bemühungen der Menschheit bisher nicht dazu geführt haben, die Anzahl der internationalen bewaffneten Auseinandersetzungen zu reduzieren, geschweige denn, einen Weltfrieden herbeizuführen. Hingegen fanden die Bestrebungen um eine „Reduktion des Grauens" zumindest im Völkerrecht ihre gesetzliche Verankerung. Auch wenn der Einwand richtig sein mag, dass selbst die Mitgliedstaaten der UNO die Regeln zu ihren eigenen Gunsten biegen, auch wenn trotz Genfer Konvention laufend Kriegsverbrechen an Soldaten und Zivilisten begangen werden, so konnte eine Eskalation der Konflikte zu einem Weltkrieg bis jetzt vermieden werden. Ob es sich dabei um eine nachhaltige Errungenschaft oder bloß um eine vorübergehende Verlangsamung des zyklischen Ablaufes von Krieg und Frieden handelt, wird erst die Zukunft zeigen. Die neuen Formen des Kriegs wie Terrorismus, die Verknüpfung mit der organisierten Kriminalität und den privaten Interessen lokaler Warlords sind in ihrer Entwicklung noch nicht einzuschätzen. Jedenfalls liefern sie Grund zur Sorge und erwecken den Wunsch nach neuen Kontrollmechanismen.

# 3. Kapitel
# Der Business-Krieg

Wir haben den militärischen Krieg als „strategisch geplante und auf Dauer ausgerichtete Anwendung von Gewalt zwischen organisierten Einheiten“ definiert. Die Formen und Bezeichnungen des Kriegs sind unterschiedlich, abhängig von der Legitimation und den Mitteln, die eingesetzt werden.

Der „klassische Krieg“ ist dadurch gekennzeichnet, dass er zwischen Nationalstaaten in Ausübung ihres Gewaltmonopols stattfindet. So wird ein „Eroberungskrieg“ geführt, wenn beispielsweise durch Expansion des Territoriums für die Bevölkerung neuer Lebensraum geschaffen oder der Machtbereich eines Herrscherhauses ausgedehnt werden soll. Wenn hingegen Vertreter der Wirtschaft ihren Bedarf nach Rohstoffen oder billigen Arbeitskräften nicht auf friedlichem Wege durch Handel decken können oder wollen, so müssen sie sich zur Durchsetzung ihrer Ansprüche der Politik bedienen. Der Staat entscheidet in einer allfälligen Auseinandersetzung um diese Ressourcen mit anderen Staaten über den Einsatz von militärischen Mitteln. Ein „Wirtschaftskrieg“ ist also ein klassischer militärischer Krieg, der aus wirtschaftlichen Gründen geführt wird, vergleichbar einem „Religionskrieg“, der aus religiösen Gründen geführt wird. Greifen einzelne Gruppierungen ohne den Umweg über die Politik zu den Waffen, um ihre Interessen durchzusetzen, so bezeichnet man dies beispielsweise als „Bürgerkrieg“, „Bandenkrieg“ oder „Sklavenaufstand“. Politische Splittergruppen oder Teilorganisationen kämpfen gegen andere Gruppierungen oder gegen die herrschende Regierung und erteilen sich selbst die Legitimation zu ihrem Handeln.

Da Kriegsmotive gleichermaßen für Individuen, Völker oder Staaten wie auch für Organisationen jeder Art gelten, können auch Unternehmen oder ganze Wirtschaftszweige in lebensgefährliche Situationen geraten, sich bedroht fühlen oder Lust auf Expansion haben. Wenn sie die Durchsetzung ihrer Interessen nicht an den Staat delegieren können oder wollen und sich selbst zur Gewaltanwendung unter Einsatz von Waffen legitimieren, nimmt der Kampf bürgerkriegsähnliche Züge an.*

* Wie beispielsweise der Eisenbahnkrieg (1869) zwischen der Denver- und der Rio Grande Eisenbahn in Santa Fé, in: www.wilder-westen-web.de, 5. 11. 2002

Diese Beschreibung bezieht sich auf Kriege, die mit militärischen Waffen ausgeführt werden. Es existieren jedoch auch Metaphern, mit denen ein Kriegsgeschehen im übertragenen Sinne bezeichnet wird, wie beispielsweise ein „Rosenkrieg" oder ein „Psychokrieg". Auch deren Auswirkungen sind zerstörerisch und können für die Beteiligten tödlich enden, doch ihre Mittel sind andere. Das Ziel ist auch hier, die eigenen Interessen mit Gewalt durchzusetzen, aber der Gegner wird nicht mit offener körperlicher Gewalt attackiert, sondern über Umwege. Als Waffe kann in einem solchen „metaphorischen Krieg" alles eingesetzt werden, was den Gegner gefügig macht oder vernichtet, wie finanzieller Druck, Gerichtsprozesse, Rufschädigung, emotionaler Terror u.Ä.

## Gewalt in der Wirtschaft

*„Es herrscht Krieg in der Wirtschaft"*, war die Aussage zu Beginn unserer Überlegungen. Wir erleben im Berufsleben ein Ausmaß an Zerstörung und Gewalt, das man tatsächlich als eine neue Art von Krieg bezeichnen könnte: als Business-Krieg. Dieser ist ein metaphorischer Krieg, der zwar den Gesetzmäßigkeiten des militärischen Kriegs gehorcht, jedoch nicht dessen Waffen verwendet. Im Business-Krieg setzen Teile der Wirtschaft ihre Interessen gewaltsam durch und betreiben die strategische Schädigung oder Vernichtung ihrer Gegner. An Stelle von physischer Gewalt tritt „ökonomische Gewalt". Die Gegner greifen einander mit ihren ureigensten Waffen – wie beispielsweise Kapital und Wissen – an, um die Zerstörung von Aktienkapital, Image und Infrastruktur zu betreiben. Da in gesättigten Märkten die Umsätze kaum noch gesteigert werden können, entsteht ein Verdrängungswettbewerb mit nicht mehr enden wollendem Zwang zur Kostenreduktion. Unternehmen erreichen die Maximierung ihrer Gewinne oder auch ihr Überleben zunehmend nur noch unter dem Einsatz von „ökonomischer Gewalt". Um Marktführer zu werden, Marktanteile zu halten, die Aktienkurse zu steigern, die Dividende auszuschütten, reicht es nicht mehr, einfach den Umsatz des eigenen Produktes zu steigern. Sie müssen andere Unternehmen aufkaufen oder diese in ihrer Entwicklung behindern, sie schwächen oder ausschalten – sofern sie der eigenen Expansion im Wege stehen. Die Unternehmen werden attackiert: durch feindliche Übernahmen, Rufschädigung über die Medien, Gerichtsprozesse, aggressive Vertriebsmaßnahmen, Vereinnahmung oder Zerstörung von Produktionsmitteln, von Know-how und Kundenstöcken. Wenn der „Feind" geschlagen ist, nehmen – sozusagen als „Nebeneffekt" – allerdings auch die Mitarbeiter ernsthaften Schaden, weil sie nicht selten durch Kündigung

und den Abbau der regionalen Arbeitsplätze in ihrer wirtschaftlichen Existenz vernichtet werden. Auch Reorganisation, Change-Management und Fusionen werden im Business-Krieg als Waffen eingesetzt – sehr oft, um die Zahl der eigenen Mitarbeiter zu verringern und Effizienz und Leistungsbereitschaft der verbleibenden zu steigern. Dieser Druck führt zu schweren physischen und psychischen Gesundheitsschäden. Auf diese Weise bedroht der Business-Krieg nicht nur Sachwerte, sondern auch Menschenleben.

## Vom Business-Frieden zum Business-Krieg

Der Business-Krieg ist jedoch kein Zustand, der in der Natur der Sache liegt. Die Wirtschaft *muss* nicht gewaltsam agieren, um zu funktionieren. Das mag für unsere an aggressive Töne gewöhnten Ohren vielleicht naiv klingen, doch die Wirtschaft könnte ihre eigentliche Aufgabe ebenso gut auf friedlichem Wege erfüllen. Sie ist dazu da, Güter zu produzieren und zu verteilen, um die Versorgung der Bevölkerung in ihrem Bedürfnis nach Lebenserhalt und Lebensverbesserung sicherzustellen.* Wie diese Aufgabe erledigt wird, ob und wie viel privaten Gewinn die Unternehmer dabei machen dürfen, hängt vom jeweiligen politischen System und dessen Wirtschaftsphilosophie ab. Sowie der Rosenkrieg nicht der Zweck einer Ehe ist, sondern unter ganz bestimmten Umständen entsteht, tritt auch der Business-Krieg nur unter besonderen Bedingungen auf. Sein Ausgangspunkt ist der Business-Friede.

Friedliche Phasen der Wirtschaft sind gekennzeichnet durch weitgehend reibungslose Expansion der einzelnen Wirtschaftszweige, sozialen Frieden, wachsenden Wohlstand und hohe Lebensqualität. Man erkennt sie an ihren Werten und an den Gepflogenheiten des Umgangs. Im Business-Frieden fühlt sich der Großteil der Mitglieder einer Gesellschaft den Werten von Fairness und Partnerschaft verpflichtet und hält die damit verbundenen Spielregeln auch wirklich ein. Wirtschaft wird als Kreislauf verstanden, in den alle Beteiligten und auch die Umwelt eingebunden sind und in dem alle in ihren Bedürfnissen berücksichtigt werden. Diese Situation finden wir in unterschiedlichsten Systemen vor: bei Völkern, die im Einklang mit der Natur und in gewachsenen Sozialsystemen leben ebenso wie in manchen modernen Industriegesellschaften, wo diese Elemente unter dem Titel Stakeholder Value zusammengefasst sind.

* In der arbeitsteiligen Gesellschaft entwickeln sich unterschiedliche „Schauplätze der Macht“, einer davon ist der „Marktplatz“, in: Bauer-Jelinek, Christine: Die helle und die dunkle Seite der Macht, Wien 2000

### *Integratives Wachstum*

In Westeuropa bedeutete Business-Friede für einige Jahrzehnte: Der Markt war geteilt in einen privatwirtschaftlichen Bereich, der nach kapitalistischen Grundsätzen funktionierte, und einen großen verstaatlichten Bereich, der nicht so sehr dem scharfen Wind des freien Marktes ausgesetzt war. Der Sozialbereich – Bildung, Gesundheit, Pensionen, Arbeitsmarktservice u.Ä. – war vom Profitstreben gänzlich ausgenommen.

Der Kapitalist von früher, wir wollen ihn „Realkapitalist“[46] nennen, hatte im Allgemeinen sein eigenes Kapital investiert und haftete zumindest zum Teil persönlich für seine Schulden. Der Unternehmer war seinen Mitarbeitern, Kunden und Kapitalgebern meist persönlich bekannt und sein persönliches Schicksal war direkt mit Erfolg und Misserfolg seiner Firma verknüpft. Unter diesen Voraussetzungen – auch wenn er nur Gesellschafter mit beschränkter Haftung war oder seiner Frau das gesamte Vermögen überschrieben hatte – war es sehr schwer, nach einem Konkurs noch einmal ein eigenständiges Unternehmen aufzubauen. Kräftemäßig, finanziell und sozial war eine Pleite meist das Ende dieses Unternehmers. Daher ließ sich eine hohe Gewinnerwartung auch wirklich noch mit einem hohen Risiko argumentieren. Die Kapitalisierung dieser zumeist mittelständischen Unternehmen erfolgte über Bankkredite oder Mitgesellschafter.

Die Milchfrau, die Besitzer des „Tante-Emma-Ladens“ und der Installateur waren kleine Unternehmer und das blieben sie, solange sie lebten. Hin und wieder renovierten sie ihr Geschäft oder vergrößerten ihr Angebot. Sie waren nicht den ganzen Tag damit beschäftigt, sich zu überlegen, wie sie ein Filialnetz aufbauen und expandieren könnten. Natürlich wollten auch Bauern, Handwerker und Unternehmer ihren „Gewinn maximieren“, das heißt, jedes Jahr womöglich besser verdienen. Doch das taten sie durch hohen eigenen Arbeitseinsatz und die Qualität der Produkte und Dienstleistungen. Der Gewinn wurde nach Maßgabe der Möglichkeiten entnommen, es herrschte kein *Zwang* zu ständigem Wachstum. Das Ziel war der Aufbau eines beständigen Unternehmens mit realer Substanz und einer hohen Wertschöpfung unter Berücksichtigung der gesellschaftlichen Bedingungen.

### *Partnerschaft und Fairness*

Die Führungskräfte nahmen ihre Mitarbeiter als Menschen wahr und nicht nur als Funktionsträger. Starke Interessenvertretungen, wie z. B. die Gewerkschaften, waren akzeptierte Verhandlungspartner bei der Verteilung des erwirtschafteten Wohlstandes und der Lösung von Problemen. Es herrschte Handschlagqualität und ein gewisses Gerechtigkeitsgefühl.

Menschen, die ein Unternehmen mit aufgebaut hatten, konnten damit rechnen, auch in persönlichen Krisen nicht sofort entlassen zu werden.* Leistungsfähige und ehrgeizige Menschen hatten Möglichkeiten zur Betätigung, für schwächere Mitglieder der Gesellschaft wurde gesorgt. Künstler und Denker waren weitgehend aus dem Leistungssystem ausgenommen und bekamen durch Förderungen Raum für kreatives Schaffen. Es war selbstverständlich, dass mit dem Wachstum des Profits auch die Sozialleistungen wuchsen. Die Arbeit selbst erzeugte Gemeinschaftsgefühl und Sinnzusammenhang. Die Angehörigen der einzelnen Berufsgruppen, ob Kaufleute oder Beamte, Akademiker oder Fabrikarbeiter, hatten ihr Ethos und ihren Stolz. Man kannte die Spielregeln seines Standes und konnte sich an ihnen orientieren.

Die Integration von Unternehmen in die Region und in das Gemeinschaftsleben entwickelte sich ganz selbstverständlich, denn die gegenseitige Abhängigkeit aller „Anspruchsgruppen" (Stakeholder), wie Wirtschaft, öffentliche Hand, Arbeitnehmer und Konsumenten, war offensichtlich und akzeptiert. Keine dieser Gruppen hatte eine Vormachtstellung, sondern die Politik unterstützte ihre Interaktion durch gesetzliche Rahmenbedingungen. Regulative und Steuersysteme, wie sie im Keynesianismus[47], der Sozialen Marktwirtschaft oder dem Rheinischen Modell praktiziert wurden, sowie das Prinzip der Sozialpartnerschaft sorgten für weitgehende Gerechtigkeit.

Dieser Prozess fand durchaus unter den Bedingungen des Wettbewerbes, des Ehrgeizes und der Notwendigkeit zur Innovation statt. Doch glich er einem sportlichen Wettkampf unter fairen Bedingungen. Selbstverständlich gab es auch unter diesen Prämissen Kämpfe mit Gewinnern und Verlierern, Missbrauch von Macht und Anwendung von Gewalt. Diese Phänomene hatten individuellen Charakter und gehörten nicht zum strukturbildenden Element der Wirtschaft.

Während der soziale Friede noch anhält und Westeuropa den längsten militärischen Frieden seiner Geschichte erlebt, endete der Business-Friede bereits vor einigen Jahren.

* Wolfgang Grupp, Alleininhaber des Textilunternehmens „Trigema", lässt ausschließlich in Deutschland produzieren. Seit 1963 hat er keine betriebsbedingten Kündigungen ausgesprochen, für die Kinder seiner Mitarbeiter/innen bietet er Beschäftigungsgarantie. „Daraus zu schließen, der Chef des Unternehmens sei von allen guten Geistern verlassen, ist falsch. Er ist nur anders." Litz, Christian: Wolfgang Grupp. Der Anachronist, in: brand eins, 6/2002

**Erkenntnis**

Business-Friede bedeutet, die eigenen Interessen weitgehend mit den friedlichen Formen der Macht durchzusetzen. Werte wie Wettbewerb und persönlicher Ehrgeiz stehen gleichberechtigt neben sozialer Sicherheit und Gerechtigkeit. Erfolgreich und reich werden zu wollen ist ebenso legitim, wie in Krisen abgesichert sein zu wollen. Das Wertesystem ist geprägt von Partnerschaft, Fairness und der Bereitschaft, das eigene Profitstreben mit den Anforderungen der Gemeinschaft zu koordinieren (Integratives Wachstum, Stakeholder Value).

### *Der Umschwung*

Was veranlasst ein prinzipiell friedliches Wirtschaftssystem dazu, sich plötzlich kriegerisch zu verhalten? In Europa waren aus den Arbeitskämpfen im Laufe der Industrialisierung starke Interessenvertretungen hervorgegangen. Diese konnten die unmenschlichen Arbeitsbedingungen verbessern und die systemimmanente Ungerechtigkeit zwischen Arbeitgebern und Arbeitnehmern entschärfen. Dadurch wurde die Grundlage für den modernen Sozialstaat europäischer Prägung gelegt. Nach dem Zweiten Weltkrieg wurde dieser durch stetiges Wirtschaftswachstum, aber auch über hohe Staatsschulden weiter ausgebaut. Dies ermöglichte über weite Strecken Vollbeschäftigung, Prosperität und sozialen Frieden.

Ausgehend von der angloamerikanischen Wirtschaftspolitik, die sich seit den 1970er Jahren zunehmend am Monetarismus orientierte, setzte sich seit Anfang der 1990er Jahre auch in Westeuropa eine neue Wirtschaftsideologie durch. Diese leitete den schrittweisen Wechsel vom Business-Frieden zum Business-Krieg ein:

- Die Aufgabe des Systems der fixen Wechselkurse (Bretton Woods Abkommen) eröffnet in großem Umfang die Möglichkeit zur Währungsspekulation.
- Die Nationalstaaten binden ihre Finanzpolitik an das Prinzip der freien Finanzmärkte und haben daher kaum noch Möglichkeiten, ihren lokalen Interessen entsprechende staatliche Anpassungen von Währungen und Zinsen vorzunehmen (Auf- und Abwertungen der Währungen, Zinspolitik).
- Liberalisierung und Deregulierung der Güter-, Arbeits- und Finanzmärkte führen auch in Westeuropa zu einer Aufwertung des Prinzips von Angebot und Nachfrage. Die Leitkultur des Wirtschaftens wendet

sich vom partnerschaftlichen Stakeholder Value hin zu einem Shareholder Value. Seither haben Unternehmen ausschließlich den Interessen der Investoren zu dienen.

- Da die Gewinnversprechungen auf den Kapitalmärkten weit über jenen der traditionellen Veranlagungen liegen, steigt auch in Westeuropa das Investitionsvolumen in Aktien deutlich an. Immer mehr Kapital gelangt in die Verantwortung von „anonymen Shareholdern".
- Für börsenotierte Unternehmen genügt es seither nicht mehr, profitabel zu sein. Sie müssen nach den besten Plätzen in den Rankings der internationalen Fonds streben, um das Vertrauen der Investoren zu gewinnen. Daraus ergibt sich ein Zwang zur ständigen Steigerung der Marktanteile, des Images und Gewinne. Ist dies nicht über Umsatzsteigerung möglich, so müssen die Kosten reduziert werden, was zu einem Steigen der Arbeitslosigkeit und zu einer Rücknahme der Arbeitnehmerrechte führt.
- Unter dem Druck der Liberalisierung und dem Bekenntnis zum freien Markt zieht sich der Staat aus vielen Gebieten der Daseinsversorgung zurück. Sukzessive werden gesellschaftliche Aufgaben, wie der Bildungsauftrag, die Gesundheitsfürsorge und die letzte Existenzsicherung, reduziert oder den wirtschaftlichen Zwängen unterworfen.
- Die Revolution in der Informationstechnologie ermöglichte die rasche Verbreitung und Durchsetzung der neuen Wirtschaftsphilosophie. Das Internet schuf die Voraussetzung für die neuen Finanzmärkte, ihre Transaktionen „online" abzuwickeln und damit in eine neue Dimension der Geschwindigkeit vorzustoßen. Ohne diese Technologie hätte sich die derzeit existierende Form der Globalisierung nicht entwickeln können.

Heute befinden wir uns mitten im Business-Krieg. Über die Gründe für diese Entwicklung gibt es viele Theorien. Die einen sehen dahinter den Hegemonieanspruch der USA als treibende Kraft. Die anderen meinen, der Business-Friede musste enden, weil es keine anderen Möglichkeiten zu Weiterentwicklung mehr gab, weil die europäischen Nationalstaaten „sklerotisch"[48], überreglementiert, durch den Beamtenstaat blockiert und nicht mehr leistungsfähig waren, weil der moderne Sozialstaat über Schuldenpolitik aufgebaut und nicht mehr finanzierbar war.

## Wer kämpft?

Einen Business-Krieg können nicht nur profitorientierte Wirtschaftsbetriebe oder große Konzerne führen. Er erfasst nicht nur Unternehmen der

Privatwirtschaft, sondern auch die öffentliche Verwaltung, Interessengemeinschaften und Institutionen, wie Kirchen, Gewerkschaften, Vereine etc. Auch Krankenhäuser, Schulen oder karitative Organisationen müssen seit der Zurücknahme des Sozialstaates zunehmend um ihre „Kunden“ und um ihre Finanzmittel kämpfen. Jede Organisation kann zu kämpfen beginnen, wenn sie sich in „Landnot“ befindet, das heißt, wenn sie gegen Konkurrenten um dieselben Kunden oder Kapitalgeber kämpft und die eigene Existenz bedroht ist oder scheint. Zu Beginn der Verschärfung des Wettbewerbes setzen sie dazu friedliche Mittel ein, etwa Spezialisierung und Werbung. Wenn es aber ums Überleben geht, wenden auch sie Kampfmaßnahmen an, und die Institution oder der Verein tritt in den Business-Krieg ein.

In der Folge werden wir Organisationen im Business-Krieg nicht nach ihrem Profit- oder Nonprofit-Status unterscheiden, sondern nach ihrem friedlichem oder nichtfriedlichem Verhalten. Für jene organisierten Einheiten einer Gesellschaft, die ihre Aufgaben mit friedlichen Mitteln erfüllen, verwenden wir den Begriff *„friedliche Organisation“*. Wird eine Differenzierung notwendig, wird von wirtschaftlichen, staatlichen, politischen oder sozialen *friedlichen Organisationen* die Rede sein.

Verlässt eine Organisation den friedlichen Weg zur Durchsetzung ihrer Ziele und tritt in den Business-Krieg ein, so bezeichnen wir sie als *„kriegführende Organisation“*. Ihre Kampfmaßnahmen gehen über den in der Wirtschaft durchaus üblichen harten Wettbewerb hinaus und schließen den Einsatz von „ökonomischer Gewalt“ zur strategisch geplanten Schädigung oder Vernichtung des Gegners mit ein. Dazu bewegen sich *kriegführende Organisationen* in Nischen und Grauzonen des gesetzlichen Rahmens und müssen diesen auch oftmals übertreten.

Wer kämpft im Business-Krieg gegen wen? Auf der einen Seite der Front steht das neoliberale Wirtschaftssystem, das wir etwas unscharf als „Turbokapitalismus“[49] bezeichnen wollen. In einem Atemzug mit diesem Begriff werden in den Medien häufig auch die Schlagworte Globalisierung, Monetarismus oder Finanzkapitalismus verwendet. Darunter versteht man ein Wirtschaftssystem, das auf dem Prinzip der freien Marktwirtschaft beruht. Seine Vertreter gehen davon aus, dass die weltweit freie Bewegung von Güter-, Kapital- und Menschenströmen die Erhöhung des Lebensstandards sowie die Durchsetzung der Menschenrechte in allen Ländern der Erde bewirken wird.[50] Die Voraussetzungen dafür sind Liberalisierung, kontinuierliches Wachstum und der Zwang zur Gewinnmaximierung. Dieses System gilt zurzeit als das einzig erfolgreiche und daher mögliche und wird gleichzeitig auch als Inbegriff politischer Freiheit gesehen. Es wird seit dem Zusammenbruch des Kommunismus ausgehend von den USA mit dem Anspruch auf Weltherrschaft verbreitet.[51]

Zweifellos gibt es nicht nur begeisterte Befürworter, sondern auch Kritiker und dezidierte Gegner des Turbokapitalismus. Nicht nur Aktivisten von globalisierungskritischen Bewegungen wie Attac oder Greenpeace, auch Wissenschafter, Intellektuelle, Politiker, Gewerkschafter und selbst Wirtschaftsvertreter sehen in der Liberalisierung nicht nur einen Fortschritt, sondern auch Gefahren. Die Globalisierungsgegner werden gerne ins „restkommunistische Eck" gestellt. Tatsächlich gehören sie allen politischen Lagern an und werden durch ihre Gegnerschaft zu losen Kampfgemeinschaften geeint. Damit wirken sie wie „die andere Seite" im Business-Krieg. „Globalisierungskritiker gegen den Turbokapitalismus" könnte der Befund lauten; dieser wäre allerdings zu kurz gegriffen und eine gründliche Fehleinschätzung der Lage. Bewegungen, die offen gegen die Globalisierung auftreten, sind zwar ein wesentlicher Faktor bei der Bewusstmachung der Situation, als Gegner des Turbokapitalismus bilden sie jedoch nur eine Nebenfront.

Die Hauptfront im Business-Krieg verläuft nicht dort, wo man sie vermutet hätte. Der Business-Krieg findet vielmehr – abseits vom Focus der Medien und weitgehend unbemerkt von den Beteiligten – im europäischen Wirtschaftsraum statt. Doch Europa hat noch nicht einmal realisiert, dass es sich bereits mitten im Business-Krieg befindet – und zwar als Übernahmekandidat, und nicht, wie man meinen könnte, als Verbündeter. Es hat die neoliberalen Dogmen nahezu widerspruchslos übernommen und die eigenen Prinzipien des Wirtschaftsfriedens kampflos aufgegeben.

Neben den genannten Fronten im Business-Krieg existieren natürlich weiterhin politische und militärische Konfliktzonen. Seit nach dem Ende des Kalten Kriegs und dem Wegfall der kommunistischen Gegenmacht der Turbokapitalismus seine Interessen in der Dritten Welt und in den ehemaligen Ostblockstaaten verfolgt, wird er zunehmend durch die islamische Revolution behindert. Die politischen Formen des Islam entwickeln sich zu Gegnern der US-amerikanischen Politik und Kultur im Allgemeinen.

Die aktuellen politischen und militärischen Konflikt- und Gefahrenzonen wie den schwelenden Nord-Süd-Konflikt werden wir hier nicht näher behandeln. Uns wird im nächsten Kapitel die Frage beschäftigen, wie sich die Hauptfront im Business-Krieg manifestiert.

*Der Business-Krieg*

Wir sprechen metaphorisch von einem „Business-Krieg“, wenn Teile der Wirtschaft ihre Interessen mit „ökonomischer Gewalt“ durchsetzen. Ihre Waffen sind Know-how, Finanzen, Public Relations u.Ä. Damit werden Kapital und Strukturen der Gegner vernichtet und in weiterer Folge auch Menschen wirtschaftlich und gesundheitlich geschädigt.

Nach einem etwa 40 Jahre dauernden „Business-Frieden“ setzte sich auch in Westeuropa das angloamerikanische Wirtschaftssystem des Monetarismus durch. Dieses führte mit seinem Anspruch auf Liberalisierung der Güter-, Arbeits- und Finanzmärkte zu einem Zwang zur „nachhaltigen“ Gewinnmaximierung und zum Rückzug des modernen Sozialstaates.

Befürworter des „Turbokapitalismus“ halten diesen für das einzig mögliche System und erwarten sich davon gesunden Wettbewerb, Befreiung von bürokratischen Zwängen, einen „schlanken“ Staat, Wohlstand und Durchsetzung der Menschenrechte auf der ganzen Welt.

Die Globalisierungskritiker befürchten unter dem Diktat des Kapitals den Zusammenbruch des Sozialstaates, eine Verstärkung des Armutsgefälles von Nord nach Süd, die Entwicklung einer Zweiklassengesellschaft sowie eine Gefährdung der demokratischen Errungenschaften.

# 4. Kapitel
# Amerika kolonialisiert Europa

Die treibende Kraft im Business-Krieg ist das anglo-amerikanische Wirtschaftssystem mit seinem Anspruch auf Weltgeltung. Seine Wirtschaftsphilosophie orientiert sich am Finanzkapital und nicht wie frühere Kapitalisten am Realkapital.[52] Während der alte Realkapitalist als Unternehmer allein oder mit einigen Mitgesellschaftern als Inhaber seiner eigenen Firmen für deren Erfolg verantwortlich war, ist der Turbokapitalist ein anonymer Shareholder. Der Neoliberalismus verfolgt eine exzessive Wachstumsstrategie mit einem Zwang zur Gewinnmaximierung. Um dieses Ziel zu erreichen, soll als Voraussetzung weltweit monetäre Stabilität hergestellt werden. Alle Wirtschaftsbereiche sollen liberalisiert, dereguliert und privatisiert werden. So steht es im „Washington Consensus" (Manifest des US Business Round Table, 1979), der sich als Doktrin seit der Implosion der Sowjetunion weltweit durchgesetzt hat. Diese Forderungen haben von Amerika ausgehend das Denken und Handeln der Menschen im Alltag und in der Öffentlichkeit auf der ganzen Welt grundlegend geändert. Vor dem Zusammenbruch des Kommunismus war der Kapitalismus noch eine von zumindest zwei möglichen Wirtschaftstheorien. Nach dem Ende des Kalten Kriegs und dem Niedergang des Marxismus erhebt der Neoliberalismus nun Anspruch auf Alleinherrschaft. Die USA sind als Sieger aus dem Systemwettbewerb hervorgegangen und nicht mehr durch eine andere Macht mit globaler Reichweite eingeschränkt. Deswegen ließe sich schlussfolgern: „Globalisierung ist gleich Amerikanisierung."[53]

## Die Infiltration Europas

Der Turbokapitalismus wurde in Europa weder von konservativer noch von linker Seite gestoppt. Dass die konservativen Regierungen das amerikanische Wirtschaftssystem befürworteten, ist auf Grund ihrer Nähe zum Kapitalismus noch verständlich. Warum allerdings die Linksparteien mit dem „Dritten Weg" ihre ureigenste Philosophie als Vertreter der Kleinen und Schwachen sukzessive aufgeben und zu Unterstützern der Globalisierung nach US-Muster werden, blieb bisher ein Rätsel.

Obwohl wirtschaftlich durchaus eigenständig und erfolgreich, stellt die EU nach wie vor ihre Leistungen in einer Art Minderwertigkeitskomplex ständig geringer dar, als sie sind. Selbst die reichsten Länder können kein adäquates Selbstbewusstsein gegenüber den USA entwickeln. Erst langsam wird klar, dass die Unterschiede zwischen dem Wertesystem Gesamteuropas und Amerikas größer sind als die Unterschiede zwischen den einzelnen Nationalstaaten in Europa. Oder umgekehrt: Die Gemeinsamkeiten der Staaten Europas bestanden lange vor der EU. Sie werden nur nicht wahrgenommen – und auch nicht ausreichend für eine Wertegemeinschaft genützt – weil die oberflächliche Vielfalt der Nationalstaaten einen stärkeren Eindruck hinterlässt. Zudem erschwerten die freundschaftlichen Beziehungen mit den USA einen kritischen Blick auf das Trennende.

Die widerstandslose Hingabe an die Amerikanisierung hält unvermindert an. Es findet eine Infiltration des europäischen Wertesystems statt. Diese wird über die Wirtschaft, die Medien und die Unterhaltungsindustrie betrieben – das heißt durch die Propaganda des Business-Kriegs. Obwohl ein die Andersartigkeit betonender Begriff des „Kapitalismus mit europäischem Antlitz"[54] bereits existiert, ist Europa bis jetzt nicht als aktiver Gegner im Business-Krieg in Erscheinung getreten. Das europäische Wirtschafts- und Wertesystem ist zurzeit die bedeutendste wenn auch unauffälligste Front im Eroberungskrieg des Turbokapitalismus. Verfolgen wir die Frage nach den Ursachen für diese Entwicklung.

## Europa ist anders

Da die Staaten Westeuropas sich nach dem Zweiten Weltkrieg zum Kapitalismus bekannt hatten und teilweise auch der NATO angehörten, bestand für sie nach dem Fall des Eisernen Vorhangs keine Veranlassung, die Zugehörigkeit zur US-Ideologie zu hinterfragen. Es wurde ganz selbstverständlich angenommen, Westeuropa und die USA hätten das gleiche kapitalistische Wertesystem und würden sich daher auch gemeinsam weiterentwickeln. Diese Annahme stellt sich nun als fundamentaler Irrtum heraus. Die beiden Kontinente besitzen zwar gemeinsame religiöse und kulturelle Wurzeln, doch in über dreihundert Jahren haben sich daraus zwei grundsätzlich verschiedene Systeme gebildet. Ihre oberflächliche Ähnlichkeit ist der Grund, warum die Wahrnehmung der eigentlichen Differenzen so schwer fällt. Erst in jüngster Zeit regen sich Stimmen und wächst das Bewusstsein der Öffentlichkeit dafür, dass zwischen dem europäischen und dem amerikanischen Grundwerten buchstäblich Welten liegen.

Betrachten wir zum Beispiel den Begriff „Eigentum" aus beiden Perspektiven. In Europa war Eigentum immer mit sozialen Pflichten verbunden – und ist es zum Teil immer noch. Diese Einstellung wurde von linker wie von christlich-konservativer Seite gleichermaßen getragen und war maßgeblich für das Funktionieren von Sozialpartnerschaft und sozialem Frieden verantwortlich. Anders in den USA: Es ist Bestandteil ihres Gründungsmythos, dass Eigentum persönliche Unabhängigkeit bewirkt und gottgewollt ist. Es muss den Fleißigen und Tüchtigen ohne Einschränkungen zustehen. Auf den ersten Blick verwunderlich ist, dass dieser freie Eigentumsbegriff vom selben christlichen Gott gewollt wird, der in Europa von seinen Gläubigen eine soziale Einstellung erwartet. Auch die Gesellschaftsverträge weisen essenzielle Unterschiede auf. Ein Gesellschaftsvertrag verlangt nach europäischer Tradition „Fürsorge für die Schwächeren und Vorsorge für Notfälle". Als im Europa des 19. Jahrhunderts das Elend der Fabrikarbeiter zur „sozialen Frage" wurde, bemühten sich drei Initiativen um die Lösung dieses Problems. Die Selbsthilfebewegungen der Arbeiter, die Unterstützung seitens der Kirche und das Erwachen des Sozialismus führten nach vielen Kämpfen zur Begründung dessen, was wir heute als „europäischen Wohlfahrtsstaat" bezeichnen. Amerika hingegen erlebte zu dieser Zeit den Höhepunkt der Einwanderungswelle. Millionen Menschen aus aller Herren Länder suchten ihr Glück in der Neuen Welt. Trotz ebenso großen Elends konnte sich eine Arbeiterbewegung im europäischen Sinn nicht entwickeln. Der Einzelne war auf sich selbst gestellt, er hatte die „unbegrenzten Möglichkeiten" vor Augen und musste seinen Überlebenskampf alleine führen. Allein dem Erfolg des Tüchtigen galt und gilt in den USA die gesellschaftliche und individuelle Bewunderung. An Stelle des Rechts auf Fürsorge entwickelte sich eine Spendengepflogenheit – „Charity". Es entstand eine Unzahl von Wohlfahrtsvereinen auf freiwilliger Basis.

## Gerechtigkeit oder Freiheit

Wie kam es zu diesem grundverschiedenen Weltverständnis? Wie konnten dieselben christlichen Wurzeln zwei so unterschiedliche Wertesysteme hervorbringen? Stellen wir uns die Situation im Europa des 17. Jahrhunderts vor. Protestanten und Katholiken hatten neben ihren Widersprüchen in Glaubensfragen auch konträre Einstellungen zum weltlichen Leben. Die katholische Kirche entwickelte seit dem Mittelalter die Idee des gerechten Profits und des gerechten Unternehmers, der soziale Verantwortung zu tragen hat. Die Protestanten und hier vor allem die Calvinisten sahen das anders: Sie hingen dem Glauben an, dass der unbeschränkte Erwerb von individuellem Reichtum im irdischen Dasein durchaus erlaubt, ja sogar gottgefällig wäre. Verbunden mit der Idee der Freiheit des Einzelnen vor Gott und der Selbstverantwortung in der Lebensführung hatten viele den Wunsch und auch die Möglichkeit, erfolgreiche Unternehmer zu werden. Die Gegenreformation des Katholizismus beschränkte jedoch die Freiheit der reformierten Kirchen. Zugleich mit der religiösen Verfolgung wurden ihre Anhänger auch an ihrer wirtschaftlichen Expansion gehindert.

Darüber hinaus zementierte der aufkeimende Absolutismus für die nächsten 150 Jahre, bis zur Aufklärung, die Staatsmacht ein und verhinderte die Entwicklung des Individuums. Große Teile der Bevölkerung waren von Armut und Not betroffen. Die Bauern hatten nach den Bauernkriegen einen gesellschaftlichen Abstieg zu Leibeigenen hinnehmen müssen, die landwirtschaftlichen Flächen waren begrenzt, klimatische und technische Bedingungen einem Aufschwung nicht förderlich.

Nur zu verständlich also, dass die calvinistischen „Pilgrimfathers" sowie andere religiös und politisch Verfolgte den eben entdeckten Kontinent als erstrebenswerte neue Heimat betrachteten. Ohne existierendes Staatsgefüge und ohne repressiven Katholizismus erblickten sie in der Neuen Welt geradezu ein Paradies für ihr Freiheitsstreben. Neben ihnen machten sich auch Menschen, die der Armut entfliehen und eine neue wirtschaftliche Existenz aufbauen wollten, auf den Weg in das „Land der unbegrenzten Möglichkeiten" – angezogen von seinem unermesslich fruchtbaren Weide- und Ackerland und seinen Goldadern.

## Das Faustrecht der Siedler

Im Gegensatz zu anderen Eroberungen erfolgte die Besiedelung Amerikas nicht durch einen militärischen Krieg. Vielmehr waren es Hunderttausende Individuen, die aus den unterschiedlichsten Gründen aus ihrer alten Heimat auswanderten. Die Siedler, die den „Wilden Westen" eroberten, steckten ihre Claims ab, nahmen das Land in Besitz, gründeten Firmen und bauten Eisenbahnen. Wo sie mit den indianischen Ureinwohnern in Konflikt gerieten, kämpften sie zumeist als Privatpersonen aus eigener Kraft gegen diese an. Sie waren als Bürger bewaffnet und „erfanden" ihr eigenes Rechts- und Ordnungssystem, lange bevor Verwaltung und Militär ihnen folgten. Dieses fundamental andere Verständnis der Rolle des Staates und der Bedeutung des Individuums festigte sich zu einem von Europa grundverschiedenen, ja nahezu diametral entgegengesetzten Wertesystem. Die Vergleiche ließen sich weiter fortsetzen – am Ende zeigt sich, dass Europa und Amerika außer oberflächlichen Ähnlichkeiten kaum etwas gemeinsam haben, dass sie einander fremd sind bis zum völligen Unverständnis.

Aus der Sicht der europäischen Wertegemeinschaft müsste die amerikanische Geisteshaltung wie ein Rückfall ins Faustrecht erscheinen: Der Stärkere setzt sich durch, wer sich nicht selbst hilft, dem hilft auch kein Gott und schon gar nicht der Staat. Dieser Individualismus, ja Egoismus, der die amerikanische Weltsicht auch heute noch prägt, müsste für einen Europäer völlig unvorstellbar sein. Aber Amerika war in den ersten Jahrhunderten nach seiner Besiedelung weit weg und hatte wenig Einfluss auf die Entwicklung Europas. Es hatte selbst genug zu tun mit seinem Unabhängigkeitskampf und der Umsetzung eines demokratischen Staatsgefüges. Später erreichten Berichte über spektakuläre Erfolge von armen Tellerwäschern* und neuen Technologien** den alten Kontinent und nährten die Bewunderung für den neuen. Als die USA im letzten Jahrhundert auch noch zu den Befreiern vom Naziregime wurden, mit Luftbrücken und Lebensmittellieferungen die hungernde Zivilbevölkerung versorgten, mit dem Marshall-Plan den Wiederaufbau unterstützten und Westeuropa vor dem Kommunismus bewahrten, konnte sich die „Supermacht“ nicht nur militärisch, sondern auch moralisch und emotional etablieren.

In der Nachkriegszeit wünschte sich jeder einen „reichen Onkel aus Amerika“, Coca-Cola, Jeans und Hollywood belebten unseren Konsum-Alltag – doch im Übrigen waren die USA immer noch weit weg. Ihr Engagement im Vietnam-, Korea-, Golf- und Balkankrieg rief zwar einigen Widerstand bei Intellektuellen hervor und hinterließ eine gewisse Skepsis, eine Emanzipation Europas erfolgte jedoch nicht. Die USA blieben das Maß aller Dinge.

* Levi Strauss, 1829 als Sohn eines Hausierers in Deutschland geboren, wanderte mit 18 Jahren nach Amerika aus. Nach mehreren Jahren in New York begann er in San Francisco mit der Produktion seiner berühmten Hosen, die bald salonfähig wurden und Strauss zu großem Wohlstand verholfen haben, in: www.levi-strauss-museum.de, 27. 8. 2002

** Der Automobilproduzent Henry Ford wurde 1910 in einem Schlachthof dazu inspiriert, Förderbänder auch für die Autoproduktion zu benutzen. Durch die schnellere, effektivere Produktion war es möglich, das Auto billiger als die Konkurrenz zu produzieren. www.planet-wissen.de Um die Rationalisierungsbestrebungen der Unternehmen in der Zwischenkriegszeit realisieren zu können, führten besonders Frederick Winslow Taylor und Henry Ford umfangreiche Zeit- und Bewegungsstudien durch, es gab erstmals Training, wissenschaftliche Personalauswahl, Pausengestaltung und Motivation der Arbeiter, in: www.museum-steyr.at, 27. 8. 2002

## Die Mayflower kehrt zurück

Warum hat Europa noch nicht einmal bemerkt, dass es sich bereits mitten in einem Business-Krieg mit der US-Wirtschaft befindet? Obwohl Westeuropa in den Jahrzehnten des Wiederaufbaus ein Wirtschaftswunder hervorbringen konnte und auch heute noch – im Verhältnis zur Weltwirtschaftslage – hervorragende Ergebnisse erzielt[55], machen diese Erfolge ihre Begründer nicht so richtig stolz. Auch bei uns wurde und wird eine erstaunliche Anzahl von Handwerkern, Arbeitern und Bauern zu Millionären oder zumindest zu wohlhabenden Bürgern und Bürgerinnen. Wir jedoch schreiben diese Erfolge nicht auf unsere Fahnen und lassen uns dafür nicht feiern, sondern bewundern den „amerikanischen Traum". Es fasziniert uns die grenzenlose Freiheit, die Möglichkeit, aus eigener Kraft reich zu werden. In Europa fühlen wir uns hingegen von der Staats-Bürokratie und den traditionellen sozialen Verpflichtungen in unserer Entfaltung behindert. Viele finden die Sozialpartnerschaft als Steuerungsinstrument nicht mehr beruhigend, sondern langweilig und störend. Die großen Protestbewegungen der Siebzigerjahre sind verebbt, und der Weg durch die Niederungen der Institutionen dauert nun schon ziemlich lange. Auch die christliche Lehre hat ihre Leuchtkraft verloren, die Doppelmoral vieler Kirchenväter beschleunigt ihren Niedergang. Weder die Spaßgesellschaft noch der Rückzug in die Privatheit – in ein neues Biedermeier – kann den dadurch entstandenen Sinnverlust ausgleichen. Als Westeuropa mit dem Ende des Kalten Kriegs auch noch seine Brückenfunktion zwischen Ost und West verlor, geriet es in eine Sinnkrise.

In dieses Vakuum konnte der amerikanische Traum eindringen. Ein „Fernweh", der Traum von ungeahnten Möglichkeiten in einem anderen System erfasste breite Schichten der Bevölkerung und machte aus ihnen „ideologische Auswanderer". Sie folgten dem Ruf von der großen Freiheit und des legitimen Egoismus. Der „amerikanische Gründermythos" hat inzwischen die Mehrheit der Europäer in ihrem eigenen Land erfasst. Die „mentalen Siedler" mussten nicht einmal eine „Mayflower" ausrüsten, um über den großen Teich in das Land der Freiheit zu gelangen. Diesmal kam Amerika direkt vor die Haustür und in das Wohnzimmer. Man musste – oder konnte – gar nichts dafür oder dagegen tun. Es reichte, sich nicht gegen den Mainstream zu wehren. Sich der Philosophie vom freien Markt anzuschließen, machte das Leben wieder spannend, es winkten große Herausforderungen, hohe Aktiengewinne und tolle Prämien. Man könnte sagen: Ein neuer „Goldrausch" war ausgebrochen – die Chance auf das schnelle Geld. Zudem befriedigte die neoliberale Philosophie nicht nur materielle Sehnsüchte und Abenteuerlust. Sie gab auch eine verlockende Antwort auf die

Sinnfrage: Weltbürgertum, Wohlstand, Freiheit, Demokratie und Menschenrechte für alle.

So oder ähnlich mag die Motivation von Entscheidungsträgern in den Unternehmen und von privaten Investoren am Kapitalmarkt aussehen: Endlich dieser altmodischen Gesellschaft mit ihren sozialen Zwängen zu entfliehen, die Beschränkungen der Bürokratie zu überwinden und diese gegen raschen Reichtum, größere persönliche Freiheit und Gestaltungsmöglichkeit einzutauschen. Dafür lohnt es sich zu kämpfen.

## Wohin soll das führen?

Szenarien des Business-Kriegs, Fronten, Angreifer und Verlierer – bei vielen mag sich das schon beschriebene Kriegs-Tabu wieder bemerkbar machen. Einige werden vielleicht denken, es ginge bei dieser Beschreibung um die Suche nach den Schuldigen. Dieser Schein trügt: Hier wird nicht über Gut und Böse befunden. Die Prozesse sind zu komplex, um eindimensionale Urteile zu fällen. Auch bei der Besiedelung Amerikas könnte man die europäischen Auswanderer als „Wirtschaftsimperialisten" sehen, welche die soziale Struktur der indianischen Ureinwohner zerstörten und diese auf brutale Weise um ihr Land brachten. Oder aber man könnte die Siedler als Begründer des Fortschritts betrachten, als diejenigen, welche in ihrem Streben nach Wohlstand und Freiheit die Demokratie erfanden und Europa zu dem verhalfen, was es heute ist. Beide Sichtweisen sind auch bei der Einschätzung des Business-Kriegs zulässig. Bringt der Turbokapitalismus Europa noch rechtzeitig auf Trab, bevor es an seiner Überregulation und seiner Schuldenpolitik zu Grunde geht, bevor die Menschen ihre Ansprüche auf Vollversorgung nur noch an den Staat delegieren und ihre Leistungsbereitschaft und Selbstverantwortung ständig geringer werden? Oder hätte Europa auch ohne Business-Krieg die notwendigen Reformen von selbst einleiten und den Business-Frieden und seine Werte erhalten können? Musste der „alte Realkapitalismus" wirklich zum „Finanzkapitalismus" amerikanischer Prägung mutieren? Wollen wir Glaubenssätze übernehmen wie: Größtmögliches Wachstum von Produktivität und Wettbewerb sind letztes und einziges Ziel menschlichen Handelns, die Allmacht der Ökonomie bestimmt das Wertesystem, die Spannung zwischen Wirtschaft und Gesellschaft muss als notwendig akzeptiert werden.[56]

Es geht bei diesen Überlegungen nicht darum, zu bewerten, welche Seite Recht hat, welches System die besseren Bedingungen für ein Zusammenleben der Menschen in den nächsten Jahrzehnten anzubieten hat. Diese Entscheidung muss jeder für sich treffen. Eine solche Bewertung kann der

Einzelne jedoch nur vornehmen, wenn der Schleier der Unwissenheit gelüftet ist und die Dinge beim Namen genannt werden. Es geht hier darum, die Notwendigkeit zu einer solchen persönlichen Entscheidung zu dokumentieren, denn die Fronten verlaufen bereits mitten durch unsere Gesellschaft und sogar mitten durch das Individuum, das zwischen Freiheit und Sicherheit zu wählen hat und sich für die nächste Etappe des Business-Kriegs in Position bringen muss. Zwischen diesen äußerst komplexen Prozessen befindet sich der einzelne Mensch in seinem Berufsalltag – aufgerufen, zu funktionieren und zerrissen zwischen Begeisterung und Bedrohung. Für welche Seite man sich auch entscheidet, welche Rolle man in dieser Entwicklung auch übernehmen wird – wer überleben will, muss kämpfen können.

*Der Turbokapitalismus als Auslöser für den Business-Krieg*
Die Fronten im Business-Krieg sind wirtschaftsideologische. Die USA führen über den Turbokapitalismus einen Mehrfrontenkrieg um die ideologische und ökonomische Weltherrschaft. Es handelt sich dabei um eine Mischung aus Eroberungs- und Glaubenskrieg mit Hegemonieanspruch: Die ganze Welt soll dem System des freien Marktes angehören mit Liberalisierung, Deregulierung und Privatisierung zur Maximierung des privaten Profits.

*Globalisierungskritiker im Widerstand*
Die Kritiker dieser Entwicklung sind seit einigen Jahren international organisiert, mit klaren Zielen ausgestattet und kämpfen mit Mitteln wie Demonstration und Information. Sie werden durch Kriminalisierung und Einschränkungen der Bürgerfreiheiten in Schach gehalten sowie durch Ideologisierung bekämpft, indem sie in die „restkommunistische" Ecke gestellt werden.

*Westeuropa/EU als Hauptfront*
Am schwersten zu erkennen ist, dass die Hauptfront des Business-Kriegs in Europa liegt, denn die westlichen Industrienationen verstehen sich als wirtschaftliche, militärische und ideologische Bündnispartner und nicht als Gegner der USA. Erst langsam regt sich Widerstand von einer sich besinnenden Minderheit. Diese sind eben erst dabei, einen „Kapitalismus mit europäischem Antlitz" zu definieren, während die offiziellen Flügel von linken und grünen Parteien noch nicht eindeutig Position bezogen haben. Vorsichtig begin-

nen sich Bewegungen in Westeuropa zu formieren und in Position zu bringen, um die „Infiltration“ aus den USA abzuwehren.

*Die eigenen Reihen*
Der bedingungslose Wettbewerb im Turbokapitalismus zwingt die kriegführenden Organisationen dazu, um Marktanteile zu kämpfen. Dies führt dazu, dass die Unternehmen ihre eigenen Verbündeten angreifen und vernichten sowie ihre eigenen Mitarbeiter außer Gefecht setzen.

*Ausblick*
Wie sich der Business-Krieg parallel zur politisch-militärischen Situation entwickeln wird, ist nicht abzusehen. Jeder Einzelne muss sich in diesem System positionieren und seinen eigenen Überlebenskampf planen.

# TEIL II

# Krieger, Rebellen und Kriminelle

Wir sollten unsere eigenen Ideen ebenso kritisch betrachten
wie die Ideen, gegen die wir kämpfen.
*Sir Karl Raimund Popper*

# 1. Kapitel
# Ehrenkodex und Funktionen

Wie leben und arbeiten die Menschen im Business-Krieg? Wie sieht ihr Rollenverständnis, ihr Wertesystem und ihre psychische Befindlichkeit aus? Wollen wir Business-Krieger und andere Kämpfer verstehen, benötigen wir Kenntnisse über die Funktionen und Einstellungen der Beteiligten am militärischen Krieg. Von diesen haben wir nur vage Vorstellungen, wir sprechen ganz allgemein von „Soldaten“ und differenzieren meist nicht weiter. Denkt man an Krieg, so fallen einem in erster Linie die Opfer ein – Tote und Verletzte, Vertriebene und Geschädigte vor allem in der Zivilbevölkerung. Weniger beschäftigen wir uns mit den Menschen, die aktiv am Krieg teilnehmen. Es existiert kaum eine öffentliche Diskussion über die Menschen beim Militär, denn die Dämonisierung des Kriegs betrifft nicht nur das Phänomen als solches, sondern auch die daran Beteiligten.

## Die Doppelmoral der Gesellschaft

Man will sich in Westeuropa mit Soldaten nicht beschäftigen. Diese haben durch die Schrecken der beiden Weltkriege und das darauf folgende Kriegs-Tabu ihren ehemals hohen Sozialstatus eingebüßt und werden bestenfalls als lästige Pflicht geduldet. Sie sollen das hohe Sicherheitsbedürfnis der Bürger befriedigen, immer da sein, wenn man sie braucht, aber möglichst unauffällig und unbedankt. Ein Berufsleben als Soldat oder eine Offizierskarriere steht daher in unserer Gesellschaft nicht mehr auf dem Karriereplan von jungen Leuten.

Alles in allem haben wir es hier mit einer äußerst zwiespältigen Einstellung zu tun: Auf der einen Seite bietet die Gesellschaft Soldaten, Kämpfer und Krieger nicht mehr als Identifikationsfiguren an und wertet ihr Berufsimage ab. Auf der anderen Seite steigt deren Kurs bei den Konsumenten von Filmen und Computer-Spielen. Klassische Kriegsfilme, moderne Action- und Sciencefiction-Filme greifen in immer neuen Abwandlungen das Heldenthema auf. Sie erzählen Geschichten über Männer und vereinzelt auch Frauen, die zum Schutze anderer Menschen extreme Anstrengungen auf sich nehmen und dafür ihre Gesundheit und ihr Leben riskieren. Dass es dabei auch um Gewalt geht, liegt in der Natur der Sache. Kampf und Krieg sind ja per Definition im Extrembereich angesiedelt, dort wo eben friedliche Mittel zur Konfliktlösung nicht gegriffen haben. Die exzessive Zurschaustellung dieses Themas wird von öffentlicher Seite zwar regelmäßig kritisiert, konnte aber bis dato nicht beeinflusst oder gar verhindert werden. Krieger sind zwar aus der öffentlichen Anerkennung verschwunden, haben aber für viele nichts an Faszination und Vorbildwirkung eingebüßt. Auch wenn ihre Existenz zurzeit hauptsächlich virtueller Natur ist, so ist ihr Mythos jedenfalls in einem archaischen Empfinden begründet. Die heute in Westeuropa geltende Abwertung des Kriegers blendet diese Aspekte völlig aus und ist Teil der schon beschriebenen kollektiven Verdrängung.

## Kriegertugenden einst und heute

Welche Assoziationen entstehen, wenn man ganz allgemein an einen „Krieger" denkt? Sofern sie ein positives Bild überhaupt zulassen können, nennen die meisten Personen einen Ritter, einen Indianer, einen Samurai oder auch einen Massai. Man schreibt diesen Männern hohe Ideale und vorzügliche Eigenschaften zu und verbindet diese Vorstellung meist mit Anerkennung und manchmal auch mit romantischen Gefühlen. Der Krieger beschützt, rettet und verteidigt Vaterland und Glauben, Kaiser und König, Land und Leute, Frau und Kind, Hab und Gut. Er riskiert sein eigenes Leben zum Wohle der Allgemeinheit und bekleidete in allen Kulturen einen hohen gesellschaftlichen Rang. So kitschig literarische oder cineastische Vorlagen auch sein mögen, wenn wir es uns eingestehen, sprechen sie doch eine „Ursehnsucht" in uns an: sich wie ein Held zu verhalten bzw. von einem solchen Helden beschützt oder gerettet zu werden.

Was zeichnet einen Krieger aus? Welche Tugenden sind es, die ihn zum Helden machen und ihm gesellschaftliche Anerkennung einbringen? Zu den geforderten Eigenschaften, dem Ehrencodex, gehören absolute Selbstbeherrschung, Mut und Tapferkeit in jeder Lebenslage sowie Wahrhaftigkeit, Höflichkeit und Treue seinem Herrn gegenüber. Zu den Rittertugenden des Mittelalters zählten „êre, triuwe, muot, milte, stæte, mâze und zuht".* Die Ehre regelte den Respekt untereinander und bildete die Grund-

* Ehrenhaftigkeit, Treue, Mut, Milde, Stetigkeit, Maß und (Selbst-)Disziplin

lage der Selbstachtung. Die Treue verpflichtete den Ritter zum mutigen Kampf in ergebener Loyalität gegenüber seinem Lehensherrn und seinem Gott. Großzügigkeit und Erbarmen mit den Schwachen und Hilflosen, Beständigkeit und Festigkeit des Charakters, innere und äußere Wohlerzogenheit sowie die Beherrschung der gesellschaftlichen Regeln rundeten das Bild ab. Neben diesen Tugenden erforderte die ritterliche Kriegskunst auch „persönliche Schlüsselqualifikationen", wie wir heute sagen würden: Ein Ritter musste seinen Kampf „viriliter et sapienter" führen – also Tapferkeit und Geschicklichkeit entwickeln. Zudem war auch „Sachkompetenz" gefragt: Waffentechniken, Strategie und Taktik, und was das Kriegshandwerk der jeweiligen Zeit noch verlangte.

## Gezähmte Kraft

Die Anforderungen an den Krieger, ob Ritter oder Samurai, ob Germane oder Indianer waren in allen Kulturen nahezu dieselben. So unterschiedlich die Waffentechniken und die dahinter liegenden Philosophien auch sein mögen, die Kriegertugenden sind weltweit gleich. Woran liegt das? Krieger müssen die Fähigkeit und die Bereitschaft besitzen, zu töten und zu zerstören. Dies ist eine notwendige Voraussetzung dafür, dass sie die gewünschte Schutzfunktion auch wirklich ausführen können. Eine Kultur, die ihre Krieger schätzt, ist sich zugleich bewusst, dass diese auf Kampf trainierten Menschen über ein hohes Destruktionspotenzial verfügen. Solch gefährliche Eigenschaften müssen also ständig unter Kontrolle gehalten werden, will man nicht riskieren, dass sich dieses Potenzial verselbstständigt. Strenge ethische und disziplinäre Auflagen wurden geschaffen, um diese Kontrolle zu gewährleisten. Der Krieger wird auf die geltenden weltlichen und religiösen Werte eingeschworen, muss eine harte und langwierige Ausbildung absolvieren und sich unter eine straffe Führung begeben. Eine dichte Organisationsstruktur engt den Spielraum des Individuums ein und ermöglicht eine maximale Kontrolle von oben.

Das Verständnis für diese Zusammenhänge ist dem heutigen Westeuropäer weitgehend abhanden gekommen. Übungen zur Disziplin und extreme körperliche Belastung werden von Pazifisten gerne mit Bezeichnungen wie „sadistischer Drill" belegt. Bringt man Kriegertugenden wie „Ehre" und „Treue" aufs Tapet, läuft man Gefahr, mit nationalsozialistischem Gedankengut in Verbindung gebracht zu werden. Dies ist verständlich, da sich die deutsche Wehrmacht und in ganz besonderem Maße die SS[57] dieser Begrifflichkeiten bedient hat. Ein solcher Missbrauch von Werten ändert jedoch nichts an ihrer allgemeinen Bedeutung. Will und kann eine Gesellschaft auf den Schutz der Krieger nicht verzichten, so sind Ethik, Disziplin und Struktur die Mittel, um ihre zerstörerische Kraft zu kontrollieren und in den Dienst der Gemeinschaft zu stellen.

## Künstliche Helden

Der Ehrenkodex der Ritter ging auf die staatlichen Militärinstitutionen über und blieb in den unterschiedlichsten Armeen bis zur Entstehung des Kriegs-Tabus nach dem Zweiten Weltkrieg nahezu unverändert erhalten. Und was kam danach? Wer waren die Helden der Nachkriegszeit? Das Militär verlor seinen gesellschaftlichen Status und musste sich immer mehr in den Hintergrund zurückziehen. Ehrungen und Paraden waren – zumindest in den westlichen Demokratien – immer seltener öffentlich zu sehen. Es entstand ein „Helden-Vakuum". Diesen Freiraum füllte vorerst Hollywood, indem es die Sehnsucht nach Heldenverehrung durch die Etablierung von Kunstfiguren stillte: Die Kriegertugenden gingen auf in Mythen wie Superman und Batman, wie Jerry Cotton und James Bond. Die einen wurden als moderne Robin Hoods stilisiert, die den Armen und Benachteiligten zu Hilfe kamen. Die anderen waren als Geheimagenten und Einzelkämpfer zwar eigentlich Soldaten, doch ohne Uniform und Armee akzeptabel. So konnte trotz des Kriegs-Tabus die Bewunderung ganzer Generationen auf sie gelenkt werden, während den Generälen der gerade aktuellen kriegerischen Auseinandersetzungen keine Denkmäler mehr gesetzt wurden. Die Epigonen der 68er-Generation erlaubten sich noch am ehesten, auch in Europa „echte Helden" zu verehren. Trotz ihres aktiven Bekenntnisses zur Gewalt erlangten Mao und Che Guevara bei ihren Anhängern Kultstatus, und ihre Konterfeis zierten die Zimmerwände einer ganzen Generation.

## Gut oder Böse?

Doch der Krieg produziert nicht nur Helden. Die Ausnahmesituation im Krieg verändert die Gesellschaft, und die extreme Belastung führt auch beim Individuum zu einer anderen Sichtweise von Recht und Gesetz. Was im Frieden verboten war, ist plötzlich erlaubt. Das Unrechtsbewusstsein nimmt gegenüber den Notwendigkeiten, die der Selbsterhaltungstrieb suggeriert, deutlich ab. Gibt es im Krieg überhaupt eine Unterscheidung von Gut und Böse? Bei klassischen Helden wie Herkules oder Siegfried, bei Heerführern wie Prinz Eugen oder Napoleon, bei Rebellen wie Robin

Hood oder bei Freiheitskämpfern wie Andreas Hofer wird man sich noch einigen können. Aber wie steht es beispielsweise mit den IRA- oder ETA-Mitgliedern? Sind sie im Recht mit ihrem Kampf um die Freiheit, sind die Mittel adäquat oder nicht? Aber damit nicht genug, es beanspruchen auch noch ganz andere Kämpfer das Recht auf Ehre für sich. Ist nicht der Pate für seine Mafiosi und Osama Bin Laden für seine Anhänger ein ehrenhafter Held? Auch sie gehorchen – wie die Mitglieder jeder Straßengang – strengen Regeln und Normen.

Wenn nun alle Kämpfer nahezu demselben Ehrenkodex verpflichtet sind und – zumindest aus subjektiver Sicht – einem ethischen Grundkonsens folgen, wie soll man dann zwischen Gut und Böse unterscheiden? Welche Vorbilder jenseits von Spiderman und Jedi-Rittern haben dann noch Gültigkeit? Woran soll sich ein Krieger orientieren? Offensichtlich sind es nicht allein die Tugenden, die den Unterschied ausmachen, denn diese sind für alle gültig – vom Kreuzritter bis zum Navy-Offizier, vom Samurai bis zum Guerillakämpfer. Für Außenstehende ohne Kriegserfahrung ist es nicht einfach, sich in dieser Frage zu orientieren. Wen wollen wir zu den ehrenhaften Kriegern zählen, welche Gewalttaten akzeptieren wir bei ihnen und warum? Um ein Urteil darüber zu fällen, wer ein Held und wer ein Verbrecher ist, müssen Kriterien aus drei Bereichen herangezogen werden: geltendes Recht, moralische Standards einer Gesellschaft oder einer Gruppe sowie das ethische Empfinden des Einzelnen. Die sehr kurz gegriffene Pauschalverurteilung von Soldaten ist häufig das Ergebnis von Anti-Kriegspropaganda. Erst die Betrachtung der drei genannten Ebenen ermöglicht auch Außenstehenden eine halbwegs fundierte Bewertung von kämpferischen Handlungen. Im Zusammenhang mit Kampf und Krieg ergibt sich eine Vielfalt von Funktionen, inneren Einstellungen und Aufgaben. In der folgende Systematik sollen diese transparent gemacht werden, indem wir uns mit den Unterschieden zwischen „Kriegern“, „Rebellen“ und „Kriminellen“ auseinander setzen.

## Krieger

Krieger sind die Umsetzungs- und Schutzmacht eines herrschenden Systems. Sie werden eingesetzt, um die politisch vorgegebenen Ziele durchzusetzen und die Interessen des Staates zu schützen. Ihre Kampfkraft ist in das System integriert und wird von diesem kontrolliert. Durch die besonderen Bedingungen dieser Tätigkeit sowie mit zunehmender Dauer eines Kriegs entfremden sich Krieger immer mehr vom zivilen Leben und seinem Wertesystem. Die eigene Urteils- und Entscheidungskraft kann durch die Ideologisierung und die schon beschriebenen Befehlsstrukturen stark herabgesetzt werden. Krieger kämpfen für bestehende Systeme, Institutionen oder Ideologien, in Führungspositionen oder in der Mannschaft.

| | |
|---|---|
| Legitimation: | vom herrschenden politischen System (Monarch, Diktator, demokratische Regierung u.Ä.) |
| Ziele: | zu hundert Prozent vom „System“ vorgegeben; eigene müssen untergeordnet werden |

**Kommandanten**

haben Führungsfunktionen in größeren Einheiten der legitimierten Organisation inne

| | |
|---|---|
| Bezeichnung: | Stammesführer, Heerführer, Häuptling, Samurai, Ritter, Feldherr, Oberbefehlshaber, General sowie: Sheriff, Polizei- und Gendarmerie-Offizier |
| Wahlfreiheit: | freiwillig (denn auch im Krieg muss man nicht unbedingt Offizier werden) |
| Bezahlung: | vom System (Grundsalär), oft „Kost und Quartier“ und ein großer Anteil der „Beute“ (z.B. Ländereien), Versorgung mit Ämtern oder Funktionen auch nach der aktiven Zeit |
| Regeln: | der eigenen Organisation teilweise mitgestaltbar |
| Gesetz: | offiziell lückenlos einzuhalten |
| Ethik: | wenig Spielraum für vom System abweichende Werte |
| Anerkennung: | Orden, Titel, Ehrungen |

| | |
|---|---|
| Verantwortung: | volle persönliche Haftung mit Leben, Status und Besitz bei Verstoß gegen die internen Regeln oder bei Systemwechsel (z.B. Ehrverlust, Kriegsverbrechen) |

**Mannschaft**

Ihre Mitglieder haben die angeordneten Maßnahmen umzusetzen, in Kampfverbänden, Spezialteams oder alleine

| | |
|---|---|
| Bezeichnung: | Fußvolk, Legionäre, Landsknechte, Söldner, Soldaten, Berufssoldaten, Fremdenlegionäre, Angehörige der verschiedenen Waffengattungen sowie: Polizisten und Gendarmen |
| Wahlfreiheit: | • Zwangsrekrutierungen: keine<br>• allgemeine Wehrpflicht: fast keine<br>beide bezahlen Verweigerung mit Freiheits- und Geldstrafen oder mit dem Tod<br>• Mitläufer: weitgehend freiwillig<br>• Beruf: weitgehend freiwillig<br>beide wählen aus Interesse oder aus wirtschaftlicher Notwendigkeit |
| Bezahlung: | Sold vom System und fallweise ein geringer Anteil der Beute |
| Gesetz: | Befehle sind auszuführen, auch wenn dabei Gesetze übertreten werden müssen |
| Ethik: | zwangsverpflichtete und eingezogene Soldaten haben keinen Spielraum für eigene Werte<br>Mitläufer und Freiwillige haben ihre Werte in Übereinstimmung mit dem System gebracht oder sich eine pragmatische Einstellung zugelegt |
| Regeln: | der Organisation sind bedingungslos einzuhalten |
| Anerkennung: | vom System für Pflichterfüllung (Aufstieg, Medaillen, Belobigungen u.Ä.) |
| Verantwortung: | persönlich gering, da sie zur Durchführung von Befehlen verpflichtet sind (werden z.B. für Kriegsverbrechen meist freigesprochen) |

## Rebellen

Rebellen bilden die Gegenmacht zu einem herrschenden System. Sie bringen Veränderungen in Gang, brechen die Macht von Diktaturen oder verkrusteten Regimen. Das tun sie zumindest zu Beginn mit einem hohen sozialen Anspruch, sie kämpfen für Werte wie Gerechtigkeit, Gleichheit oder Freiheit. Haben sie ihr Ziel erreicht, müssen sie entweder ein neues System aufbauen und sich darin integrieren, oder sie suchen sich neue Gründe, um weiter rebellieren zu können. Rebellen kämpfen aus Überzeugung gegen bestehende Systeme, Institutionen oder Ideologien, in Führungspositionen oder in der Mannschaft von Organisationen, in losen Verbänden oder als Einzelkämpfer. Die Funktionen von Kommandanten und Mannschaft existieren zwar, sind jedoch unbeständig und fließend.

| | |
|---|---|
| Legitimation: | • im Namen von legitimierten oppositionellen Einrichtungen<br>• im Namen von nicht legitimierten Gruppen (z. B. Untergrundorganisationen)<br>• im Namen ihrer eigenen Person |
| Bezeichnung: | Freiheitskämpfer, Widerstandskämpfer, Partisanen, Guerillas, Terroristen |
| Ziele: | selbst gewählt |
| Wahlfreiheit: | weitgehend freiwillig, denn sie hätten auch andere Möglichkeiten (z. B. Flucht, Mitläufer) |
| Bezahlung: | bringen eigenes Vermögen ein oder werden von ihren Anhängern durch Sach- oder Geldspenden erhalten |
| Gesetz: | nicht oder nur bedingt an bestehende Gesetze gebunden, weil sie die herrschende Autorität eben nicht akzeptieren |
| Ethik: | persönliche Werte und Ideale |
| Regeln: | der Organisation zu Beginn mitgestaltbar |
| Anerkennung: | durch persönliche Beziehungen, Vertrauen der Anhänger und die Hoffnung von Teilen der Bevölkerung |
| Verantwortung: | volle persönliche Haftung mit Leben, Freiheit, Status und Besitz bei Verstoß gegen die internen Regeln, bei Änderung des legitimierten Status, bei Auffliegen der Tarnung, bei Verlust der Unterstützung |

## Kriminelle

„Normale“ Kriminelle sind Menschen, die das Zivilrecht übertreten. Das gilt für Friedenszeiten wie für den Krieg. Dieser schafft mit seinen rechtlichen und moralischen Zerfallserscheinungen allerdings noch mehr Gelegenheiten und Bereitschaft für kriminelle Handlungen. Dazu kommen noch Situationen, in denen Menschen die vorgegebenen Ziele von Kriegshandlungen mit Gewaltexzessen und Übergriffen zu erreichen versuchen oder die Kontrolle verlieren. Dabei handelt es sich um Kriegsverbrecher. Kriminelle kämpfen für ihren eigenen Vorteil, für ihre eigene Bereicherung oder auf Grund persönlicher Gefühle (z.B. Rache) außerhalb des rechtlichen Rahmens; in Führungspositionen oder in der Mannschaft von Organisationen, in losen Verbänden oder als Einzelkämpfer.

| | |
|---|---|
| Legitimation: | keine offizielle, nur durch sich selbst oder eine Gruppe |
| Bezeichnung: | Raubritter, Piraten, Wegelagerer, Betrüger, Räuber, Mörder, Revolverhelden, Gesetzlose, Desperados |
| Ziele: | weitgehend selbst gewählt |
| Wahlfreiheit: | freiwillig oder Zwangslage (von anderen Kriminellen gezwungen) |
| Gesetz: | gilt nicht |
| Ethik: | eigener Ehrbegriff, eigenes Wertesystem zur Rechtfertigung (z.B. Mafia) |
| Regeln: | der eigenen Organisation sind strikt einzuhalten |
| Bezahlung: | der Gewinn oder Anteile an der Beute |
| Anerkennung: | durch sich selbst und die eigene Gruppe |
| Verantwortung: | volle persönliche Haftung mit Leben, Freiheit, Status und Besitz bei Verstoß gegen die internen Regeln oder bei Verurteilung durch das legitimierte System |

Manchen Leser irritiert vielleicht die Trennung zwischen Rebellen und Kriminellen, insbesondere, wenn der Begriff „Terrorist“ im Spiel ist. Kriminelle wie auch Rebellen halten sich nicht (immer) an bestehende Gesetze. Doch diese Gemeinsamkeit reicht nicht aus, um sie in derselben Kategorie zu führen. Mindestens ebenso entscheidend ist die Frage nach dem Grund für den Gesetzesbruch. Wie Gerichte oder auch der einzelne Bürger den Tatbestand beurteilen, hängt ganz maßgeblich vom Motiv ab. So wird jemand, der aus Notwehr oder zum Schutze anderer gehandelt hat, für eine Straftat freigesprochen und erhält im Falle einer nachvollziehbaren Zwangslage immerhin noch mildernde Umstände. Wenn jemand für Gerechtigkeit, für die Befreiung von einem unmenschlichen System kämpft, dann werden Gesetzesbrüche und sogar Opfer unter der Zivilbevölkerung toleriert. Der Widerstand wird als moralisch legitimiert beurteilt und die Kämpfer werden als Helden verehrt.

Menschen hingegen, die vorsätzlich und nur aus eigener Profitgier das Gesetz brechen, können weder vor dem Gericht noch vor dem Urteil der Bevölkerung bestehen. Herrschende Systeme bezeichnen allerdings Rebellen sehr gerne und pauschal als Kriminelle, während viele eindeutig kriminelle Handlungen in den eigenen Reihen als Kavaliersdelikt durchgehen.

Krieger, Rebellen und Kriminelle wechseln auch immer wieder die Positionen. Gar nicht selten in der Geschichte wurden aus gesetzestreuen Kriegern Kriminelle, aus Rebellen Krieger – und oft auch umgekehrt.

## Zivilisten

In der Systematik wurden jene Funktionen beschrieben, die mit dem Kämpfen befasst sind – freiwillig oder unfreiwillig. Im Frieden wie im Krieg gibt es Menschen, die nicht an organisierten Kampfhandlungen beteiligt sind – Zivilisten. Diese gehen einem friedlichen Beruf als Arbeitgeber oder Arbeitnehmer nach oder sind gerade nicht, noch nicht oder nicht mehr berufstätig, also Hausfrauen und Hausmänner, Kinder, Kranke, Pensionisten und Pensionistinnen.

## Verhältnis der Kräfte

Wie verhalten sich diese Funktionen in einer Gesellschaft zueinander? In Friedenszeiten sind die meisten arbeitsfähigen Menschen als Zivilisten in friedlichen Organisationen beschäftigt. Sie verdienen ihren Lebensunterhalt und sorgen für die Erhöhung des Lebensstandards – des Einzelnen und des Staates. Zusätzlich sind je nach Staatsform mehr oder weniger Personen als Berufssoldaten und als Polizisten zur Sicherung des Friedens nach außen und innen zum Kämpfen legitimiert. Eine ebenfalls je nach herrschenden Verhältnissen unterschiedlich große Gruppe betätigt sich als Kriminelle. Sie verfolgen ihre eigenen Interessen unter Nichtbeachtung der staatlichen Gesetze. In Friedenszeiten gibt es kaum Rebellen. Solange die internen Konflikte in einer Gesellschaft nicht überhand nehmen, ist die Anzahl der im Widerstand gegen das herrschende System befindlichen Menschen gering und ihre Methoden des Protestes sind friedlich und politisch. Sie greifen selten zu Mitteln der Gewalt.

Spitzen sich Konflikte zu, verändern sich Bedeutung und Größe dieser Gruppen. Im Falle eines Kriegs werden zusätzlich zu den Berufssoldaten alle wehrfähigen Männer einberufen oder zwangsrekrutiert. In manchen Staaten sind Frauen in der Armee bereits eine Selbstverständlichkeit. Sie leisten ihren Dienst auch mit der Waffe, nicht nur in der Verwaltung und in der Versorgung. In vielen kriegerischen Auseinandersetzungen der Dritten Welt und im Nahen Osten werden auch Kinder als Soldaten eingesetzt. Sie alle werden dadurch automatisch von Zivilisten zu Kämpfern – ob sie wollen oder nicht.

Mit der Dauer des Kriegs werden immer mehr Personen in unterschiedlichen Funktionen in das Kriegsgeschehen involviert. Die einen kämpfen freiwillig und mit innerer Überzeugung für das herrschende System und werden zu Kriegern – sei es als Kommandanten oder als Gemeine in der Mannschaft. Die anderen werden gegen ihren Willen eingezogen und müssen als Soldaten dienen und Befehle ausführen. Die Gruppe der Zivilisten hingegen wird immer kleiner und besteht hauptsächlich aus Frauen und Kindern, Alten und Kranken.

Auch die Wirtschaftsbetriebe verändern freiwillig oder unfreiwillig ihren Geschäftszweck und werden für die Versorgung der Kriegsmaschinerie herangezogen. Neben der Rüstungsindustrie machen Ausstatter, Zulieferer, Händler, Ärzte, Berater, Kriegsberichterstatter, die Unterhaltungsindustrie u. a. mit dem Militär ihre Geschäfte.

Meist existiert in Kriegszeiten nicht nur ein Außenfeind, sondern es formiert sich eine Gegenmacht auch im eigenen Land. Untergrundbewegungen, Widerstandskämpfer oder Partisanen nehmen als Rebellen den bewaffneten Kampf auf und eröffnen damit eine neue Front.

Umbruchzeiten sind immer auch ein Nährboden für Kriminelle, von denen manche im Rahmen von Banden oder Organisationen im Hintergrund der Kriegsschauplätze ihre Fäden ziehen. Andere, meist labile Einzelpersonen, werden durch mangelnde Kontrolle und zerbröckelnde Strukturen dazu verführt, ihren eigenen Vorteil durch kriminelle Handlungen zu suchen. Wieder andere sind aus Not dazu gezwungen, den Überlebenskampf durch Übertretung von Gesetzen zu führen.

Krieger zählten vor der Entstehung des Kriegs-Tabus zu den angesehenen Mitgliedern der Gesellschaft. Der von ihnen geforderte Ehrenkodex war in allen Kulturen annähernd gleich. Um die Handlungen von Kriegern zu beurteilen, muss man sich auf drei Ebenen beziehen: geltendes Recht, moralische Standards, ethisches Empfinden.

Sowohl in Friedens- wie in Kriegszeiten gibt es Krieger, Rebellen, Kriminelle und Zivilisten. Es verändert sich lediglich die Größe der einzelnen Gruppierungen und das Ausmaß der von ihnen praktizierten Gewalt.

# 2. Kapitel
# Business-Krieger

Im Business-Krieg finden wir die Funktionen des militärischen Kriegs wieder. Auch hier agieren Krieger, Kommandanten, Soldaten, Rebellen, Kriminelle und Zivilisten. Die Gegner sind definiert, und unter den Kämpfern herrscht die Bereitschaft, eigene Ziele mit absichtlicher und geplanter Vernichtung des Feindes durchzusetzen. Der wesentliche Unterschied zwischen militärischem Krieg und Business-Krieg besteht in der Wahl der Waffen. Die konkurrierenden wirtschaftlichen Organisationen werden mit ökonomischer Gewalt vereinnahmt oder in ihrer Marktmacht gebrochen. Dies geschieht durch erbitterten Wettkampf um die Marktführerschaft, durch Bewusstseinsbildung über die Medien und durch Einflussnahme auf die politischen Entscheidungen.

## Manager statt Offizier

Was kennzeichnet die Persönlichkeit und das Wertesystem von Menschen, die als Business-Krieger ihrer Arbeit nachgehen? Männer mit Mut, Kraft und einem Hang zum strategischen Denken waren in früheren Zeiten prädestiniert für eine Karriere beim Militär – sie wollten eben nicht Bauern, Handwerker oder Beamte werden, sondern suchten die spezielle Herausforderung im Kampf. Zudem bot der Weg des Berufssoldatentums auch für Menschen aus den unteren Gesellschaftsschichten eine Chance auf sozialen Aufstieg. Nachdem die alten Helden auf Grund des Kriegs-Tabus untergegangen waren, konnte eine militärische Laufbahn nicht mehr als gesellschaftlich anerkannte Bühne für das Ausleben von soldatischen Charakterzügen und Lebensentwürfen genutzt werden. Die Gesellschaft musste für die archetypische Rolle des Helden erst wieder eine Ausdrucksdrucksmöglichkeit finden und rückte neue Betätigungsfelder für Krieger verstärkt in den Focus der Öffentlichkeit. Heute bieten Feuerwehr*, Rotes Kreuz und Katastrophenschutz wie auch der

* Die Feuerwehrmänner erlebten durch den Einsatz ihrer Kollegen beim Terroranschlag vom 11. September 2001 in New York eine wahre „Heroisierung"; die amerikanische Bezeichnung „Fire-Fighters" beschreibt dies anschaulich.

Spitzensport Entfaltungsmöglichkeiten für Menschen an, die sich für den Kampf gegen Naturgewalten und für ein Heldenimage interessieren und bereit sind, dafür ein großes Risiko einzugehen.

Der Business-Krieg eröffnet noch ein zusätzliches Feld der Ehre mit seinen Möglichkeiten zur Bewährung im Kampf und zur Identifikation mit den Kriegertugenden. Business-Krieger bekommen die Gelegenheit, sich dem Kampf gegen andere Personen oder Organisationen zu stellen, ihre strategischen Fähigkeiten in vielfältigen Funktionen einzusetzen – und dies alles, ohne mit dem Kriegs-Tabu in Konflikt zu kommen. Das Fehlen physischer Gewalt, allgemein anerkannte Ziele und der hohe fachliche Anspruch machen diesen Weg inhaltlich und gesellschaftlich attraktiv. Daher finden viele ehrgeizige und mutige Personen ihre Bestimmung im Business-Krieg – sie werden zu „High Potentials" in jenen Unternehmen und Organisationen, die sich dem Turbokapitalismus verschrieben haben.

Business-Krieger gehen freiwillig und gerne dorthin, wo der Wind am schärfsten bläst. Sie sind begeistert von der Aufbruchsstimmung und den Gestaltungsmöglichkeiten, die freie Marktwirtschaft und Globalisierung bieten. Sie können mit raschen Veränderungen gut umgehen, sind ehrgeizig und neigen nicht zu Selbstzweifeln. In ihrer Diktion ist die Kampfterminologie deutlich ausgeprägt: man steht „an der Front", „kämpft" um Marktanteile, „bezwingt" die Konkurrenz. Business-Krieger haben kein Problem mit der Tatsache, dass es in ihrem Beruf um Kampf geht. Sie können ihre persönlichen Ziele mit jenen ihrer kriegführenden Organisation gut in Einklang bringen und die Methoden, die zur Umsetzung verlangt werden, voll akzeptieren. Charaktereigenschaften und Image eines Wirtschaftsbosses im Business-Krieg sind vergleichbar mit denen eines Offiziers in Zeiten vor dem Kriegs-Tabu. In Europa ersetzt der Business-Krieger weitgehend den militärischen Krieger, in anderen Ländern erweitert er das Spektrum der kämpferischen Berufe. Der Stand der Business-Krieger-Kommandanten hat sich bereits in die erste Gesellschaftsschicht hinaufgearbeitet.

## Bekenntnis zum Kampf

Bei dieser Beschreibung des Business-Kriegers regt sich meist starker Protest. Nur wenige, auf die diese zutrifft, würden sich selbst als Krieger bezeichnen oder als jemand, der freiwillig in den Krieg zieht. Sie würden spontan eher den Vergleich mit einem sportlichen Wettkampf als den mit einem Krieg akzeptieren. Das ist verständlich, doch übersehen sie dabei, dass die Bedingungen eines Wettkampfes im Sport grundlegend verschieden sind von jenen ihrer täglichen Arbeit: Die Teilnehmer sind nicht freiwillig angetreten, sie wurden nicht in „Gewichts- und Konditionsklassen" eingeteilt, die Regeln wurden nicht von allen vorher akzeptiert und es gibt keinen Schiedsrichter.

Je höher ihr Rang unter den Business-Kriegern ist, desto engagierter rechtfertigen viele ihr Handeln mit friedlichen Beweggründen: mit der Schaffung von Arbeitsplätzen, mit dem Beitrag zur Volkswirtschaft, mit der Entwicklung des Weltbürgertums und der Durchsetzung der Menschenrechte. Diese Argumente unterliegen allerdings einem Denkfehler: Sie treffen auch auf den militärischen Krieg zu. Auch die Rüstungsindustrie schafft Arbeitsplätze und wirkt sich positiv auf das Wirtschaftswachstum aus, und die Menschenrechte müssen fast immer als Kriegsgrund herhalten. Sie können daher nicht als Unterscheidungskriterium zwischen Business-Krieg oder Sport herangezogen werden. Vielmehr gilt die schon genannte Definition: Eine kriegführende Organisation ist gekennzeichnet durch den beabsichtigten und organisierten Einsatz von ökonomischer Gewalt bei der Durchsetzung ihrer Ziele. Wenn eine Organisation zu einer kriegführenden wird, dann ändert sich die Situation für alle Beteiligten dramatisch. Es herrschen neue Spielregeln und ein anderes Ethos. Aus ehemaligen Partnern oder sportlichen Konkurrenten werden Feinde auf Leben und „Tod", deren wirtschaftliche Existenz vernichtet werden soll. Dadurch ändert sich auch das Verständnis von Recht und Unrecht, aus dem „Zivilrecht" wird auch in Unternehmen ein „Kriegsrecht".

Wenn es den handelnden Personen schwer fällt, ihre Tätigkeit als Kriegshandwerk zu begreifen, sich mit letzterem zu identifizieren und das auch öffentlich zuzugeben, so liegt das am noch immer aufrechten Kriegs-Tabu. Viele Manager akzeptieren zwar die hier gelieferte Zustandsbeschreibung der heutigen Wirtschaft, empfinden aber den Vergleich mit einem Krieg als Vorwurf oder als Provokation. Wenn das Kriegs-Tabu allerdings einmal überwunden wurde, ist der Gedanke, ein Unternehmen – und zwar am liebsten das der Konkurrenz – als kriegführende Organisationen zu bezeichnen, für viele durchaus nachvollziehbar.

Aber wie friedlich sich ein Business-Krieger auch immer der Öffentlichkeit präsentiert, am erfolgreichsten ist letztendlich derjenige, welcher mit der Tatsache des Business-Kriegs kein Problem hat, sich bewusst für den Kampf entschieden hat und die Zielsetzung seines Unternehmens voll akzeptieren kann. Diese Voraussetzung muss er auf allen Hierarchieebenen erfüllen: als einfacher Mitarbeiter in der Mannschaft, als zukünftige Führungskraft und auf der Kommandobrücke.

## Kommandanten im Business-Krieg

Wie die Kommandanten im militärischen Krieg sind auch Manager einer kriegführenden Organisation ausführende Organe auf höchster Ebene. Auch im Business-Krieg werden die Ziele zu hundert Prozent vom Unternehmen vorgegeben, und auch hier ist im Falle eines Interessenkonfliktes die totale Loyalität gefordert: Die eigenen Ziele sind immer den Zielen des Systems unterzuordnen. Der Gestaltungsspielraum des Managers liegt in der Auswahl der Maßnahmen – er ist auch dann noch ein ausführendes Organ, ein „Executive", wenn er die höchste Ebene erklommen hat. Kein Manager kann die grundlegende Zielsetzung seiner Organisation verändern, denn diese Entscheidungen treffen die Eigentümer, und das sind die Unternehmer, die Gesellschafter oder die anonymen Aktionäre. Deren Zielvorgabe lautet seit Ausbruch des Business-Kriegs: Gewinnmaximierung um (fast) jeden Preis.

Gerät ein Kommandant mit diesem Ziel in Konflikt, weil er beispielsweise eine „soziale Ader" pflegt, hat er keine Chance, sich gegenüber dem Eigentümer durchzusetzen. Bei Nichterreichung der Vorgaben droht ihm Bestrafung durch Verlust seiner Prämien, Versetzung oder Kündigung. Auch wenn der Manager seine abweichende ethische Haltung eine Zeit lang vor dem Eigentümer verbergen könnte, müsste er dennoch über kurz oder lang entweder seine Einstellung oder seine Position aufgeben. Hält er sich nämlich zu lange im Spannungsfeld zwischen den Zielen des Unternehmens und seinen eigenen Zielen auf, riskiert er schwere gesundheitliche oder soziale Beeinträchtigungen. Die ständige zusätzliche Belastung verschlechtert die Qualität der Entscheidungen, und ein Misserfolg ist vorprogrammiert. Wer sich selbst verwirklichen will oder glaubt, subversiv gegen das System arbeiten zu können, wird von eben diesem rasch identifiziert. Er muss sich eingliedern oder er wird ausgestoßen.

Die beste Leistung als Kommandant im Business-Krieg erzielt, wer die Vorgaben des Systems für richtig befindet und sich dafür bedingungslos begeistern kann. Erfolgreiche Kommandanten haben ihre eigenen Ziele und Werte mit jenen der Organisation in Übereinstimmung gebracht. Das bedeutet, dass sie davon überzeugt sind, ihr eigenes Streben nach Karriere, Geld, Anerkennung, Macht und Herausforderung in diesem Unternehmen umsetzen zu können. Sie müssen dafür auch bereit sein, ihre Gesundheit, ihre Beziehungen und unter Umständen sogar ihr Leben zu riskieren.

## Zielvorgaben

Wohin steuern die Kommandanten im Business-Krieg die ihnen anvertrauten Unternehmen? Im neoliberalistischen Wirtschaftssystem sind alle klassischen Ziele der Unternehmensführung einem Metaziel untergeordnet, welches da lautet: Gewinnmaximierung. Profit zu machen war zwar immer schon Zweck des Handelns kapitalistischer Unternehmer, doch heute ist die ständige Profitsteigerung nicht mehr eine verheißungsvolle Möglichkeit, sondern unbedingter Zwang. Börsenotierte Unternehmen *garantieren* den anonymen Anlegern eine Verzinsung, die über der risikofreien Veranlagung bei den Banken liegt, daher *muss* der Gewinn – unabhängig von der Marktlage und den Gegebenheiten – nachhaltig gesteigert werden. Dadurch entsteht bereits die Motivation, ja geradezu die Notwendigkeit für einen Business-Krieg. Im Business-Frieden hatte ein Großteil des Kapitals noch „Gesicht und Namen"[58]. Das bedeutete, dass der Unternehmer und seine Mitgesellschafter eigenständig entscheiden konnten, wie hoch sie ihre Gewinnentnahmen ansetzten. Damit bestand durchaus auch die Möglichkeit der freiwilligen Einschränkung zugunsten der Entwicklung des Betriebes, der Mitarbeiter oder von Investitionen. Auch heute noch finden wir diesen Mechanismus in den eigentümerorientierten Klein- und Mittelbetrieben des Gewerbes und des Handels.*

Die Stärken einer Organisation in Friedenszeiten lagen in der Höhe ihres Eigenkapitals, im organisatorischen Geschick der Führung, in der Leistung und der Innovationskraft der Mitarbeiter sowie dem Vertrauen der Kunden in die Qualität des Angebotes. Auf diese Ressourcen bauen prinzipiell auch kriegführende Organisationen, doch ihr Stellenwert, Zeitaufwand und Kosteneinsatz haben sich verlagert. Das Produkt hat eine untergeordnete Position bekommen – die eigentlichen Schlachten werden auf den Finanzmärkten geschlagen.

In den gesättigten Märkten der westlichen Industriestaaten kann ein Unternehmen nicht mehr allein durch Produktinnovationen neue Käuferschichten ansprechen. Ein hoher Prozentsatz der Haushalte besitzt bereits mindestens ein Auto, einen Fernseher, zwei Mobiltelefone, eine HiFi-Ausrüstung, einen PC oder Laptop und was in den Wohlstandsnationen sonst noch alles gebraucht wird. Die Möglichkeit zur Expansion hat ihre Grenzen erreicht. Daher erzielt man höhere Dividenden oder einen steigenden Aktienkurs nicht mehr auf klassischem Wege durch die Steigerung des Umsatzes im Produktverkauf, sondern durch das Vertrauen der Investoren. Je besser das Image, die „Performance" eines Unternehmens, desto größer

* „Der Familienbetrieb Wo&Wo konzentriert die Produktion von Raffstores (hochwertige Außenjalousien) im Stammwerk in Graz. (..) In zwei Schritten holt Wo &Wo-Chef Heiner Praun damit rund vier Millionen EUR Umsatz zurück nach Österreich. 30 neue Arbeitsplätze entstehen. 750.000,– EUR werden in den Maschinenpark investiert." Wo &Wo weitet Werk Graz aus, in: o.A.: Wiener Zeitung, 26. 11. 2002

das Interesse der Anleger, desto höher der Kurs und damit die Zufriedenheit der Eigentümer und in der Folge die Höhe des eigenen Gehalts. Die wirklichen Könige sind die anonymen Anleger. Der Kunde, der das Produkt kauft, wird dadurch zum Kunden zweiter Klasse. Der Finanzmarkt ist im Gegensatz zum Gütermarkt noch lange nicht gesättigt, weil in Europa noch ein riesiges Potenzial auf seine Erschließung wartet.* Doch auf dem Finanzmarkt herrschen eiserne Gesetze, und nur die „Besten" haben eine Chance. Daher hat auch hier der Verdrängungskampf bereits voll eingesetzt.

## Waffen: Finanzen, Informationstechnologien und Public Relations

Die Maßnahmen, die ein Kommandant setzen muss, um seine Zielvorgaben zu erreichen, sind daher meistens hart und oft brutal. Er kämpft an mehreren Fronten. Da sind einerseits die klassischen Managementaufgaben im Unternehmen selbst, wie Entwicklung, Produktion, Marketing, Vertrieb, Recht, Personal, Verwaltung. Das Produkt bzw. die Dienstleistung muss mit immer geringeren Kosten auf den Markt gebracht werden und sollte möglichst wenig vom übergeordneten Ziel der Gewinnmaximierung ablenken.

Oberste Priorität hat die Erhöhung des Marktanteiles. Denn gemäß der neoliberalen Philosophie „fressen die Großen die Kleinen" und die „Schnellen die Langsamen". Der Finanzmarkt akzeptiert schlechte Umsatzentwicklungen bei großen Unternehmen mit einem hohen Markenwert eher als bei kleinen. Kann man nicht durch Expansion im Kerngeschäft zum Marktführer werden, muss man der Konkurrenz Anteile abringen, sie an ihrer Ausbreitung hindern – sie insgesamt als Feind betrachten. Doch nicht alle Unternehmen lassen sich freiwillig aufkaufen, und so kommt es zu so genannten Übernahmeschlachten oder „Hostile Takeovers".

Ein weiteres Potenzial von Kosteneinsparungen liegt im Bereich der Umweltauflagen und der Sozialgesetze. Diese müssen immer wieder bis an die äußersten Grenzen gedehnt und oft auch übertreten werden. Manager im Business-Krieg sind immer wieder mit der Entscheidung konfrontiert, eine Schädigung der Umwelt oder der Mitarbeiter veranlassen zu müssen, damit sie ihre Zielvorgaben erreichen können.

Für die Kämpfe um die Vergrößerung der Marktmacht der eigenen kriegführenden Organisation brauchen die Business-Krieger entsprechende

* In Österreich beträgt der Aktienanteil 70 % des BIP, in den USA 160 %. Unternehmerische Strategien für eine Zukunft mit Basel II, Walter Bornett in einem Vortrag am 19. 10. 2002 in Wien

Waffen. Während im militärischen Krieg mit Raketen, Minen und Gewehren gekämpft wird, stammen die Waffen im Business-Krieg aus dem Bereich der Finanzen, der Informationstechnologien und der Public Relations.

Wer für sein Unternehmen keinen Nachschub in Form von Kapital besorgen kann, muss seine Mannschaft reduzieren, kann keine Investitionen tätigen und verliert so die Möglichkeit zum Wachstum – er wird damit zu einem Übernahmekandidaten für die Konkurrenz. Oder umgekehrt gedacht: Volle Kriegskassen ermöglichen strategische Übernahmen von Konkurrenzbetrieben. Wer sein Unternehmen nicht auf den neuesten Stand der Technik zur Informationsbeschaffung und -verarbeitung bringt, kann den damit verbundenen Zeitverlust nicht mehr wettmachen, denn „fast forward" ist die Devise. Und zu guter Letzt kann eine falsche Zeitungsmeldung, ein zu frühes Bekanntwerden schlechter Umsätze, ein Bericht über eine technische Panne oder über Unregelmäßigkeiten in der Geschäftsgebarung der Todesstoß sein.

## Das Business-Krieg-Paradoxon

Der Business-Krieg fordert von seinen Teilnehmern ein Verhalten, das man als paradox bezeichnen könnte. Die Aufgabe des Managements lautet: stetige Erhöhung des Gewinns. Dazu muss neben der Expansion auch eine kontinuierliche Kostensenkung betrieben werden. Da im Allgemeinen die Mitarbeiter die höchsten Kosten verursachen, gilt es diese abzubauen. Damit kommt der Business-Krieg-Kommandant in eine Zwangslage, für die es im militärischen Krieg keine vergleichbare Situation gibt: Manager sind einerseits auf qualifizierte und motivierte Mitarbeiter angewiesen, anderseits müssen sie deren Anzahl immer wieder dezimieren und den verbleibenden unzumutbare Bedingungen auferlegen. Will man nicht die eigene Erfolgsprämie riskieren, sind harte Schnitte notwendig: Werke schließen, Tausende Menschen in die Arbeitslosigkeit entlassen, Lohnkürzungen bei gleichzeitiger Steigerung der Dividende für die Eigentümer vornehmen. Besteht ein wesentliches Element für den Kommandanten im militärischen Krieg darin, die Kampfkraft der Truppe zu erhalten und zu fördern, ist dies für den Manager im Business-Krieg bestenfalls noch zwischen den Entlassungswellen möglich. Sie sind nicht mehr in der Lage, für die eigene Mannschaft bestmöglich zu sorgen und ihren Zusammenhalt zu fördern. Das Business-Krieg-Paradoxon bezeichnen viele Führungskräfte als die größte Belastung, der sie in ihrem Job ausgesetzt sind.

Alle diese Entscheidungen macht der Business-Krieger-Kommandant mit seinem eigenen Gewissen aus, denn seine ethischen Probleme interessieren niemanden in der kriegführenden Organisation – es zählen nur die Ergebnisse. Er kann damit weder Vorgesetzte noch Kollegen noch seine Mitarbeiter und auch nicht seine privaten Bezugspersonen belasten. Ein Manager trägt als Mensch das ganz persönliche Risiko, denn das Unternehmen lässt ihn zwar bei Erfolg gewähren, kann und will ihn jedoch bei Misserfolg nicht decken. Daher braucht er neben seiner Fachkompetenz ein großes Ausmaß an psychischer Belastbarkeit, Zähigkeit und Flexibilität.

## Führungsstil

Die meisten Mitarbeiter haben eine Vorstellung von einer guten Führungskraft, die noch an das Verhältnis des Meisters zum Lehrling erinnert: Er soll fachlich kompetent sein, das heißt mehr wissen als die Mitarbeiter, Entscheidungen treffen und diese in geeigneter Form an die Mitarbeiter weitergeben, jeden Mitarbeiter persönlich kennen und über seine Stärken und Schwächen Bescheid wissen, ihn daher optimal fordern und fördern. Dieses Rollenverständnis hat sich von der Öffentlichkeit nahezu unbemerkt durch die Gegebenheiten des Business-Kriegs geändert. Es ließe sich sogar von einem „Paradigmenwechsel" in der Mitarbeitführung sprechen. Kriegführende Organisationen mit ihrem Zwang zum Wachstum erreichen Größenordnungen, bei denen das Management sehr bald kaum noch etwas mit der operativen Aufgabe seiner Mitarbeiter zu tun hat. Dies ist auch nicht mehr notwendig, da sich Führungskräfte zunehmend als „Facilitators" verstehen, die nur noch Rahmenbedingungen für den optimalen Einsatz der Fachkräfte schaffen, Koordinations- und Dokumentationsaufgaben überhaben. Zudem sind weder Manager noch Mitarbeiter lang genug in ihren Positionen, um einander überhaupt persönlich kennen lernen zu können. So musste sich zwangsläufig ein neuer Führungsstil für den Business-Krieg herausbilden.

Wurde früher „Top Down" geführt (alle Entscheidungen gingen vom Management aus), so heißt es im Business-Krieg „Bottom Up": Die Mitarbeiter sollen alles so weit wie möglich selbst entscheiden und veranlassen. Die Führungskraft will, dass sie über ihre Aktivitäten „berichten" und bei Konflikten die Lösungsvorschläge gleich selbst erarbeiten. Die Mitarbeiter werden auf diese Aufgabe meist nicht vorbereitet. Die grundsätzliche Veränderung geschieht sukzessive und oft nicht bewusst. Jüngere Business-Krieger haben meist nicht einmal eine Ahnung davon, dass es vor ihrer Zeit einen anderen Führungsstil gab und interpretieren das Fehlverhalten ihrer Mitarbeiter als unengagiert, unselbstständig und unflexibel.

## Friedensmanager

Aber auch zwischen den Managern, quasi in den eigenen Reihen, verlaufen Kampflinien. Die Verschiebung vom Gütermarkt zum Finanzmarkt entwickelt sich rasant. In den Unternehmen sind aber noch viele Führungskräfte an der Macht, die im Business-Frieden ausgebildet und sozialisiert wurden – in einer Zeit, als das Hauptziel der Unternehmen noch Substanzaufbau und langfristige Wertschöpfung war. In vielen Ländern Westeuropas waren zudem große Bereiche der Wirtschaft verstaatlicht, wie Schlüsselindustrien, Banken, Medienunternehmen u.Ä. Friedens-Manager gehorchten nicht in erster Linie den Gesetzmäßigkeiten der Gewinnmaximierung, sondern (gesellschafts-)politischen. Sie waren der Politik verpflichtet, hatten die Beschäftigungsprogramme der Regierungen umzusetzen und als Impulsgeber für die Wirtschaft zu fungieren. Ende der 1970er Jahre wurden sie zwar weitgehend entmachtet und durch Business-Krieger ersetzt, sind jedoch noch nicht von der Bildfläche verschwunden. Solche Friedens-Manager prallen in Unternehmen immer wieder mit Business-Kriegern zusammen, deren Ziel der rasche Erfolg auf dem Finanzmarkt ist. Sie haben grundsätzlich verschiedene Ansichten und Wertvorstellungen darüber, wie ein Unternehmen zu führen ist. Die einen möchten es aus der Gefahrenzone herausführen, die anderen möchten kämpfen und losschlagen. Die einen möchten Arbeitsplätze erhalten, die anderen Kosten reduzieren. Dadurch entstehen – meist ohne dass den Beteiligten der eigentliche Grund bewusst wird – persönliche Feindschaften, die das Unternehmen lähmen. Ein solcher Dauerkonflikt kann eine Organisation schwächen und ihren Untergang besonders rasch herbeiführen.

## Die Beziehung zum Feind

Wie gestalten Business-Krieger ihre Beziehung zum Feind? Die erste Regel lautet: Der Feind wird offiziell nicht als solcher bezeichnet – ja nicht einmal als Konkurrent oder Übernahmekandidat. Freundlich nennt man ihn Mitbewerber, was nichts an seiner Bestimmung ändert: Er muss aufgekauft oder ausgeschaltet, an seiner Geschäftstätigkeit gehindert, in seinem Image oder seinen Ressourcen geschädigt werden. Als Feind wird jede Organisation oder Einzelperson betrachtet, die dem Wachstum der eigenen kriegführenden Organisation im Wege steht. Unternehmen, die sich freiwillig und kampflos ergeben, sind leichte Beute, jene, die sich wehren oder selbst angreifen, sind die aktuellen Gegner. Als Feind gilt auch, wer sich gegen das neoliberale System an sich stellt, wie etwa Globalisierungskritiker oder Politiker, die den Anspruch des Turbokapitalismus auf Weltherrschaft ablehnen. Auch für diese Widersacher müssen Strategien erarbeitet werden, um sie auszuschalten oder in Schach zu halten.

Doch im Business-Krieg ist der Feind ein unbeständiges Subjekt. Er wechselt ständig seine Position und kann schneller als man glaubt zum Verbündeten werden, zum strategischen Partner, zur übergeordneten Holding oder zur Tochter des eigenen Unternehmens. Und umgekehrt: Menschen, die eben noch Geschäftspartner oder -freunde waren, müssen plötzlich bekämpft werden. Dann muss jeder der Beteiligten sein Verhalten schlagartig ändern können.

## Kameradschaft

Wie gestalten sich die Beziehungen der Business-Krieger untereinander? Im militärischen Krieg ist einer der Erfolgsfaktoren die absolute Verlässlichkeit, der Kameradschaftsgeist der Mannschaft. Je größer die Gefahr, desto stärker der Zusammenhalt in der Truppe; jeder muss auf die Kompetenz und die Loyalität des anderen vertrauen können, weil davon das Leben aller abhängt. Das gilt zwar theoretisch auch im Business-Krieg, stellt sich jedoch in der Praxis anders dar: Kostendruck, Geschwindigkeit und Flexibilisierung führen dazu, dass Führung und Mitarbeiter immer rascher ausgetauscht, versetzt oder abgebaut werden. Es bleibt nicht genug Zeit, um stabile Bindungen aufzubauen. Kamerad muss immer derjenige sein, der einem zufällig zur Seite steht. Diese spezielle Situation stellt eine zusätzliche Belastung im täglichen Überlebenskampf dar.

Im Business-Krieg herrschen andere Spielregeln und Werte als in Zeiten, in denen ein Wirtschaftssystem friedlich agiert. Das alte kollegiale System funktioniert nicht mehr und Begriffe haben ihre Bedeutung gewandelt. „Teamfähigkeit" bedeutet heute nicht, tragfähige, langfristig und menschliche Beziehungen aufbauen zu können, sondern mit jedem beliebigen Menschen möglichst rasch eine Leistung zu erbringen.

Daher hat der Business-Krieger ein Wertesystem, das dieser Lage angemessen ist, oder er muss es möglichst rasch einem „Relaunch" unterziehen. Er muss Solidarität und Loyalität, Hilfsbereitschaft und Fürsorge möglichst vergessen und sich auf den eigenen Überlebenskampf konzentrieren. Das Wertesystem des Business-Kriegers könnte man als die „Neoliberalisierung des Individuums" bezeichnen. Das bedeutet, die Ideologie des freien Marktes auch als Einzelner zu übernehmen: *„Ich bin mir selbst der Nächste! Jeder, der mich an meinem Fortkommen hindert, ist mein Feind! Kampf gegen alle Kollegen, die sich nicht für meine Zwecke einsetzen lassen!"*

Auch wenn viele Menschen diese Erkenntnis schockierend finden: Neoliberalisierte Individuen mit dem unbedingten Willen zur persönlichen Expansion, zur Karriere und zum Sieg über ihre Konkurrenten haben den geringsten Reibungsverlust in einer kriegführenden Organisation. Ihre Werte passen zu jenen des Unternehmens – der alte Kameradschaftsgeist des militärischen Kriegs hat ausgedient. Der Business-Krieger kämpft vor allem für sich selbst.

## Die Quadratur des Kreises

Diese Haltung ist nicht einmal so zynisch, wie sie für manche klingen mag. Sie entspricht exakt der Philosophie des Neoliberalismus. Diese besagt, dass das egoistische Handeln möglichst vieler Menschen durch das Wirken der „unsichtbaren Hand“[59] – gemeint ist die Selbststeuerung des freien Marktes – zu einer Verbesserung der Lebenssituation für alle führt: Wenn jeder Mitarbeiter, jeder Konsument, jeder Bürger nur noch auf seinen eigenen Vorteil bedacht wäre, würde sich die Summe dieser Entscheidungen für den Einzelnen und auch für die Gemeinschaft positiv auswirken. Jeder würde seine Leistungsbereitschaft, seine Kreativität und seine Fähigkeit zur Selbstvermarktung – zur Positionierung der Ich-Aktie[60] – laufend weiterentwickeln und so zum Wohle aller beitragen.

Doch dieses Denken hat sich in Europa noch nicht ganz durchgesetzt, daher muss der Business-Krieger, will er wirklich erfolgreich sein, die Quadratur des Kreises schaffen: Einerseits muss er das eigene Fortkommen und den eigenen Erfolg für sich als oberstes Ziel definieren. Andererseits darf er dies nicht als Selbstzweck kommunizieren. Das würde sofort den gegenteiligen Effekt auslösen. Alle Handlungen und Entscheidungen, die er setzt, müssen einen Nutzen für die Organisation haben oder zumindest als solcher dargestellt werden. Dann kann der Business-Krieger in seinem Kampf für den maximalen Gewinn seiner kriegführenden Organisation seinen eigenen Vorteil auch erzielen.

## Das Manifest der Business-Krieger

Was motiviert den Frontkämpfer im Business-Krieg? Kriegführende Organisationen befinden sich meist mitten im Gefecht, denn jedes börsenotierte Unternehmen hat den Fahneneid auf die Gewinnmaximierung geleistet und muss um seine Marktanteile kämpfen. Kommandanten und Mannschaft sind im Idealfall von den Prinzipien des neoliberalen Wirtschaftssystems überzeugt und von den Herausforderungen des freien Marktes begeistert. Sie sind freiwillig und mit vollem Engagement bei der Sache und tragen Chancen und Risken des Business-Kriegs persönlich mit. Sie können von Veränderungen nicht leicht enttäuscht werden und kämpfen in erster Linie für ihre eigenen Ziele. Aus diesem Grund können sie ihre Kompetenz und ihr Engagement ohne Reibungsverlust in jede beliebige kriegführende Organisation einbringen. Angriffe von Kritikern müssen sie neutralisieren oder ausblenden können, wollen sie nicht ernsthaft bei der Erfüllung ihrer Pflicht irritiert werden. Wie sie das mit ihrem Gewissen in Einklang bringen, zeigt der folgende „Innere Dialog" eines Business-Kriegers, eines mittleren Managers in einem transnationalen Konzern.

***Zu den Siegern gehören***

*Ich befinde mich im Sold eines Unternehmens, das sich nicht eingrenzen lässt – weder regional noch national. Wir sind ein „Global Player" und produzieren für den Weltmarkt zu den geringstmöglichen Kosten für den höchstmöglichen Profit. Die kontinuierliche Steigerung dieses Profites ist unser Ziel – darauf bin ich vereidigt. Ich werde jede Maßnahme ergreifen, die dem dient – denn tue ich es nicht, tut es der Feind!*

*Das bedeutet – alle Maßnahmen zu setzen, die mit dem jeweils für uns günstigsten Rechtssystem gerade noch vereinbar sind. Gesetzesübertretungen werde ich dann begehen, wenn der finanzielle Nutzen auf Dauer den kalkulierbaren Schaden übersteigt. Ethisches Verhalten ist Bestandteil des Marketings: Was sich rechnet, werden wir tun, und nur an das, wozu man uns zwingt, werden wir uns halten. Bin ich deswegen ein Charakter-Schwein?*

*Ich werde versuchen, die Politik dahingehend zu beeinflussen, dass sie Gesetze erlässt, die unserem Gewinn dienen. Bin ich darum rücksichtslos, gewissenlos? Vielleicht, vielleicht auch nicht. Wer mag das schon beurteilen. Ich tue meinen Job, und man sollte seinen Job gut tun – oder? Und nicht vergessen: Tue ich ihn nicht, tut ihn ein anderer.*

*Ich will gar nicht behaupten, dass ich ein besonders wertvoller Mensch bin; es reicht mir, besonders erfolgreich zu sein und diesen Erfolg Monat für Monat an meinem Kontostand ablesen zu können. Denn was in der Gesellschaft etwas wert ist oder nicht, was sich im Laufe von unzähligen, miteinander verwobenen Prozessen als wertvoll und beständig herausstellt, das ist nicht so einfach. Oder?*

*Was hat die Guillotine – die übrigens eine fortschrittliche, humane Hinrichtungsmethode ermöglicht hat und eine Erfindung der Revolution war – was hat sie mit den Menschenrechten und der Aufklärung zu tun? Was haben die Eroberungskriege Napoleons mit dem „Bürgerlichen Gesetzbuch" zu tun, und was der Zweite Weltkrieg, das Inferno der Gewalt mit der „UN-Charta", Solferino mit dem Roten Kreuz, und, und, und ...*

*Wahrscheinlich nichts, außer dass das eine nicht ohne das andere stattgefunden hätte. Die Evolution, der Fortschritt verlangen ihre Opfer. Und so wird vielleicht auch aus der gewaltigsten wirtschaftlichen Expansion eine neue Weltordnung entstehen. Ich werde in dieser Auseinandersetzung von der einen Seite bezahlt, andere von der andern, und viele andere – zunehmend immer mehr – von keiner der beiden Seiten. Doch daran kann ich sowieso nichts ändern.*

*Natürlich kaufen wir Politiker. Wie lange? Solange, bis sie nicht mehr käuflich sind. Wann das sein wird? Wenn es sich nicht mehr lohnt. Solange es sich lohnt, wird sich immer einer finden. Ob ich gut schlafe? Auf jeden Fall besser, als wenn ich mir den Kopf über Dinge zermartere, die ich sowieso nicht ändern kann. Immerhin bin ich verheiratet und habe zwei Kinder. Die haben ein Anrecht darauf, dass ich meine Arbeit gut mache, und gut machen kann ich sie nur, wenn mich keine unnötigen Zweifel plagen.*

*Ob ich befürchte, dass die Gesetze geändert werden? Nein, warum? Es ist meine Aufgabe, mit sich dauernd ändernden Gesetzeslagen bestmöglich fertig zu werden. Wenn sich die Regeln für alle ändern – okay. Wo sollte darin das Problem liegen?*

*Wir sind ja im Unterschied zu unseren Kritikern auf Veränderung trainiert. Ich habe keine Angst davor. Ich habe mich ja nicht für das Böse entschieden, für den Glauben an die heilbringende Kraft des Rohöls oder für die Verewigung von Kinderarbeit. Nein. Ich will ja auch nicht, dass meine Kinder arbeiten müssen. Ganz im Gegenteil. Ich bin nur dagegen, dass wir etwas nicht tun sollen und der Feind tut es – und wird von den weltweiten Konsumentenmärkten auch noch dafür belohnt. So einfach ist das. Wenn Kinder schon arbeiten dürfen – oder auch müssen – warum nicht Arbeit von uns?*

*Und eines darf man ja auch nicht vergessen. Wir produzieren etwas, wir stellen etwas her. Was auch immer es ist, es gibt einen Bedarf danach. Wir befriedigen Wünsche von Menschen hoffentlich besser als unsere Feinde. Ich habe diese Wünsche nicht erfunden. Oh doch, höre ich. Wir wecken diese Wünsche. Nun gut, einverstanden. Aber eines ist unbestritten: Sie sind weckbar!*

*Was mir an meiner Arbeit Spaß macht? Na ja. Da gibt es natürlich einiges. Sonst könnte ich sie ja nicht tun. Ich meine jetzt nicht das Geld. Das ist eine Selbstverständlichkeit. Ich meine das, wofür ich bezahlt werde. Ich liebe die Herausforderung, den Kampf, die Kraft, die Energie, das Durchsetzungsvermögen, die Dynamik, die Konzentration und Präzision, die ich für meine Arbeit aufbringen muss. Ich will mich einfach dort verdingen, wo die Post abgeht. Ich will zu denen gehören, die an den entscheidenden wirtschaftlichen Schlachten teilnehmen. Ich will später sagen können: Globalisierung, Fortschritt, erdumspannende Kommunikation – ich war dabei! Und ich will so nahe wie möglich am Frontverlauf sein. Ich will die Wirtschaftszeitungen aufschlagen und von unserem Unternehmen lesen, dass wir gut sind – gut nicht im Sinne von einfach nur gut, sondern ich will den Respekt und die Bewunderung spüren, die dem entgegenschlägt, der sich durchsetzt.*

*Ich kenne das Ergebnis der zunehmenden weltweiten Auseinandersetzungen nicht, ich habe kein Bild davon. Ich bin aber überzeugt, dass auch in Zukunft auf dieser Erde globale Unternehmen tätig sein werden. Und ich will zu diesen Siegern gehören! Möglich, dass mir das irgendwann zu langweilig wird. Aber ich bin mir sicher: Irgendwo wartet dann wieder eine Aufgabe auf mich, die es gilt voranzubringen, die innovativ ist, mit großen Chancen auf Erfolg und einigem Risiko. Solche Möglichkeiten gibt es immer. Wie gesagt: Ich habe ja vor Veränderungen keine Angst.*

*Und wer weiß, vielleicht ist es auch wichtig, eine Sache ganz zu machen, total – und sei es auch nur, um den Lärm der Schlacht hören zu können.*

*Ich habe damit kein Problem.*

## Vom Business-Krieger zum Kriminellen

Business-Krieger-Kommandanten jonglieren täglich mit gigantischen Summen, sind durch ihre Repräsentationspflichten an Luxus gewöhnt und verkehren fast ausschließlich mit ihresgleichen. Der notwendige Kampf um ihre eigenen Vorteile lässt mitunter die Grenzen von Recht und Unrecht verschwimmen. Die Verführungssituation eines Topmanagers ist vergleichbar mit der eines Mannes vom Sicherheitsdienst, der täglich den Saferaum einer Bank zu verschließen hat – irgendwann könnten beide das Gefühl bekommen, das Geld gehöre eigentlich ihnen selbst. Der Business-Krieg macht es seinen Teilnehmern sehr leicht, alle Tugenden über Bord zu werfen und mit kriminellen Machenschaften zu Reichtum zu gelangen. Er verlangt von seinen Kriegern extreme Leistungen, daher wollen diese auch dafür belohnt werden und einen Anteil an der Beute haben. Die Kontrollmechanismen sind lax, zum einen, weil keine Zeit dafür vorhanden ist, zum anderen, weil niemand so genau wissen will, wie ein Manager seine Erfolge erzielt – Hauptsache, er bringt seine Ergebnisse.

Wirtschaftskriminalität gab es immer schon. Auch in Friedenszeiten gibt es Betrüger, Ausbeuter, Veruntreuer, Hochstapler. Doch die Betätigungsfelder im aktuellen Business-Krieg erreichen noch nie da gewesene Dimensionen.* Ebenso wie die Unternehmen gigantische Größen annehmen, wächst auch das Ausmaß der kriminellen Handlungen. Konnte früher ein Buchhalter einige Millionen abzweigen, ein Unternehmer seine Hausbank über den Tisch ziehen, eine Wohnbaugesellschaft ihre Kunden prellen, so sind das beinahe rührende Kleinkriminelle im Verhältnis zu den Möglichkeiten der Topmanager im Global Play. Diejenigen, die dieser Versuchung erliegen oder von Beginn an gezielt und absichtlich zur Befriedigung ihrer eigenen Wünsche, zu ihrer persönlichen Bereicherung Gesetze brechen und dazu die Mittel des Business-Kriegs benützen, werden zu Business-Kriminellen.

Durch ihr Insider-Wissen und die Verfügungsgewalt über Stock-Options können sie lange, bevor das Unternehmen ruiniert ist, ihre Schäfchen bzw. riesige Schafherden ins Trockene bringen. Über gezielte PR-Strategien schrauben sie ihr Image und ihren eigenen Marktwert in die Höhe,

* „Es ist schier unglaublich, wofür Ex-Tyco-Chef, Dennis Kozlowski, das Firmenvermögen verprasste: Beispielsweise 18 Mio. Dollar für ein Appartement in der Fifth Avenue – die Einrichtung nicht mitgerechnet. Er gründete sogar ein System, mit dem er die Firma ausplünderte. Es wurden Kredite an die Mitarbeiter vergeben, deren Rückzahlung Kozlowski sich und den anderen Managern eigenmächtig wieder erließ." o.A.: „Seid verschlungen Millionen", in: www.manager-magazin.de, 23. 9. 2002

bis schließlich ihre Gehälter an die von Sport- und Filmstars heranreichen und in keinem Verhältnis mehr zu ihrer Leistung stehen. Sie erhalten ihre Abfertigungen in Milliardenhöhe auch dann, wenn sie für den wirtschaftlichen Ruin eines Unternehmens verantwortlich zeichnen. Diese Situation verstärkt in der öffentlichen Meinung und bei den Gegnern den Eindruck, dass der Turbokapitalismus ein zutiefst unethisches Konzept sei. Die Business-Kriminellen haben in der jüngsten Vergangenheit dem System mehr geschadet als etwa der Einsatz von Kinderarbeit.

# 3. Kapitel
# Business-Soldaten

Wenn ein militärischer Krieg ausbricht, werden zusätzlich zu den Berufssoldaten auch die Zivilisten einberufen oder zwangsrekrutiert. Sie erhalten innerhalb der Armee andere Aufgaben als in ihrem Zivilberuf, werden Infanteristen oder Jäger, Funker oder Kraftfahrer. Ihr Arbeitsbereich ist an der Front oder in der Versorgung. In jedem Fall gelten andere Werte, neue Regeln, und es entsteht eine neue Gemeinschaft. Menschen, die eben noch Techniker, Ärzte oder Fabrikarbeiter waren, finden sich als Soldaten im Krieg wieder. Sie müssen sich, wenn sie überleben wollen, möglichst rasch auf die neuen Bedingungen einstellen und umlernen. Das im Zivilberuf erlernte Verhalten sowie dessen ethische Grundwerte sind im Krieg nicht brauchbar.

## Zwangsrekrutiert

Im Business-Krieg ist die Situation die gleiche – mit einem Unterschied: Der Einberufungsbefehl wird nicht offiziell zugestellt. Der Übergang vom Frieden zum Krieg wird nicht öffentlich angekündigt. Viele Mitarbeiter befinden sich bereits mitten im Business-Krieg, ohne seinen Ausbruch bemerkt zu haben. Sie haben beispielsweise als Programmierer in einem Telekommunikationskonzern zu arbeiten begonnen, es ist ihnen jedoch entgangen, dass ihr Unternehmen schon vor Jahren zu einer kriegführenden Organisation geworden ist. Sie merken zwar Veränderungen in ihrer Firma, sie wären aber erstaunt über die Behauptung, dass sie schon seit längerer Zeit nicht mehr als „Zivilisten“, sondern als „Soldaten“ beschäftigt sind. Weil ihnen aber das Wissen über den Business-Krieg fehlt, verhalten sie sich unadäquat und leiden unter der Situation, ohne genau sagen zu können, woran das liegt. Sie agieren immer noch unter den Prämissen der Zivilisten, glauben an die Werte des Friedens wie Fairness und Gerechtigkeit, Transparenz und Authentizität. Viele von ihnen sind noch in Friedenszeiten in ihre Firma eingetreten und sollen jetzt plötzlich „Business-Soldaten“ sein. Sie müssen nicht unbedingt zu Business-Kriegern werden, die freiwillig und mit großer Begeisterung bei der Sache sind. Sie sollten aber zumindest wissen, dass sie sich im Krieg befinden und lernen, sich wie Soldaten zu verhalten.

## Realitätsverweigerer

Die Mannschaft im Business-Krieg besteht zu einem großen Teil aus „Realitätsverweigerern", die sich beharrlich der veränderten Situation verschließen. Sie wollen einfach nicht verstehen, dass zu ihren Aufgaben nun auch der Kampf zählt. Die meisten Mitarbeiter verhalten sich weiterhin so, als sei ihr Unternehmen noch immer eine friedliche Organisation. Das liegt einerseits daran, dass der Mensch eine so befremdliche Tatsache wie den Business-Krieg grundsätzlich nicht wahrhaben will. Andererseits ist eine solche Erkenntnis auf Grund des immer noch wirksamen Kriegs-Tabus auch nicht leicht zu gewinnen. Und drittens hat kaum jemand ein Interesse daran, die Situation des Business-Kriegs offen zu legen: nicht die Politik, weil die Bevölkerung dann verunsichert wäre und unerfüllbare Forderungen stellen würde. Nicht die kriegführende Organisationen selbst, weil Mitarbeiter aus Gemeinschaftsgefühl und Loyalität heraus mehr leisten. Nicht die Medien, weil sie von der Wirtschaft und der Politik abhängig sind.

So entsteht eine große Diskrepanz zwischen dem, was Mitarbeiter von ihrer Arbeitssituation glauben und dem, was tatsächlich vor sich geht. Die falsche Wahrnehmung des Berufsalltags stellt neben dem ständig wachsenden Leistungs- und Konkurrenzdruck eine enorme Belastung für den Einzelnen dar und ist ein Hauptverursacher der rasant zunehmenden psychischen und psychosomatischen Krankheiten in den westlichen Industriestaaten. Die Spannung zwischen Illusion und Wirklichkeit ist gefährlich, weil sie auf Dauer die Gesundheit gefährdet und zum Burn-out führt. Durch ihr unangepasstes Verhalten sind Realitätsverweigerer zudem noch ständig von Kündigung oder Karrierehindernissen bedroht. Wurden sie einmal entlassen, finden diese Menschen kaum in einer anderen kriegführenden Organisation wieder einen Job. Sie tragen die Verweigerung von Uniform und Waffengebrauch wie eine Warntafel vor sich her. Weil sie die Situation aber selbst nicht richtig interpretieren können, verstehen sie die Welt nicht mehr und beginnen meist den sozialen und gesundheitlichen Abstieg.

Die Unternehmen verhalten sich ambivalent: Einerseits beschwören sie immer wieder „alte" Werte wie Loyalität und Teamgeist, denn diese sind auf den unteren Hierarchie-Ebenen zur Leistungsmotivation bestens geeignet. Mitarbeiter, denen man keine Gehaltserhöhungen und keine Prämien anbieten kann, die man sogar mit Kürzungen konfrontieren muss, sind auf der emotionalen Welle einige Zeit noch zu Leistungen zu bewegen. Immer wieder werden bei Betriebsversammlungen schlechte Nachrichten gemeinsam mit einem Aufruf zur Solidarität mit dem Unternehmen gebracht. *„Wir müssen zusammen halten, wir ziehen alle an einem Strang, wir sitzen in einem Boot, nur gemeinsam sind wir stark!"* Obwohl den meisten

Mitarbeitern inzwischen einige Prinzipien des Turbokapitalismus klar geworden sind – wie z. B., dass ihr Gehaltsverzicht allein der Steigerung der Unternehmensgewinne dient – zeigen Appelle zum Zusammenhalt immer wieder Wirkung. Sie haben Angst davor, dass es noch schlechter kommen könnte und sie irgendwann auf der Straße stehen. Sie wollen auch gerne glauben, dass es noch eine „Heimat“ im Betrieb gibt, wo einer für den anderen da ist. Damit können sie sich je nach Ausdauer und Kondition unterschiedlich lange halten, doch den meisten bleibt der gesundheitliche und soziale Abstieg nicht erspart. Nur wenigen gelingt es, zu einer sinnvollen, der Realität angemessenen Einstellung zu finden.

Mitarbeiter, die der Illusion des friedlichen Zivilisten nachhängen, stellen auch ein großes Risiko für die kriegführende Organisation dar. Die Emotionen, die durch die dauernden Appelle geweckt wurden, verlangen nach Befriedigung. Da diese nicht eingelöst werden kann, wachsen nach kurzen Beruhigungsphasen wieder Unbehagen und Misstrauen. Wenn Realitätsverweigerer dann auch noch unter Druck kommen, sind sie unberechenbar und neigen zu individualistischen Extratouren. Sie fordern ständig ihre Rechte ein, wie das in Friedenszeiten noch möglich war, und haben unangebrachte Moralvorstellungen, sind schwer zu führen und liefern Anlässe für Konflikte. Daher werden sie bald als Sand im Getriebe empfunden. Sobald das Unternehmen auf ihre Leistung verzichten kann, gehören sie zu den Ersten, die entlassen werden.

## Mitläufer

Andere Mitarbeiter haben die Situation des Business-Kriegs sehr klar erkannt. Sie wollen jedoch nicht daran teilnehmen und würden ihm gerne ausweichen. Sie fühlen sich nicht zum Kämpfen berufen, aus Gründen der Überzeugung, des Charakters oder der Kondition. Die meisten haben aus finanziellen oder mentalen Gründen aber nicht die Möglichkeit, sich diesem Kampf zu entziehen. Sie müssen beispielsweise eine Familie erhalten, wollen sich von einem gewissen Lebensstandard nicht trennen oder sind einfach zu unkreativ, um sich ein Leben außerhalb der Business-Armee vorstellen zu können. Dann ergeben sie sich ihrem „Schicksal“ und dienen in der kriegführenden Organisation als Mitläufer. Je schneller sie die neuen Anforderungen und Spielregeln übernehmen, desto weniger anstrengend ist ihre Arbeitssituation. Doch ob sie sich als Business-Krieger der Ideologie mit Überzeugung anschließen oder als Business-Soldat dem Zwang zum Überleben nachgeben, sie müssen in jedem Fall kämpfen lernen. Spätestens wenn die alten Werte nur noch zur Selbstausbeutung führen, wenn keinerlei materielle oder ideelle Anerkennung mehr dafür zurückkommt, wird es auch für hartnäckige Idealisten unmöglich, ihr Verhalten beizubehalten. Die Überlebenstechnik im Business-Krieg ist die gleiche wie im militärischen Krieg: Aufträge ohne viel Überlegen durchführen, sich nicht besonders hervortun, nicht den Helden spielen und auf die eigene Sicherheit Bedacht sein.

„Mitläufer" sind gute Mitglieder einer Business-Armee, wenn sie sich mit der Situation abgefunden haben und einen gewissen Ehrgeiz entwickeln konnten. Ihre Einstellung zur Situation und zu den handelnden Personen ist dann eine durch und durch pragmatische. Sie sind zielorientiert, verhalten sich dabei opportunistisch, ecken nirgends an und holen für das Unternehmen und damit auch für sich selbst durchaus ansehnliche Erfolge heraus. Aus diesem Grund leisten sie wesentlich mehr als ihre realitätsfernen oder resignierten Kollegen.

Für ihre Führungskräfte erzeugen diese Business-Soldaten keine besonderen Probleme. Sie sind zwar meist nicht besonders selbstmotiviert, aber mithilfe von Ablenkung und Angst relativ leicht zu führen. Bevor sie einer Kündigung ins Auge blicken müssten oder wenn hin und wieder eine Belohnung winkt, erbringen sie die gewünschte Leistung und erfüllen ihren Dienst. Solange sie keine Wahlmöglichkeit haben, sind sie verlässlich und leistungsbereit. Wenn allerdings der Leidensdruck zu groß wird oder wenn sich ihre persönliche Situation ändert, sind sie diejenigen, die von selbst das Unternehmen verlassen. Sie bezeichnen sich dann als „konzernmüde" und machen sich meist selbstständig. Dabei nehmen sie lieber ein größeres persönliches Risiko in Kauf, als wieder in einer kriegführenden Organisation zu arbeiten.

## Alltag an der Front

Wie sieht der Arbeitsalltag der Business-Soldaten aus? *„Stressig und frustrierend"*, bekommt man von ihnen zur Antwort. Gab es früher einen natürlichen Rhythmus von Stress und weniger anstrengenden Zeiten, so ist die Anspannung längst zu einem Dauerzustand geworden. Die Anforderungen wachsen schneller, als sie erfüllt werden können, und Erholungsphasen gibt es keine mehr. Immer weniger Mitarbeiter müssen ein immer größeres Quantum an Arbeit bewältigen. Menschen, die ihren Arbeitsplatz behalten wollen, leisten sich immer weniger Urlaub und schon gar keinen Krankenstand.

Die Aktivitäten rund um den Kampf werden nur manchmal unterbrochen für kurze und exzessive Siegesfeiern. In Friedenszeiten dienten Feste unter dem

Titel Betriebsausflug oder Weihnachtsfeier dem Zusammenwachsen der Mitarbeiter. Im Business-Krieg sollen sie hingegen ein Ventil für den Stress abgeben und für kurze Zeit die Anstrengung vergessen lassen. Die Mitarbeiter duzen einander und oft auch ihre Vorgesetzten, der Umgangston ist lässig und kumpelhaft. Echte Freundschaften sind jedoch nicht erwünscht, denn sie behindern die Schlagkraft der Truppe und die Flexibilität bei Versetzungen.

Nach Niederlagen oder verlorenen Schlachten müssen die Schäden möglichst rasch beseitigt werden, was meist nur notdürftig und provisorisch geschieht, weil der nächste Angriff bereits bevorsteht. Das bedeutet, dass nach Fusionen, Reorganisationen, Implementierungen neuer Betriebssysteme oder Kommunikationsrichtlinien kaum Zeit bleibt, sich mit den Neuerungen vertraut zu machen – eine Aktion überlagert bereits die nächste. Geschwindigkeit ist alles. Es ist nicht so wichtig, ob die Entscheidung richtig ist, sie muss nur früher fallen als die der Konkurrenz – des Feindes.

## Das Lied der Business-Soldaten

Mit welcher Einstellung sind die Business-Soldaten am Werk? Was geht ihnen durch den Kopf angesichts all der Veränderungen, die sie gar nicht richtig fassen oder akzeptieren können? Manche resignieren sehr rasch und gehen in die innere Kündigung, sie machen Dienst nach Vorschrift, einige packen die Chance beim Schopf und werden zu Business-Kriegern. Andere versuchen jahrelang und hartnäckig ihr altes Wertesystem aufrechtzuerhalten. Immer und immer wieder lassen sie sich neu motivieren, nehmen Verschlechterungen und Verschärfungen der Arbeitsbedingungen in Kauf und versuchen eine Neuorientierung.

So etwa könnte es klingen, wenn ein Arbeiter, der seit 20 Jahren in „seinem" Werk am Fließband steht, laut vor sich hin denkt:

***Arbeiten um zu überleben***

*Ich mache meine Arbeit gerne. Oder besser gesagt, ich habe sie einmal gerne gemacht. Genau kann ich es nicht beschreiben, aber irgendetwas ist passiert, irgendwie ist in unserer Firma alles anders geworden. Man kann nichts mehr richtig zu Ende bringen, keiner sagt einem genau, wo es lang geht, was die Abteilung erreichen soll, wohin die Firma sich eigentlich entwickeln will. Das einzige, was seit*

*Jahren getrommelt wird: mehr Umsatz, mehr Marktanteile und – sparen, sparen, sparen. Wir werden immer weniger Leute in der Abteilung, obwohl die Arbeit immer mehr wird und vor allem – immer komplizierter. Früher haben wir auch öfter gestöhnt und haben bis zum Umfallen gearbeitet. Doch das war nur in den Spitzenzeiten so, jetzt ist das schon längst der Dauerzustand geworden. Manchmal glaub' ich, ich werd' einfach alt. Dann geniere ich mich, dass ich jammere. Ich hab's schon bei meinen Eltern nicht leiden können, wenn sie immer gesagt haben, dass früher alles besser gewesen ist.*

*Aber wenn wir überhaupt noch zum Reden kommen unter den Kollegen – es sind ja fast keine Leute mehr in der Abteilung, die ich noch von früher kenne – dann jammern die anderen auch! Auch die jüngeren. Ich verstehe das nicht. Da hat man alles, was man zum Leben braucht und einiges darüber hinaus, ist für alle Notfälle abgesichert und es geht einem ständig schlecht. Ist es die Wohlstandsgesellschaft, die einen so missmutig macht? Halten wir einfach nichts mehr aus? Oder stimmt einfach mit mir persönlich etwas nicht?*

*Gestern habe ich schon wieder von einem Kollegen erfahren: 48 Jahre, Herzinfarkt und weg. Dabei war das gar nicht einer von den Ehrgeizigen. Er hat nur einmal erwähnt, dass er den Ansprüchen seiner Vorgesetzten nicht mehr gerecht wird, dass er den ständigen Personalwechsel nicht mehr aushält – dauernd einschulen und schon wieder jemand neuer.*

*Sollte ich auch mehr Sport betreiben wie unser neuer Abteilungsleiter? Morgens joggen, abends Fitness-Center? Der ist überhaupt ganz anders als wir „Alten“. Ständig nervös, immer braucht er neue Zahlen, nie ist Zeit zum Plaudern. Da gibt es noch einige Chefs von der Sorte: gut gekleidet, feine Restaurants, immer unterwegs. Na ich weiß nicht, was die eigentlich arbeiten. Aber sie stehen hoch im Kurs beim obersten Boss.*

*Irgendetwas mach' ich falsch! Ich bemühe mich sehr, meine Aufgaben gut zu erledigen und mit den Kollegen gut auszukommen, aber niemanden scheint das zu interessieren. Es fragt mich auch keiner mehr etwas, außer einmal im Jahr – da holt uns der Chef zu so einem*

*Fragebogen. Mitarbeitergespräch nennen sie das. Aber sonst gehe ich eigentlich jedem auf die Nerven, wenn ich Vorschläge habe oder erklären will, warum etwas nicht geht.*

*Naja, das meiste habe ich mir ohnehin schon abgewöhnt – nur nicht auffallen und vor allem: nicht anecken. Was soll's, ich mach meinen Job, so gut es geht, ich kann's sowieso nicht ändern. Wir werden schon sehen, wo das noch alles hinführen wird.*

*Und jetzt geh' ich auf ein Bier oder auch auf zwei.*

# 4. Kapitel
# Business-Rebellen

Menschen, die den Turbokapitalismus und seinen Anspruch auf Weltherrschaft ablehnen, haben wenig Möglichkeiten, sich dagegen mit friedlichen Mitteln zu wehren. Manche versuchen das eigene berufliche Umfeld zu überzeugen, im Unternehmen selbst eine Veränderung zu bewirken. Doch die Idee, eine kriegführende Organisation von innen heraus zum friedlichen Wirtschaften, also zum Umdenken, zu bewegen, ist an sich schon absurd. Das käme aus der Sicht des Unternehmens einer Meuterei gleich, die sofort im Keim erstickt werden würde.

Andere setzen auf den traditionellen politischen Weg. Sie wollen eine grundsätzliche Veränderung des Wirtschaftssystems durch den Gang zur Wahlurne herbeiführen. Doch selbst in den Demokratien der EU funktioniert dies nicht – es stehen nämlich keine Parteien zur Verfügung, welche die Ausbreitung des Neoliberalismus einschränken könnten. Die konservativen Parteien haben schon aus ihrem eigenen Selbstverständnis wirtschaftsliberale Standpunkte in ihrem Programm. Die sozialdemokratischen Parteien und inzwischen auch die Grünen haben sich der Doktrin der freien Marktwirtschaft bereits prinzipiell angeschlossen. Seit der Erfindung des „Dritten Weges“ und der Regierungsbeteiligung der Grünen in der BRD schreibt niemand mehr den Widerstand gegen die Globalisierung auf seine Fahnen. Daher müsste eine solche Partei erst gegründet werden, und dann ist fraglich, welcher Erfolg ihr beschieden wäre.

## Kampf mit den Waffen der Gegner

Die Gegner des Turbokapitalismus und Visionäre für ein anderes Wirtschafts- und Gesellschaftssystem müssen entweder resignieren und auf bessere Zeiten warten, oder sie entscheiden sich zu kämpfen und werden damit zu Rebellen. Manche greifen zur Selbsthilfe als Einzelkämpfer, andere schließen sich einer Organisation an oder gründen selbst ein Netzwerk, das sich gegen das herrschende Wirtschaftssystem wendet. Sie tun dies meist aus tiefster eigener Überzeugung, weil sie sich vom Turbokapitalismus selbst bedroht fühlen oder andere Werte in Gefahr sehen, wie beispielsweise den Sozialstaat, die Umwelt oder die gewachsenen wirtschaftlichen und gesellschaftlichen Strukturen in der Dritten Welt. Sie haben die Entscheidung getroffen, das herrschende Wirtschaftssystem und seine Organisationen im Kern zu treffen, ohne den „Umweg" über den Staat zu wählen, weil sie das Vertrauen in seine Durchsetzungskraft verloren haben. Für diesen Kampf sind sie bereit, ihre eigenen persönlichen Ressourcen wie Zeit, Engagement und Geld einzusetzen. Sowohl Kommandanten als auch die Mannschaft der Rebellen sind aus sich heraus hoch motiviert.

Sie verfolgen ihre Ziele, indem sie die Bevölkerung durch Flugblätter und Aktionen direkt über Missstände informieren, indem sie Skandale aufdecken oder Demonstrationen organisieren. In den Demokratien können sie dies auf einer legalen Basis tun und von ihren Rechten auf freie Meinungsäußerung und auf Versammlung Gebrauch machen. Wenn Rebellen der Meinung sind, dass ihr friedlicher Protest wirkungslos verhallen würde, werden auch Gesetze übertreten und wird Gewalt angewendet.* In Ländern der Dritten Welt kämpfen militärische Rebellen beispielsweise in Guerillabewegungen auch mit Waffengewalt gegen herrschende Systeme. So weit gehen die „traditionellen" Mittel der Rebellen. Was zeichnet nun den Business-Rebellen aus? Vergleichbar mit den Business-Kriegern setzen sie nicht nur auf politische oder militärische Durchsetzungsstrategien, sondern legen ihren Schwerpunkt auf den Einsatz von „ökonomischer Gewalt". Wird durch solche Aktionen der Gegner absichtlich, strategisch und auf Dauer ausgerichtet in seiner wirtschaftlichen Existenz bedroht oder geschädigt, sprechen wir von Business-Rebellen. Internationale NGO's, wie Greenpeace oder Attac, haben sich ursprünglich als politische Protestbewegungen positioniert. Mit dem Einsatz der Waffen des Business-Kriegs, wie Finanzen, Informationstechnologie und Öffentlichkeitsarbeit, werden sie zusätzlich zu Business-Rebellen.

### *Geld*

Globalisierungsgegner finanzieren sich durch die Unterstützung ihrer Anhänger. Wer nun glaubt, das würde gerade nur die „Portokasse" füllen und darüber hinaus keine großen Sprünge erlauben, der irrt. Die Zahlen lie-

* „Am 30. November 1999 kommt es anlässlich der Tagung der Welthandelsorganisation, WTO, in Seattle zu der viertgrößten Demonstration in den USA seit den 70er Jahren. Zwischen 50.000 und 100.000 Menschen liefern sich tagelang Schlachten mit der Polizei", in: www.ndrinfo.de, 28. 7. 2002; „Im Rahmen des G8-Gipfels (2001) kommt es in Genua zu Massendemonstrationen von Globalisierungsgegnern, die von der Polizei mit äußerster Härte bekämpft werden. Ein Demonstrant wurde von einem Polizisten „in Notwehr" erschossen, viele wurden misshandelt und verletzt." o.A.: Gewalt in Genua. Italiens Justiz ermittelt gegen die Polizei, in: Spiegel online, 26. 7. 2001

fern ein anderes Bild: Greenpeace, eine der etabliertesten Rebellen-Organisationen, hat schon lange den Status eines „alternativen Vereines“ hinter sich gelassen. Es hat die Struktur eines internationalen Konzerns mit modernsten Marketing- und Vertriebsmethoden und verfügt über ehrenamtliche Mitarbeiter, die jährlich über 20.000 Stunden Arbeit leisten. Mithilfe modernster Technologie führt Greenpeace Kampagnen z. B. in den Bereichen Gentechnik, Atom, Ozeane oder Klima und Energie durch. Die „Kriegskasse“ ist mit jährlich über 30 Mio. EUR gefüllt.[61] Andere Organisationen wie beispielsweise Attac[62] erleben ebenfalls einen starken Zulauf und verfügen damit über wachsende finanzielle Mittel für ihre Aktionen. Zu seinen Mitgliedern gehören nicht nur junge Idealisten, sondern auch bekannte Personen des öffentlichen Lebens, Politiker etablierter politischer Parteien ebenso wie Künstler oder Interessenvertreter.

Die Rebellen-Organisationen setzen ihre Finanzen einerseits für friedliche Aktionen und Kampagnen ein, um die Bürger zu informieren und politische Entscheidungen mit zu beeinflussen. Andererseits finanzieren sie auch ihren Kampf im Business-Krieg, indem sie den feindlichen Organisationen direkten wirtschaftlichen Schaden zufügen. Sie rufen beispielsweise die Konsumenten – und nicht nur ihre eigenen Anhänger – zum Boykott bestimmter Produkte auf. Wenn sich diese Konsumverweigerung negativ im Umsatz der Unternehmen bemerkbar macht und diese zu Reaktionen zwingt, dann ist das ein kleiner Sieg im Kampf gegen den Turbokapitalismus.*

### *Technik*

Business-Rebellen setzen modernste Informationstechnologien ein. Sie nutzen die Vorteile des Internet wesentlich gezielter, als selbst Großkonzerne dies tun können. Dies liegt daran, dass auch die teuerste Homepage nur so viele Menschen erreicht, wie bereit sind, aktiv auf die Website dieses Unternehmens zu surfen. Hingegen verursacht ein E-Mail oder ein SMS mit einer brisanten Information oder einem Aufruf zur Demonstration nahezu keine Kosten und erreicht die Anhänger auf Grund ihres hohen Engagements rasch, punktgenau und weltweit. Dadurch sind die Business-Rebellen nicht auf teure Werbekampagnen angewiesen, wenn sie unbequeme Informationen an die Öffentlichkeit bringen wollen. Vor allem kleinere Rebellen-Organisa-

* Einen großen Erfolg auf dem Weg zum Schutz vieler Meeresbewohner konnte Greenpeace 1990 verbuchen. Jahrelange Arbeit (Aktionen gegen Treibnetzfischer auf Hoher See, Dokumentationen, Lobbyarbeit, Aufklärungskampagnen) bewirkte schließlich eine UN-Resolution, die Hochsee-Treibnetzfischerei verbot. Selbst Japan, Süd-Korea und Taiwan, die die größten Fangflotten weltweit besaßen, haben ihre Treibnetzflotten „abgerüstet“, in: www.greenpeace.at, 28. 7. 2002

tionen haben erst durch das Internet enorm an Schlagkraft gewonnen, denn sie können das Medium wesentlich flexibler nutzen als ihre schwerfälligen Gegner in den Konzernen und der öffentlichen Verwaltung. Der Vorwurf mancher Idealisten, es sei unmoralisch, mit denselben Waffen zu kämpfen wie die Gegner, greift zu kurz. Es statten sich ja auch militärische Rebellen mit modernsten Waffen aus und haben nicht den Anspruch, mit Steinschleudern gegen herrschende Systeme anzutreten. Tatsächlich sind die Rebellen-Organisationen erst so effizient, seit sie mit denselben Mitteln kämpfen wie ihre Gegner.

### *Information*

Ihre Öffentlichkeitsarbeit betreiben Business-Rebellen durch persönliche Kontakte, Netzwerke und spektakuläre Aktionen. So gelingt es immer wieder, auch in den systemtreuen Medien, kritische Meldungen zu platzieren und Druck zu machen. Damit treffen sie ihre Gegner am wundesten Punkt: ihrem Image. Durch die Verbreitung von brisanten Informationen wird sowohl das Vertrauen der Konsumenten als auch und vor allem das der Anleger in ein Unternehmen erschüttert und damit der Börsenkurs gefährdet.[*]

Gesetzesübertretungen und Anwendung von physischer Gewalt werden nicht nur um der Aktion selbst willen durchgeführt, sondern vor allem wegen ihrer Wirkung in den Medien.[**] Business-Rebellen brechen immer wieder die geschlossene Propaganda des Turbokapitalismus auf und bringen Informationen in Umlauf, die sonst nicht zu bekommen wären. Sie lassen zu heiklen Problemen Gegengutachten und wissenschaftliche Studien erstellen und verbreiten diese über Ihre Kanäle.[***] Sie erzeugen ein eigenes Wertesystem wie beispielsweise Umweltbewusstsein oder Gerechtigkeit für die Dritte Welt und bilden damit eine Gegenmacht zum herrschenden System. Organisationen von Business-Rebellen sind natürlich auch selbst kriegführend. Sie erzeugen ihre eigene Gegen-Propaganda und verbreiten ihre Ideologie .

* Der Ölgigant Esso will Greenpeace auf über 200.000,– Euro Schadenersatz für entgangenen Gewinn klagen. Grund dafür ist der friedliche Protest der Umweltorganisation gegen den Ölmulti und dessen ständige Sabotage der internationalen Bemühungen zum Schutz des Weltklimas, in: www.greenpeace.at, 28. 7. 2002

** Der französische Bauer José Bové kämpft einen Guerillakrieg gegen den globalen Liberalismus. Ein Protest gegen amerikanische Strafzölle gipfelte in der Demontage einer neuen McDonald's Filiale. Die darauf folgende Gerichtsverhandlung verwandelte Bové in ein Volksfest gegen die Globalisierung. o.A.: Käse statt Hamburger, in: Der Spiegel, 3. 7. 2000

*** Auf diesem Weg wurde erst allgemein bekannt, dass die GATS-Verhandlungen unter dem Ausschluss der Öffentlichkeit stattfanden, in: www.stoppgats.at, 28. 7. 2002

## Das Manifest der Business-Rebellen

Business-Rebellen sind nicht so sehr an Geld oder Ansehen orientiert wie ihre Gegner, die Business-Krieger. Ihre Motivation orientiert sich viel eher an Idealen und der Vorstellung einer besseren Welt. Sie bringen einen hohen persönlichen Einsatz und schätzen Kameradschaft und Gemeinschaft. Zu ihren Denkmustern gehört die strikte Trennung von Gut und Böse. Haben sie einmal ein Feindbild identifiziert, dann wird es auch verfolgt. Viele von ihnen lieben „Action“ und Aufsehen und das Gefühl, etwas zu bewegen und die Welt verbessern zu können. Sie sind davon überzeugt, dass es eine Lösung für alle Probleme in der Welt gibt und dass man diese mit eigener Anstrengung auch erreichen kann.

So etwa könnte das Innenleben eines Business-Rebellen aussehen. Ein junges Mitglied einer globalisierungskritischen Organisation im „inneren Dialog“:

***Freiheit, Gleichheit und Gerechtigkeit für alle Menschen auf der Welt.***

*Ich bin für Gerechtigkeit und Freiheit – und für Solidarität mit den schwächeren Mitgliedern einer Gesellschaft, wie auch mit den ärmeren Staaten dieser Welt. Menschen, die nicht so denken, halte ich für „Unmenschen“, gerade, wenn diese uns manchmal als „Gutmenschen“ bezeichnen. Irgendjemand muss sich ja für die Schwächeren einsetzen und irgendjemand muss die Missstände aufzeigen. Es kann nicht jeder einfach nur für seine eigene Karriere und für seinen eigenen Gewinn rennen. Überhaupt finde ich, die Gesellschaft wird immer kälter und härter.*

*Die Präpotenz, mit der die Global Players ihre Profite machen, ohne Rücksicht auf die Umwelt und auf die Sozialgesetze, schreit ja schon zum Himmel. Alles ist dokumentiert, von der Ausbeutung der Menschen in der Dritten Welt über die Schädigung der Umwelt bis zur Unterstützung korrupter Regime durch die Lobbys – seien es nun die Öl- oder die Pharmakonzerne. Warum wehren sich nicht viel mehr Menschen? Das müsste doch alle aufregen! Sie zerstören unsere natürlichen Lebensräume, vergiften das Wasser und die Grundnahrungsmittel, patentieren das Saatgut und machen ganze Staaten von sich abhängig.*

*Wir können doch nicht einfach zuschauen!*

*Wenn uns schon nicht die Betroffenen Leid tun, dann müssten wir wenigstens an unsere eigene Zukunft denken und die unserer Kinder. Wir bekommen das jetzt schon alles zu spüren: Massentierhaltung aus Profitstreben führt zu BSE, der exzessive Walfang zur Vernichtung der Art und zur Bedrohung des biologischen Gleichgewichtes. Ozonloch, Trinkwasser, Luftverschmutzung, Regenwald – ach, ich werde immer so traurig und wütend, wenn ich die Bilder sehe und die Berichte lese. Da möchte ich alle aufrütteln: Wehrt euch! Schaut nicht tatenlos zu, wie dieser schöne Planet zerstört wird! Nur damit einige wenige immer reicher werden auf Kosten der anderen.*

*Zum Glück gibt es bei uns im Verein Gleichgesinnte, sonst würde ich überhaupt verzweifeln. Da sitzen wir dann alle zusammen, denken, reden, planen und bereiten uns auf die nächsten Aktionen vor. Manchmal ist echt viel Mut gefordert, da steigen dann die meisten aus. Aber irgendwie ziehen wir unser Ding schon durch. Vor allem, weil wir immer mehr werden, das gibt echt Auftrieb. Wenn wir uns noch weiter anstrengen und immer mehr Menschen überzeugen können, werden wir eine bessere Welt schaffen. „Vinceremos" rufen die Landlosen in Brasilien, das finde ich super! Solange wir keinen eigenen Spruch haben – gilt für mich „Vinceremos".*

## Schwachstellen

Die größte Gefahr für die Business-Rebellen besteht darin, dass sie die Denkungsart des Turbokapitalismus unbewusst übernehmen und gegeneinander kämpfen. Wenn die einzelnen Organisationen keinen gemeinsamen Nenner finden könnten, wenn jede die Wahrheit für sich beanspruchte und ein gemeinsames Auftreten unmöglich würde, dann wären sie ihrer stärksten Macht beraubt – der Solidarität. Wenn sie auf die Idee kämen, dass man noch mehr Gutes tun könnte, wenn man mit Mitgliedsbeiträgen und Spenden an den Börsen spekulierte, dann wären die Business-Rebellen selbst Opfer der gegnerischen Ideologie. Auf den ersten Blick ist diese Gefahr vielleicht nicht zu sehen. Doch dieses Risiko ist für jene Organisationen besonders hoch, die in ihrer Struktur bereits internationalen

Konzernen gleichen. Sie sind den Vorteilen und Verlockungen des turbokapitalistischen Wirtschaftssystems besonders nahe gekommen und könnten möglicherweise darüber ihr ursprüngliches Ziel vergessen.

Zu den Achillesfersen der Business-Rebellen zählt auch die ethische Einstellung der meisten Mitglieder. Anders als die meisten Business-Krieger kommen ihre Mitglieder aus dem pazifistischen Lager, sind linke oder christliche Intellektuelle und meist junge Leute. Gerade Angehörige dieser Gruppe gehören zu denjenigen, die Gewalt und Krieg von sich aus ablehnen. Zurecht isolieren sie ihren eigenen gewaltbereiten Block und wollen nichts mit ihm zu tun haben. Das wird den Globalisierungsgegnern auch durchaus hoch angerechnet. Dennoch muss es den Rebellen noch klarer werden, dass sie eine kriegführende Organisation sind, die sich zum Kampf im Business-Krieg entschlossen hat. Sie müssen daher neue Strategien entwickeln, die nicht physisch gewalttätig, aber dennoch wirksam sind. Der Widerstand braucht noch wesentlich mehr Mitglieder und Mittel, um Aufmerksamkeit zu erregen.

Eine weitere Schwachstelle ist die inhaltliche Positionierung. Obwohl bedeutende Ökonomen und Ökologen fundierte wissenschaftliche Grundlagen für die Aussagen der Business-Rebellen liefern, können ihre Argumente leicht entkräftet werden. Globalisierungsgegner wirken häufig, als seien sie gegen jeden Fortschritt, als würden sie eine undifferenzierte „Zurück-zur-Natur-Philosophie" vertreten und von wirtschaftlichen Zusammenhängen keine Ahnung haben. So, als wollten sie mit maschinenstürmerischem Eifer eine Entwicklung bremsen, von der sie selbst täglich profitieren, indem sie auf die Vorteile der Wohlstandsgesellschaft keineswegs verzichten. Sie müssen sich dem Vorwurf aussetzen, Autos und Computer aus internationalen Konzernen zu kaufen und zu benützen und ihre Erfolge auf globalisierte Technologien wie Internet und Mobilfunk zu begründen. Weil sie ihre Botschaft nicht präzise genug anbringen, werden ihre Argumente mit dem Vorwurf des „restkommunistischen Denkens" abgetan und ihre Anhänger ins linke Eck gestellt. Auf diese Weise müssen sich ihre Gegner, die Vertreter des Turbokapitalismus, nicht ernsthaft mit dem Widerstand auseinander setzen.

Tatsächlich mangelt es den Business-Rebellen noch an Professionalität in der Kommunikation, in der überzeugenden Vermittlung ihrer inhaltlichen Positionen, die noch dazu viel inhomogener sind als diejenigen der Business-Krieger. Zurzeit können sie nur durch stetige Nadelstiche immer wieder unangenehm werden. Sie können als Sand im Getriebe bremsend wirken und somit den Gegner zur Vorsicht zwingen. Die Widerstandsbewegung hat einstweilen nicht die Kraft, eine ernsthafte Bedrohung für den Turbokapitalismus zu werden.

## Rollenverteilung

In einer ganz „normalen" größeren Firma – sofern es sich um eine kriegführende Organisation handelt – finden wir beispielsweise folgende Verteilung der Rollen: Der Vorstand besteht zu zwei Drittel aus Business-Kriegern und zu einem Drittel aus Zivilisten, aus Friedensmanagern. Das bedeutet, dass Manager aufeinander treffen, die diametral entgegengesetzte Wertvorstellungen haben. Die Krieger-Kommandanten wollen in der Schlacht siegen, die zivilen Führungskräfte wollen in Frieden ihren Geschäften nachgehen.

Die Mannschaft besteht – je nach Branche zu einem unterschiedlichen Prozentsatz – aus Mitarbeitern, die noch nicht mitbekommen haben, dass sie bereits Soldaten sind und sich daher ständig falsch verhalten, sich selbst ausbeuten und das Unternehmen mit Forderungen und Diskussionswünschen gefährden. Sie haben noch nicht begriffen, dass sie eigentlich schon lange um ihr Überleben kämpfen müssten. Zum anderen Teil besteht die Mannschaft aus Business-Kriegern, die jede Chance wahrnehmen, die Zivilisten hinauszudrängen – zum einen, um die Sicherheit zu erhöhen, zum anderen aus persönlichem Ehrgeiz.

Oder: Im Vorstand setzen sich die Kriminellen durch, die Krieger werden ausgeschaltet oder in Geiselhaft genommen und die Mannschaft – Soldaten wie Business-Krieger – wird zu persönlichen Zwecken instrumentalisiert, solange, bis das Unternehmen zerstört ist. Oder das Unternehmen besteht nahezu vollständig aus Zivilisten und das zivile Management wird auf Grund einer feindlichen Übernahme durch Business-Krieger ersetzt und die Mannschaft wird automatisch zu Soldaten.

Die Kombinationen können endlos fortgesetzt und mit den jeweils aktuellen Beispielen ergänzt werden.

*Funktionen im Business-Krieg*

„Business-Krieger" sind Personen, die bewusst für die Ziele einer „kriegführenden Organisation" kämpfen und die ihre eigenen Ziele darin verwirklichen wollen und können. Sie dienen als Kommandanten oder in der Mannschaft.

„Business-Soldaten" sind Personen, die gänzlich bis teilweise unfreiwillig am Business-Krieg teilnehmen. Manche lernen zu kämpfen, viele glauben, immer noch ihrem friedlichen Beruf nachzugehen und haben den „Einberufungsbefehl" nicht mitbekommen.

„Business-Rebellen“ sind Personen, die aus idealistischen oder ideologischen Gründen mit den Mitteln des Business-Kriegs gegen ein herrschendes Wirtschaftssystem kämpfen. Sie agieren als Begründer einer Bewegung, als Kommandanten in der Mannschaft oder als Einzelkämpfer.

„Business-Kriminelle“ sind Personen, die ausschließlich für ihre eigenen materiellen Vorteile mit den Mitteln des Business-Kriegs außerhalb des gesetzlichen Rahmens kämpfen.

„Business-Zivilisten“ sind Personen, die im Rahmen einer „friedlichen Organisation“ oder als Selbstständige ihrem Zivil-Beruf nachgehen und sich keiner „ökonomischer Gewalt“ bedienen müssen, um zu überleben.

# 5. Kapitel
# Die Business-Kriegerin

Bisher war im Zusammenhang mit Krieg und Business-Krieg nur von Männern die Rede. Welche Rolle spielen dabei die Frauen? Im militärischen Krieg der Vergangenheit waren Frauen zum größten Teil Zivilistinnen, führten die Betriebe oder Bauernhöfe ihrer Männer und versorgten Kinder, Alte und Kranke. Als Ehefrauen waren sie ideologische „Mittäterinnen", sie unterstützten das kriegführende politische System und waren ein seelischer Rückhalt für die Soldaten an der Front. Manche Frauen folgten als Marketenderinnen den Truppen, versorgten die Soldaten mit Annehmlichkeiten und sorgten für ihre Unterhaltung. Oft genug wurden Frauen selbst Opfer von Kriegsverbrechen, von Vergewaltigungen und Plünderungen. Wenn sie aktiv am Kriegsgeschehen teilnahmen, dann als Ärztinnen oder Krankenschwestern im Lazarett, als Helferinnen in der Küche oder in der Verwaltung.

Die Emanzipationsbewegung hat den Frauen die bewaffnete Teilnahme am Krieg ermöglicht. Seit kurzem stehen ihnen auch in den westlichen Staaten Waffengattungen und Aufstiegsmöglichkeiten im Militär offen. Es gibt Nahkampfspezialistinnen, Kampfjet-Pilotinnen und Kriegsschiff-Kommandantinnen. Frauen werden nicht mehr nur dann, wenn Not am „Mann" ist, an die Front geholt. Heute beteiligen sie sich, wenn auch in geringer Zahl, freiwillig und engagiert an kriegerischen Auseinandersetzungen. Im militärischen Bereich gibt es also die Kriegerin.

## Von der Hausfrau zur Powerfrau?

Welche Rolle spielen Frauen im Business-Krieg? Kann man die so genannte Powerfrau als Pendant zum Business-Krieger bezeichnen? Wollen Frauen überhaupt Business-Kriegerinnen werden, und was müssten sie tun, um dabei erfolgreich zu sein? Berufstätige Frauen sind heute eine Selbstverständlichkeit. Im Zuge der Gleichberechtigung ist der Anteil der erwerbstätigen Frauen langsam aber kontinuierlich angestiegen und beträgt in den westlichen Industriestaaten zurzeit etwa 70 %.[63] Auch wenn mehrheitlich immer noch typische Frauenberufe, wie Krankenschwester, Friseurin oder

Verkäuferin gewählt werden, so steigt die Zahl der Akademikerinnen stetig. Auch in technischen Berufen nimmt der Frauenanteil langsam zu. Die große Diskrepanz herrscht bei den Top-Positionen. Trotz Quoten und Frauenförderprogrammen gelingt es den weiblichen Führungskräften nur selten, die so genannte „Gläserne Decke“ in Wirtschaft und Politik zu durchstoßen und an die Schalthebel der Macht zu gelangen. Lange Zeit wurden dafür die Männer verantwortlich gemacht, die angeblich ihre Kolleginnen am Weiterkommen auf der Karriereleiter behinderten. Mit den neuen Erkenntnissen über die Mechanismen der Macht[64] und den Business-Krieg ergibt sich ein differenzierteres Bild der Lage.

## Wirtschaftsfaktor Frau

Über Jahrtausende herrschte zwischen den Geschlechtern eine „ergänzende Arbeitsteilung“: der Mann im Außenverhältnis einer Gesellschaft, die Frau im Innenverhältnis. Die Sozialisation der Frau war auf ihre nahezu ausschließliche Bestimmung als Hausfrau und Mutter ausgerichtet, im Mittelpunkt ihres Interesses stand die Versorgung von Mann, Kindern und Angehörigen. Doch neben ihrer Rolle als Familienarbeiterin waren Frauen schon immer auf unterschiedliche Weise auch in Wirtschaftsprozesse integriert. Die Vorstellung von der Ehefrau, die nicht berufstätig ist, sich nur um Kinder und Haushalt zu kümmern hat und deren Ehemann in der weiten Welt der Erwerbsarbeit nachgeht, gehört zum Rollenklischee einer kleinen gehobenen Gesellschaftsschicht. Frauen trugen in allen Kulturen neben der Haushaltsführung und der Kindererziehung auch mit produktiver Arbeitsleistung zum Lebensstandard der Familie bei. Sei es, dass sie Gemüse und Obstgärten bewirtschafteten, am Feld und im Stall eingesetzt waren, oder dass sie durch Produktion von Handarbeiten, Textilien, Bekleidungsstücken oder Kunstgegenständen die Haushaltskasse aufbesserten. Im urbanen Umfeld der vorindustrialisierten Zeit verdingten sich Frauen als Dienstboten, Köchinnen oder Arbeitskräfte in fremden Haushalten oder Betrieben. Seit dem Aufkommen der automatisierten Produktionsstätten in der Mitte des 19. Jahrhunderts ist die Arbeiterin in der Fabrik, später die Angestellte im Krankenhaus, in der Schule, im Büro oder im Laden ein selbstverständliches Berufsbild für Frauen geworden.

In der Wiederaufbauphase nach dem Zweiten Weltkrieg kehrten die Männer ins Wirtschaftsleben zurück und legten den Grundstein für das Wirtschaftswunder. Die große Welle der Berufstätigkeit von Frauen startete Anfang der 1970er Jahre als Folge der Forderung nach Gleichberechtigung. Die nächsten 25 Jahre, in denen Frauen ihre Erfahrungen mit dem Erwerbsleben machten und sich verstärkt ins Wirtschaftsleben einbrachten, waren die Jahre des Aufschwungs und des Business-Friedens. Doch schon da zeigten sich Schwierigkeiten bei der vollständigen Integration von Frauen in das Berufsleben. Selbst Powerfrauen standen schon bald an der „Gläsernen Decke" und kamen mit ihren Karrieren nicht weiter. Es gelang ihnen nicht, mehr Führungs- und Machtpositionen zu besetzen, weil sie deren Mechanismen nicht verstanden und die dafür notwendigen Kompetenzen nicht besaßen.

## Alte Arbeitsteilung

Woher kommt dieser Mangel? Die Erfahrungen, die Frauen ins Berufsleben einbrachten, unterschieden sich deutlich von jenen der Männer. Nachdem Frauen gewohnt waren, die Bereiche im Haus oder in seiner näheren Umgebung zu bewirtschaften, entwickelten sie auch für dieses „Innenverhältnis der Gesellschaft" mit seinen kleinräumigen Strukturen und persönlichen Beziehungen die größte Kompetenz. Der Mann hatte für seine Entwicklung einen größeren Spielraum zur Verfügung. Er ging auf die Jagd, auf Handels-, Entdeckungs- und Forschungsreisen, zog in den Krieg oder konnte Produktionsstätten fern des Hauses betreiben. Diese Aufteilung der Arbeitsbereiche und der Machtsphären war auf Grund der biologisch bedingten unterschiedlichen Voraussetzungen der Geschlechter gar nicht anders denkbar. Erst als durch die Entwicklung der Technik die Körperkraft nicht mehr den Hauptfaktor für die Erwerbsarbeit darstellte, durch die Demokratisierung die innerstaatliche Gewalt und Willkür eingedämmt und durch die Anti-Baby-Pille die Geburtenkontrolle allgemein zugänglich wurde, eröffnete sich auch für Frauen der Zugang zur Außenwelt. Genau in diesen historischen Etappen entstand die Frauenbewegung mit ihrem Wunsch nach Neuverteilung der Aufgaben und einer Neuordnung der Machtverteilung. Frauen wollten nicht mehr nur „berufstätig" sein, ein Zusatzeinkommen erwirtschaften oder die Männer atmosphärisch bei der Arbeit unterstützen, sondern auch Zugang zu höherer Bildung und zu qualifizierten Berufen erhalten.

Da Frauen früher grundsätzlich von Entscheidungspositionen in Wirtschaft und Politik ausgeschlossen waren, waren ihre Vorstellungen von Wirtschaft und Politik durch die Perspektive ihres gesellschaftlichen Mikrokosmos geprägt. Sie bezogen ihre Kompetenz aus den Gesetzmäßigkeiten ihres Arbeitsumfeldes der Innenwelt und der untergeordneten Tätigkeiten und hatten wenig Wissen über den Bereich der Männer. Doch in der Außenwelt herrschen andere Gesetzmäßigkeiten und andere Machtverhältnisse als in der Innenwelt, unabhängig davon, welches Geschlecht in diesem Bereich arbeitet.

## Weibliche Werte über alles

Es ist wahrscheinlich eine der größten Fehleinschätzungen der Frauenforscherinnen, wenn sie meinen, die Spielregeln der Außenwelt wären nur deswegen so, wie wir sie vorfinden, weil sie von Männern gemacht wurden. Viele sind davon überzeugt, dass Frauen – würden sie die Macht in der Außenwelt übernehmen – ganz andere, ja bessere, Regeln erfinden würden. Die meisten Feministinnen bezweifeln aber keinesfalls, dass die Spielregeln, die Frauen für die Innenwelt entwickelt haben, die bestmöglichen sind und daher von den Männern übernommen werden müssen.

Als die Emanzipationsbewegung die gleichen Rechte für Frauen forderte und in die Außenwelt eindrang, richtete sie zugleich den Appell an die Männer, Aufgaben in der Innenwelt zu übernehmen. Deren Verhalten war jedoch für die Kindererziehung und partnerschaftliches Familienleben so gut wie nicht zu brauchen. Männer konnten nicht über ihre Gefühle sprechen und nicht zuhören. Sie versuchten alle Probleme mit Kraft oder Gewalt zu lösen, sie hatten keine gute Beziehung zu ihrem Körper, waren nur auf Leistung gedrillt und konnten nicht spielen. So lautete der Befund über den europäischen Mann der Nachkriegsjahre. Daher mussten die Männer seit dem Erstarken der Frauenbewegung in der 68er Bewegung die Gesetzmäßigkeiten der Innenwelt, die „Frauensprache“ erlernen und sehen sich seither einem drastischen Umerziehungsprozess ausgesetzt.

Wer nun denkt, dass Frauen beim Eintritt ins Berufsleben und in Entscheidungsfunktionen der Außenwelt die „Männersprache“ lernen mussten, der irrt! Die Kompetenz der Männer erscheint bis heute nicht erstrebenswert. Vielmehr herrscht immer noch das ungeschriebene Gesetz: Die soziale Kompetenz der Frauen ist besser als jene der Männer. Männer werden verantwortlich gemacht für alles Unheil auf der Welt, für Kriege, Armut und Umweltzerstörung. Viele Frauen waren und sind noch immer der Meinung, dass sie mit weiblichen Werten die Außenwelt besser bewirtschaften würden als die Männer. Dieser Glaube geht so weit, dass manche Autoren ernsthaft die Meinung vertreten, eine verstärkte Beteiligung von Frauen in der Wirtschaft würde diese menschlicher werden lassen, und das Wirken von Frauen in der Politik würde Kriege zum Verschwinden bringen. Frauenmacht sei sowohl für die Innen- wie für die Außenwelt bestens geeignet und würde insgesamt eine bessere Welt ermöglichen.

## Die Grenzen der Weiblichkeit

Die Realität sieht anders aus. Weibliche Werte bringen tatsächlich große Vorteile – allerdings nicht für die Frauen, sondern in ganz besonderer Weise für die Wirtschaft. Frauen können Beziehungen gestalten und gutes Betriebsklima erzeugen, sie können Kunden zum Kauf animieren und aufgebrachte Gemüter beruhigen. Dazu gehören Kommunikations- und Teamfähigkeit, Charme, Sensibilität und nahezu grenzenlose Belastbarkeit, denn Frauen sind es gewohnt, unentgeltlich rund um die Uhr zu arbeiten. All das sind heute in der Erwerbsarbeit wichtige Kompetenzen, weil sie dazu beitragen, die Motivation und die Leistungsfähigkeit der Mitarbeiter und Mitarbeiterinnen zu steigern.

Weibliche Werte sind hoch gefragt, jedoch nicht hoch bezahlt! Tätigkeiten im Hintergrund gehen ebenso wie soziale Berufe und Hilfsarbeiten mit einem niedrigen Lohnniveau einher, was insgesamt das Einkommen von Frauen drückt. Frauen bekommen immer noch die Kinder und kümmern sich größtenteils um deren Erziehung, was ihr Einkommen drückt. Sie sind weiterhin nahezu ausschließlich für die Pflege von kranken und alten Angehörigen zuständig, was Zeit und Kraft kostet und ihr Einkommen drückt. Soweit die bekannten äußeren Bedingungen. Doch Frauen steigen auch in der Hierarchie nicht weit genug hinauf, was wiederum auf ihr Einkommen drückt. Ihre viel gelobte soziale Kompetenz kommt ihnen zwar im heutigen Berufsleben in vielen Bereichen zu Gute, sie ist aber zugleich auch ihr Stolperstein, weil sie den Erwerb von Machtkompetenz behindert.

## Schlecht gerüstet

Dass Frauen in punkto Ausbildung, Fachwissen und Sachverstand den Männern keineswegs unterlegen sind, ist längst bewiesen. Dennoch hat eine Frau in Top-Position immer noch Seltenheitswert. Ja es scheint sogar, dass – trotz Political Correctness und Gleichbehandlungsbeauftragter – ihre Aufstiegschancen eher schlechter werden als besser. Das wird zurzeit mit der schlechten Wirtschaftslage erklärt und damit, dass Frauen deswegen zurück an den Herd gedrängt würden.

Tatsächlich bieten sich für diese Situation auch andere Erklärungen an: Frauen haben keine Ahnung von den Mechanismen der Macht in der Außenwelt. Als die Frauen der Emanzipationsbewegung die halbe Macht der Männer forderten, war ihnen offensichtlich nicht ganz klar, was damit alles verbunden ist. Die Vorstellung, Wirtschaft und Politik würden nach denselben Gesetzmäßigkeiten funktionieren wie eine Familie, ein Handwerksbetrieb oder ein Bauernhof, ist schlicht zu kurz gegriffen. Doch mit ebendiesen Idealen plagen sich die meisten Frauen durch ihr Arbeitsleben. Selbst „Powerfrauen" sind entgegen der allgemeinen Annahme nicht solche, die gelernt haben, wie die Außenwelt funktioniert. Sie werden vielmehr dafür bewundert, wie sie mit nahezu übermenschlicher Anstrengung und unzureichenden Mitteln zu beweisen versuchen, dass weibliche Werte überall zum Erfolg führen. Die einen nehmen dafür die Doppelbelastung durch die Familienarbeit in Kauf, die anderen den Verzicht auf eine Familie.* Anstatt sich mit der Mehrheit der wahlberechtigten Stimmen die nötigen Bedingungen zu schaffen, unter denen sie in der Außenwelt arbeiten könnten, setzen sie auf ihr bewährtes Muster der Selbstausbeutung. Zudem rechnen Frauen bewusst oder unbewusst mit ihrer Rückzugsoption in die Familienarbeit. Wenn der Job keine Freude macht, wenn die Karriere stockt, können sie sich immer noch fürs Kinderkriegen entscheiden, anstatt die notwendigen Spielregeln der Wirtschaft und der Politik zu erlernen. Sie haben immer einen – und sei es auch nur mentalen – Fluchtweg, der den meisten Männern noch verschlossen ist.

## Eher Rebellinnen als Business-Kriegerinnen

Zu den beschriebenen Diskrepanzen kommt jetzt auch noch die Veränderung der Arbeitsbedingungen im Zuge des Business-Kriegs. Hat diese für Frauen andere Konsequenzen als für Männer? Mit weiblichen Werten konnte frau gerade noch in Zeiten erfolgreich sein, in denen es in der Wirtschaft friedlich zuging. Gänzlich unbrauchbar sind die weiblichen Werte jedoch, wenn Krieg herrscht. Ihre Art der Sozialkompetenz steht dem im Krieg geforderten Verhalten diametral entgegen – das gilt für den militärischen Krieg ebenso wie für den Business-Krieg. Der Business-Krieg stellt eine enorme Eskalation der ohnehin schon harten Bedingungen in der Wirtschaft dar. Die Verschärfung des Wettbewerbs erfordert in immer größerem Ausmaß harte Maßnahmen. Waren die Machtmechanismen schon in Friedenszeiten für Frauen ungewohnt und schwer akzeptabel, so sind jene des organisierten Kampfes für die meisten von ihnen ein unüberwindliches Hindernis. Gab es im Business-Frieden für beide Geschlechter noch Zeit zum Erlernen eines neuen Rollenverhaltens, so greifen unter dem Druck des Business-Kriegs

* Laut einer Studie waren von jenen Befragten, die über 100.000,– US-Dollar verdienen, 49 % der Frauen kinderlos, aber nur 19 % der Männer. Braun, Walter: Der hohe Preis des Erfolges, in: Psychologie Heute, 9/2002

Männer wie Frauen eher wieder auf ihre „Kernkompetenzen" zurück und verhalten sich rollenkonform.

Frauenkarrieren nehmen daher einen eigenwilligen Verlauf. Da sich immer mehr Unternehmen und Parteien aus Imagegründen um Frauen in Führungspositionen bemühen, wäre es heute gar nicht mehr so schwer, nach oben zu kommen. Doch sind Frauen nicht auf die Aufgaben in der dünnen Luft am oberen Ende der Karriereleiter vorbereitet. Business-Kriegerinnen sind trotz prinzipiell guter Chancen immer noch eine Seltenheit, und Frauenerfolg verglüht häufig wie eine Sternschnuppe: Kaum oben, ist sie auch schon wieder weg – ersetzt durch einen Mann. Nur einige wenige Frauen – der Prozentsatz entspricht etwa jenem im militärischen Krieg – haben sich bewusst dazu entschieden, im Business-Krieg zu bestehen und erfolgreich zu kämpfen. Von diesen gelingt es wiederum nur einigen – unter großen Strapazen und mit großer Veränderungsbereitschaft – als Business-Kriegerinnen Karriere zu machen.

Wenn Frauen von sich aus Lust auf Kampf haben, dann finden sie eher den Weg zu den Rebellen als zu den Kriegern. Die humanistischen Ziele und die eher kleinräumigen und auf persönliche Beziehungen aufgebauten Strukturen der Rebellen-Organisationen liegen ihnen mehr. Daher ist auch der Frauenanteil in diesen Organisationen wesentlich höher und der Aufstieg in Führungspositionen wesentlich leichter als in der Wirtschaft. Das heißt nicht, dass Frauen das notwendige Verhalten nicht erlernen könnten – das schaffen auch Frauen im militärischen Krieg sehr rasch. Doch es bedarf dazu einer klaren Entscheidung und einer größeren Anstrengung, als Männer dafür aufbringen müssen. Diese sind auf Grund der Biologie und ihrer Sozialisation als Business-Krieger eindeutig im Vorteil. Das bedeutet aber nicht, dass Frauen keine Business-Kriegerinnen sein *können,* vielmehr zeigt die Praxis, dass die meisten Frauen keine Business-Kriegerinnen sein *wollen.*

## Wehrdienstverweigerung

Männer, die vom Business-Krieg überrascht werden, sind eher bereit, zum Business-Krieger oder Business-Soldaten zu mutieren. Sie sehen sich als Familienerhalter dazu gezwungen oder finden für sich selbst keine andere Möglichkeit. Wenn Frauen mit den Auswirkungen des Business-Kriegs konfrontiert werden, stehen sie diesen noch verständnisloser, aber vor allem kompromissloser gegenüber. Viele können wählen und tun das auch. Sie sind „Zweitverdienerinnen" und müssen nicht in die erste Reihe vordringen. Sie haben Kinder zu versorgen und können gar nicht an der Front kämpfen. Sie wollen ihre Lebensqualität nicht verschlechtern und lehnen von sich aus einen Karrieresprung zur Kommandantin ab. Linke Argumentation erklärt dieses Verhalten damit, dass die Bedingungen in der Wirtschaft eben zu wenig auf die Bedürfnisse der Frauen Rücksicht nähmen. Dabei wird übersehen, dass im Turbokapitalismus nur das berücksichtigt wird, was der Profitmaximierung der Shareholder dient. Auf politischem Weg frauenfreundlichere Arbeitsbedingungen durchsetzen zu wollen, grenzt an Naivität, wenn das Ziel, den Turbokapitalismus einzuschränken, nicht einmal mehr ernsthaft thematisiert wird.

Es gibt auch noch weitere, subtilere Formen, wie eine Frau im Business-Krieg überleben kann, ohne selbst zu kämpfen: Sie hält als Assistentin oder Chefsekretärin den Business-Kriegern den Rücken frei. Im Hintergrund unterstützt sie deren täglichen Kampf. Sie stellt die Ressourcen zur Verfügung, bereitet Unterlagen vor und ist oft auch emotionale Stütze. Gar nicht selten ist eine solche Frau der einzige Mensch, dem ein Business-Krieger noch vertrauen kann, dem er sich auch von seiner schwachen Seite zeigen darf. Diskretion, Taktgefühl und bedingungslose Loyalität sind ihre herausragendsten Eigenschaften. Oft agiert sie zusätzlich zu ihrer Supportfunktion auch noch als „Verbindungsoffizier“, als Bindeglied zwischen dem Management und den Mitarbeitern, als Stimmungsbarometer, Blitzableiter und Klagemauer. Dadurch verfügen diese Frauen über ein einzigartiges Machtpotenzial, das sie selbst jedoch nicht als solches bezeichnen und niemals für ihre eigenen Ziele missbrauchen würden.

## Chancen im Business-Krieg

Wollen Frauen zu Business-Kriegerinnen und vor allem zu Kommandantinnen werden, müssen sie den Kampf akzeptieren und seine Mechanismen verstehen lernen. Haben sie sich einmal dafür entschieden, müssen sie dieselben Aufgaben mit derselben Kraft und Härte ausführen wie die Männer. Ausreden, die sich auf biologische Unterschiede beziehen, gelten dann nicht mehr. Grundsätzlich haben Frauen im Business-Krieg dieselbe Wahl zu treffen wie Männer:

1. Erkenntnis, dass sich die Wirtschaft im Business-Krieg befindet
2. Entscheidung, wie frau sich im Business-Krieg positionieren möchte:
   - bewusst zur Business-Kriegerin werden
   - pragmatisch als Business-Soldatin den Job machen und sich selbst schützen
   - sich als Gegnerin des Systems bei den Business-Rebellen engagieren und dort kämpfen
   - als Power-Zivilistin in einer Nische überleben

3. Erlernen der für die gewählte Funktion notwendigen Überlebenstechniken

Als Vorbild und Lehrmeister sollte frau sich jemanden suchen, der seinen Job hervorragend beherrscht. Diese Qualitäten wird die Business-Kriegerin zurzeit eher noch bei Männern finden, und sie sollte sich nicht scheuen, diese Chance zu ergreifen. Der Wunsch, von Frauen zu lernen, ist nicht zielführend, weil es kaum Frauen gibt, die Business-Kriegerinnen-Kompetenz auf einer hohen Stufe entwickelt haben. Wenn dies dennoch der Fall ist, wird es wiederum egal sein, ob es sich beim Lehrmeister um einen Mann oder eine Frau handelt, denn ihr Verhalten und ihre Botschaften werden dieselben sein.

> Das Wertesystem von Frauen und ihre soziale Kompetenz werden zwar immer wieder hoch gelobt, jedoch nicht hoch bezahlt. Da Frauen sich nur selten zum Kampf entscheiden, haben sie im Business-Krieg noch weniger Chancen auf Top-Positionen als in friedlichen Zeiten.
>
> Frauen, die sich zum Kampf entscheiden, schlagen sich eher auf der Seite der Business-Rebellen, agieren als Partisaninnen in der eigenen Organisation oder sind Wehrdienstverweigerinnen, die in Nischen zu überleben versuchen.

# TEIL III

# Der Überlebenskampf des Individuums

Auch wenn alle einer Meinung sind, können alle Unrecht haben.
*Bertrand Russel*

# 1. Kapitel
# Kämpfen an der Business-Front

Wie sieht der Kampf an der Business-Front aus? Für welche Ziele riskieren die Menschen heute ihre Gesundheit und ihre wirtschaftliche Existenz, beziehungsweise wie können sie diese erhalten? An der Front eines militärischen Kriegs besteht die Hauptaufgabe der Soldaten im aktiven Kampf gegen den Feind. Das vorgegebene Kriegsziel hat oberste Priorität und muss unter Einsatz des eigenen Lebens erreicht werden. Der Schutz des eigenen Lebens, der persönliche Überlebenskampf ist den Soldaten erst in zweiter Linie gestattet. Die Armee stellt Ausrüstung, Unterkunft und medizinische Versorgung zur Erhaltung der Kampfkraft ihrer Truppen bereit. Solange der Nachschub funktioniert, werden sie mit den notwendigen Ressourcen ausgestattet. Das Individuum hat sich den Kriegszielen zu unterwerfen und mit maximalem Einsatz zu ihrer Umsetzung beizutragen.

## Im Nebel

Die Situation im Business-Krieg ist wesentlich komlizierter. Business-Krieger und -Soldaten führen im Grunde dieselbe Tätigkeit aus wie in Friedenszeiten: Sie managen Unternehmen, sie arbeiten im Controlling, im Marketing, in der Forschung, in der Verwaltung, im Vertrieb. Ihr Arbeitsplatz befindet sich im Labor, im Supermarkt oder in der Produktionshalle, am Computer, an der Werkbank oder am Fließband. Sie sind Unternehmer, Bauern, Freiberufler, Funktionäre oder Arbeitnehmer, und ihre Aufgaben sind scheinbar dieselben geblieben. Doch der Druck zur Kostenminimierung und zur Expansion steigert sich im Verdrängungskampf des Business-Kriegs ohne Rücksicht auf Verluste. Auf der Ebene der „Gemeinen", der Mitarbeiter ohne Entscheidungskompetenz, gilt der Anspruch: *„Immer weniger Leute müssen immer mehr Arbeit bewältigen"* – und das nicht nur in Spitzenzeiten, sondern als Dauerbelastung mit ständig steigender Tendenz und zunehmender Komplexität der Aufgabenstellung, mit ständig neuen Technologien und Organisationsanweisungen. Für das Management heißt das, jährlich steigende Umsatzziele unter jeweils schwierigeren Bedingungen zu erreichen. Das bedeutet: Im Business-Krieg muss der Kampf zusätzlich zur täglichen Arbeit bewältigt werden.

Der erste Schritt zum Überleben in diesen Zeiten ist daher die Erkenntnis, dass „Krieg herrscht in der Wirtschaft", dass das Wirtschaftsleben in Europa zurzeit nach den Gesetzmäßigkeiten des Kriegs abläuft. Wurde im Business-Frieden die Gemeinschaft hochgehalten, Solidarität gelebt oder zumindest eine freundliche Koexistenz angestrebt, so heißt es jetzt: „*Wer überleben will, muss kämpfen können!*" Je schneller den Menschen bewusst wird, dass sich dadurch Spielregeln und gesellschaftliche Wertesysteme geändert haben, desto besser für ihre Überlebenschancen.

Doch im Business-Krieg fällt es allen Beteiligten viel schwerer als im militärischen Krieg, ihre Rollen und Aufgaben zu erkennen. Es wurde ja niemandem der Krieg erklärt, und die Kampfhandlungen begannen sukzessive. Die Menschen ziehen ihr subjektives Empfinden, dass die Kampfsituationen am Arbeitsplatz zunehmen, nicht zur Beurteilung der Gesamtsituation heran, sondern begreifen ihre Lage als individuelles Schicksal. Natürlich wird in den Medien immer wieder über Probleme und Fehlentwicklungen berichtet. Doch die Situation wird auch verschleiert und geschönt, denn die Mehrheit der Meinungsbildner hält den Turbokapitalismus nach wie vor für das einzig mögliche Wirtschaftssystem. Obwohl viele Entscheidungsträger die wirtschaftliche Weltlage als sehr ernst beurteilen, würden sie niemals so drastische Beschreibungen wie die Kriegsmetapher dafür wählen. Das würde ihrer Organisation und ihnen persönlich nicht gut bekommen. Daher muss jeder sehenden Auges so tun, als ob alles ganz normal sei. Weil der Business-Krieg aber nicht in seiner ganzen Tragweite öffentlich thematisiert wird, muss das Individuum zur Selbsthilfe greifen.

## Gegen die eigene Mannschaft

Gegen wen muss der Einzelne im Business-Krieg seinen Kampf richten? Im militärischen Krieg sind Freund und Feind klar definiert. Der emotionale Zusammenhalt der Mannschaft gehört zu den wesentlichen Erfolgsfaktoren einer Armee. Alleingänge und Egozentrik würden das Kriegsziel und das Leben aller gefährden, und problematische Mitglieder können an der Front nicht einfach ausgetauscht werden. Daher werden die entsprechenden Verhaltensweisen über einen Ehrenkodex eingefordert und mit disziplinären Sanktionen streng geahndet. Die spezielle emotionale Beziehung der Soldaten untereinander ist ein wesentliches Element, das die Bewältigung von Extremsituationen und unmenschlicher Anstrengung überhaupt erst ermöglicht. Je größer die Gefahr, je stärker die Belastung an der Front, desto enger wird die Bindung untereinander. Jemand, der einen Kameraden im Stich lässt oder ihm gar in den Rücken fällt, muss mit der Liquidation durch die eigene Führung rechnen.

Genau umgekehrt verhält es sich im Business-Krieg. In einer friedlichen Organisation wird auf Kontinuität, auf persönliche soziale Beziehungen der Belegschaft und auf emotionale Verbundenheit mit dem Unternehmen gesetzt. Unter dem Druck des Konkurrenzkampfes wird in einer kriegführenden Organisation der Zusammenhalt der Mannschaft nicht größer, sondern geringer. Kommandanten müssen im Business-Krieg ständig einen Kampf gegen die eigene Mannschaft führen, denn die Entlassung von Mitarbeitern ist in den meisten Unternehmen längst zum Dauerthema geworden. Bei Bedarf werden die einzelnen Mitarbeiter gegeneinander ausgespielt und zueinander in Konkurrenz gesetzt. Natürlich appelliert die Unternehmensleitung in den offiziellen Ansprachen weiterhin an die gemeinsame Ausrichtung. Es wird versichert, dass die Ziele nur mit motivierten Mitarbeitern zu erreichen seien, und dass jetzt alle zusammenhalten müssten. Doch wenn jemand glaubt, dass er als Individuum damit gemeint sei, so wird er bald eines Besseren belehrt: Im Business-Krieg geht es nur noch um die kostengünstigste Erfüllung einer Funktion – wer diese erledigt, ist nicht mehr von Bedeutung. Immer dann, wenn den Erhalt des eigenen Arbeitsplatzes oder eine Aufstiegschance auf dem Spiel steht, bricht ein erbitterter Kampf aus. Daher überlebt nur, wer seine Beißhemmung überwindet und gnadenlos in den Konkurrenzkampf mit Kollegen tritt. Es heißt dann: *„Entweder ich oder der andere."* Ob die angewendeten Mittel fair oder unfair sind, muss jeder selbst entscheiden. Jedenfalls sollte man sie nicht nach den Wertmaßstäben aus Friedenszeiten beurteilen.

In der täglichen Realität einer Mannschaft im Business-Krieg sitzt der Feind nicht im Konkurrenzunternehmen. Er sitzt vielmehr am Nebenschreibtisch oder in der Chefetage darüber. Kann ein Mitarbeiter nicht mehr die volle Leistung bringen, sei es aus gesundheitlichen oder aus fachlichen Gründen, wird er als Feind in den eigenen Reihen betrachtet. Minderleistung einzelner Mitarbeiter gefährdet das Erreichen der ohnedies fast unerreichbaren Abteilungsziele, der Umsatzvorgaben, der Kosteneinsparungsquoten. Damit ist auch die Prämie oder der erfolgsabhängige Gehaltsanteil sowie die Aufstiegschance der für diese Ziele verantwortlichen Manager gefährdet. Da die Ausbildungsbudgets rigoros gekürzt werden, muss der Mitarbeiter anstatt mit Nachschulung mit seiner Entlassung rechnen. Oft liegt aber der Grund gar nicht in seiner Minderleistung. Wenn einfach nur die Anzahl der Arbeitskräfte reduziert werden soll, dann trifft ihn „das Los" oder er hat im „Sozialplan für Kündigungen" zu wenig Punkte erreicht. Weder Gewerkschaft noch persönliche Solidarität der Kollegen können ihm dann helfen. Solidarität ist kein wirksames Mittel gegen die

Mechanismen einer kriegführenden Organisation. Im Business-Krieg müssen Werte wie Hilfsbereitschaft oder Mitgefühl mit den eigenen Chancen und Risken abgewogen werden, wenn daraus nicht ein sinnloses Opfer erwachsen soll.

Kapitalaufbringung, Konkurrenzvernichtung und Kosteneinsparung bei den Mitarbeitern bestimmen den Überlebenskampf von Managern. Analog zu einem guten Kommandanten im militärischen Krieg müsste der Manager diesen Kampf in erster Linie für sein Unternehmen führen und erst in zweiter Linie seinen eigenen Erfolg daraus ableiten. Doch auch hier kehren sich die Verhältnisse im Business-Krieg um: Die eigene Karriere, die Steigerung des eigenen Marktwertes ist für die meisten Business-Krieger längst zur ersten Priorität geworden, und das zu Recht. Auch sie können nicht auf Solidarität oder Kontinuität hoffen, denn wenn sie in Ungnade fallen oder ein neuer Star am Manager-Himmel auftaucht, werden sie einfach ausgetauscht.

## Kampftechniken

Was bedeutet eigentlich „Überleben im Berufsleben", und welche Techniken werden dabei eingesetzt? Auf der Ebene der Unternehmen reichen die Kampftechniken von Untergrabung des Rufes der Konkurrenz, Lancieren von Falschmeldungen, Werksspionage, Behinderung von Genehmigungen durch Behörden bis hin zu Bilanz- und Steuertricks zur Schaffung eigener Wettbewerbsvorteile. Die Grenze zur Kriminalität wird dabei gestreift und oft genug auch übertreten. Dies argumentieren die Verantwortlichen mit dem „Kriegsrecht". Solche Maßnahmen werden als letzte Chance gesehen und mit unterschiedlichen Begründungen gerechtfertigt: gegenüber den Shareholdern – *„um das Unternehmen vor dem Untergang zu retten"*, gegenüber der Öffentlichkeit – *„um Arbeitsplätze zu erhalten"*, gegenüber dem eigenen Gewissen – *„um nicht selbst unter die Räder zu kommen"*. Auf der Ebene des Individuums richtet sich der Kampf gegen Mitarbeiter, Kollegen und Konkurrenten.

Die Kampftechniken und Befehlsstrukturen im Business-Krieg entsprechen häufig jenen eines Guerilla-Kriegs. Die Truppenverbände sind lose, die Ordnung ist spontan, die Hierarchien sind flach, die Regeln sind individuell auszulegen – im Endeffekt muss jeder für sich selbst entscheiden und kann sich nicht auf seine Kommandanten berufen. Mit welchen Mitteln kann der Einzelne im Business-Krieg diesen Kampf führen? Auf dem Weg zur Kampfkunst sind die Waffentechniken wie der Einsatz von Kapital und Technik, Verhandlungsgeschick und Manipulationsmethoden erst der letzte Schritt und ergeben sich meist von selbst. Ausschlaggebend für den Erfolg ist die entsprechende mentale Einstellung, denn diese ermöglicht, dass man sich aus der Tabuzone heraus in die Kampfzone begeben kann. Ohne Verständnis um die Prinzipien von Angriff und Verteidigung, ohne geschärfte Wahrnehmung und aktivierten Kampfgeist helfen die besten Waffen nichts. Dies ist ein aufwändiges Verfahren, das jedoch durch die erhebliche Steigerung des Erfolgspotenzials gerechtfertigt wird. Um sich Kampf-Kompetenz anzueignen, empfiehlt es sich, nach folgendem Trainingsplan vorzugehen:

## 1. Wahrnehmung schärfen

Grundvoraussetzung für einen erfolgreichen Kampf ist die Fähigkeit zur richtigen Einschätzung der Lage. Um seine Handlungen optimal an die Umstände anpassen zu können, muss man zuerst die Realität erkennen – und dazu bedarf es einer geschärften Wahrnehmung. Das klingt einfacher, als es ist, denn wir alle sehen die Welt lieber, wie wir sie sehen wollen und nicht, wie sie ist. Illusionen, Projektionen, Ängste und mangelnde Aufmerksamkeit hindern uns an einer korrekten Wahrnehmung von Situationen und in der Folge an zielführendem Verhalten. Diese mangelnde Gestaltungskompetenz bringt bereits in Friedenszeiten jede Menge an Problemen mit sich: Enttäuschungen, Beziehungskrisen, berufliche Misserfolge. In Kriegszeiten kann eine unkorrekte Wahrnehmung tödlich sein, denn der Spielraum zur Fehlerkorrektur ist viel geringer und die Auswirkungen einer Fehleinschätzung sind viel dramatischer.

Im Business-Krieg beginnt die Notwendigkeit zur scharfen Wahrnehmung bereits damit, Freund und Feind unterscheiden zu müssen. Die Gegner sind ja nicht an ihren Uniformen zu erkennen und tragen auch keine bunten Armschleifen wie bei der Gefechtsübung. Sie befinden sich meist sogar in den eigenen Reihen und wechseln ihre Einstellung über Nacht. Wer zu lange zu gutgläubig ist, aber auch wer ständig nur noch misstrauisch ist, kann die Realität nicht richtig einschätzen. Um zu brauchbaren Ergebnissen zu kommen, muss man viel mehr Zeit auf Beobachtung und Analysen verwenden als früher. Man muss Informationen stückchenweise zusammentragen und sich dann daraus ein Bild machen. Auch die Beobachtung unterliegt der strategischen Planung und braucht Prioritäten, weil man sonst von der Fülle der Daten überfordert wäre.

### *Ich und meine nächste Umgebung*

Eine wesentliche Quelle der Erkenntnis ist das eigene subjektive Empfinden. Doch was die Menschen an sich selbst wahrnehmen, interpretieren sie selten richtig. Geraten sie in Schwierigkeiten, beginnen die meisten aus schlechter Gewohnheit, sich selbst zu beschuldigen oder automatisch jemand anderen dafür verantwortlich zu machen. Um zu einer objektiven Einschätzung von Situationen zu gelangen, sollte man sich in die Vogelperspektive begeben. Dies ermöglicht einem, die Lage aus einem größeren Abstand zu beurteilen. Man muss aufhören, die eigene berufliche Situation als Privatschicksal zu begreifen und stattdessen die Umgebung mit einbeziehen. Beispielsweise könnte man erforschen, wie es Verwandten und Freunden geht, ob sie ähnliche Beobachtungen machen wie man selbst und welche Schlüsse sie daraus ziehen. In Krisensituationen sollten Gespräche nicht mehr nur dem Smalltalk oder der seelischen Unterstützung dienen, sondern sinnvollerweise zur Informationsbeschaffung genutzt werden.

Die Daten und Fakten, die wir sehen oder hören, stellen einen Teil der Entscheidungsgrundlage dar. Intuition, Instinkt oder Bauchgefühl sind eine wesentliche Ergänzung zu diesen äußeren Sinneseindrücken. Anstatt die eigenen Gedanken und Gefühle negativ zu bewerten oder in ängstliches Grübeln zu versinken, muss man sich dazu erziehen, auch diese inneren Impulse als wertvolle Information zu nutzen.

### *Differenzierte Medienbeobachtung*

Eine weitere Quelle von Informationen für die Beurteilung des Business-Kriegs sind die Medien. Nicht den Flugzeugabstürzen und Verbrechen sollte die Aufmerksamkeit geschenkt werden, sondern den Berichten über nationale und internationale Entwicklungen in der Wirtschaft. Jeder, der über ein wirtschaftliches Basiswissen und ausreichend Hausverstand verfügt, kann sich ein Bild vom Gesamtzustand machen. Dazu lässt man die Fülle der Informationen nicht einfach an sich vorbeiplätschern, sondern nimmt gezielt einzelne Themen in seinen Focus und holt dazu auch konträre Meinungen ein. Es macht keinen Sinn, drei verschiedene Tageszeitungen aus demselben Medienverbund zu lesen und dann noch die Nachrichten des öffentlich-rechtlichen Senders zu hören. Wesentlich zeitökonomischer ist es, sich andere Sichtweisen der Lage aus dem Internet oder aus einschlägigen Publikationen der Gegner oder Rebellen zu besorgen.*

### *Gefühlskontrolle und Disziplin*

Das Hindernis für eine korrekte Lagebeurteilung ist nicht so sehr die Beschaffung von Information, sondern deren Interpretation. Bekommt man schlechte Nachrichten, hört man von mehr oder weniger großen Katastrophen, reagiert man meist verständlicherweise mit Emotionen wie Schock,

* siehe Serviceteil ab S. 183

Panik, Angst, Verzweiflung oder Wut. Emotionale Reaktionen aus der Froschperspektive sind jedoch nicht dazu geeignet, einen scharfen Blick zu entwickeln und angemessene Entscheidungen zu treffen. Will man seine Kampfkompetenz entwickeln, muss man lernen, seine Gefühle zu beruhigen und in jeder Situation einen klaren Kopf zu bewahren. Dazu gehört auch die Bezwingung des „inneren Schweinehundes". Faulheit, Bequemlichkeit, Genusssucht und Gier behindern die Fähigkeit zur objektiven Beurteilung von unangenehmen Tatsachen. Daher sind die wesentlichen Bestandteile jeder Kriegerausbildung Gefühlskontrolle in Form von Disziplin und ein Leben nach dem Ehrenkodex. Doch gerade diese Forderung ist im Business-Krieg nicht leicht zu vermitteln, da sie gegen die gängige Einstellung der Menschen und ihre Sozialisation im Business-Frieden verstößt.

Lange Zeit wurde uns das Gegenteil von Gefühlskontrolle als erstrebenswert vermittelt: Kontakt zu sich selbst, Offenheit, authentischer Ausdruck. Die Kriegsgeneration, die ja die soldatischen Tugenden von Selbstbeherrschung und Verdrängung vorgelebt hatte, wurde zum Negativbeispiel stilisiert. Aus der Pädagogik – zu Hause und in der Schule – wurde die Disziplin fast völlig verbannt. Dies hat für dreißig Jahre Business-Frieden viele Vorteile und Fortschritte gebracht. Doch jetzt wäre das (Wieder-)Erlernen von Selbstbeherrschung und Disziplin sowie die Fähigkeit zur Verdrängung unangenehmer Zweifel als Basis einer Kampftauglichkeit wieder angebracht. Wer sich schon einmal wegen mangelnder Selbstbeherrschung selbst empfindlich geschadet hat, wird diese Forderung nachvollziehen können.

### *Kombination und Konsequenzen*

Im letzten Schritt muss man alle Informationen – die individuellen wie die allgemeinen – zusammenführen und daraus seine Schlüsse ziehen. Zum Beispiel: Jemand, der zwanzig Jahre beim selben internationalen Konzern arbeitet, bekommt plötzlich Angst, seinen Job zu verlieren *(subjektive Wahrnehmung)*. Anstatt den Kopf in den Sand zu stecken und vor Verzweiflung zu resignieren *(Gefühlskontrolle)*, beginnt er oder sie zu recherchieren. Er erfährt, dass auch zwei seiner Bekannten bereits arbeitslos sind und keinen qualifizierten Job mehr finden können *(nähere Umgebung)* und entschließt sich dazu, die Arbeitsplatzfrage zu seinem Beobachtungsschwerpunkt zu machen. Er steht jeden Tag eine Stunde früher auf *(Disziplin)*, um für seine Recherchen Zeit zu haben. Aus der Tageszeitung, dem Fernsehen und den Zusendungen einer globalisierungskritischen Bewegung *(differenzierte Medienbobachtung)* erfährt er Folgendes: Deutschland ist das sechstreichste Land der Erde. Dennoch kündigt der Kanzler dieses Landes nach der Wahl im Herbst 2002 den Bürgern Sparmaßnahmen an, die „Blut, Schweiß und

Tränen" erfordern werden. Die renommierten Wirtschaftsforschungsinstitute melden, dass in der EU die Arbeitslosenzahlen steigen und die Lohnsummen sinken werden. Nahezu täglich kündigt ein großer Konzern Personalreduktionen oder die Verlegung von Produktionsstätten in ein Billiglohnland an. Die Wirtschaftswissenschafter befürchten, dass die Überproduktion fortschreiten und eine Deflation nicht zu vermeiden sein wird.

Auch der Laie kann erkennen, welche Konsequenzen das haben könnte *(Kombination):* In immer größeren Konzernen produzieren immer weniger Mitarbeiter immer mehr Güter, die sich immer weniger Menschen leisten können. Dies geschieht mit dem Ziel, den Profit der anonymen Aktionäre zu maximieren. Weitere Überlegungen und Gespräche mit Kollegen bestätigen, dass dies noch vor zehn Jahren anders war und dass es nicht mehr lange so weiter gehen kann. Man berät mit den Angehörigen und Freunden ein Absicherungsprogramm für den „worst case", etwa Änderung der Veranlagung der Geldreserven und des Konsumverhaltens, Aktivierung von Nachbarschaftshilfe und Verwandtschaftsbeziehungen. Man beginnt die Planung von Kampfmaßnahmen, um den Job möglichst lange zu behalten, oder man entscheidet sich für ein Engagement in einer Rebellenorganisation.

In unserer Terminologie heißt das: Der Einzelne hat die Tatsache des Business-Kriegs anerkannt. Auch wenn er der Wahrheit lieber nicht ins Auge gesehen hätte, so ist nun nach einer schmerzlichen Umstellungsphase der Weg frei für angemessenes Handeln. Diese Erkenntnis ist die Grundlage für alle weiteren Entscheidungen und ermöglicht die Vorbereitungen zur Flucht oder die Verbesserung der Kampftechniken. Das Training der Wahrnehmung wird beibehalten, denn es bleibt in Kriegszeiten eine der Hauptkompetenzen, wenn man überleben will.

## 2. Kampfgeist aktivieren

Wenn ein militärischer Krieg ausbricht, löst dies bei den meisten Menschen einen Schock aus. Nichts wird mehr sein, wie man es gewohnt war, Unsicherheit und Angst machen sich breit und lähmen plötzlich die gewohnten Abläufe. Die Gebote und Verbote, die in Friedenszeiten gegolten haben, sind außer Kraft gesetzt, alles muss neu geordnet werden. Die Soldaten erhalten die Legitimation zum Kampf, ja sie werden sogar vom Staat dazu gezwungen. Dieser Schock ist sehr bedrohlich, gleichzeitig hat er auch eine positive Wirkung: Er dient dazu, den Überlebensreflex zu aktivieren. Dazu reicht die staatliche Lizenz zum Kampf allein nicht aus – wer überleben will, muss sich die Erlaubnis zum Kämpfen auch selbst erteilen.

Wenn man den Erzählungen von Kriegsheimkehrern aufmerksam zuhört, so kann man erkennen, welche psychische Verfassung ihnen das Überleben ermöglicht hat. Kämpfer, die von ihrer Begeisterung getragen werden und sich mit dem Ziel identifizieren, haben gute Voraussetzungen. Sie müssen sich bloß vor der Selbstüberschätzung, der Euphorie und vor Exzessen hüten. Diese dämpfen die Wahrnehmung und die Reaktionsgeschwindigkeit und erhöhen die Fehleranfälligkeit. Auch Kämpfer, die sich mit ihrem Schicksal abfinden konnten, haben gute Chancen. Sie erledigen in einer Art Scheuklappentechnik ihre Aufgaben, denken immer nur an den nächsten Tag und achten nur auf sich selbst und ihre nächsten Freunde. Am meisten gefährdet sind an der Front diejenigen, welche ihre Situation nicht akzeptieren können, die ständig Grundsatzüberlegungen anstellen, ohne wirklich eine Flucht oder einen Widerstand zu planen. Dieser Zwiespalt verhindert die Aktivierung des Überlebensreflexes und erhöht die Wahrscheinlichkeit von Fehlreaktionen.

### *Innere Blockaden auflösen*

Zu den wichtigsten Voraussetzungen für ein erfolgreiches Leben zählt, die eigenen Motive für sein Handeln zu kennen. Im Kampf wird diese Kenntnis jedoch zu einer unverzichtbaren Grundbedingung. Meist hält man mangelnde Technik oder zu geringe Kraft für die Ursachen von Niederlagen. Viel häufiger sind es die eigenen unbewussten Gedanken und Gefühle, die eine Aktion zum Scheitern bringen, weil sie als innere Blockaden wirken. Die Meister der fernöstlichen Kampfkünste formulieren daher: *„Denken und Handeln sei eins"* und verbinden Kampftraining mit Meditationspraxis. Der westliche Mensch gewinnt vielleicht durch einen Exkurs in die Tiefenpsychologie hilfreiche Einsichten.

Das Prinzip des Unterbewusstseins, wie Sigmund Freud es beschrieben hat, ist heute allgemein bekannt. Jeder hat schon erlebt, dass das Unterbewusstsein stärker ist als die Vernunft. Das Bewusstsein sagt beispielsweise: *„Ich höre morgen zu rauchen auf!"* Die Stimme aus dem Unterbewusstsein lässt ihn wieder zur Zigarette greifen. Triebkontrolle, die Einschränkung der hemmungslosen Gier nach Lustbefriedigung, gehört zum Erwachsenwerden des Individuums ebenso wie zum Zivilisationsprozess von Kulturen. Der Widerspruch zwischen „ich will" und „ich soll" oder „ich darf nicht" bleibt erhalten und muss bei jeder Entscheidung aufs Neue überwunden werden. Stehen dem bewussten Streben starke unbewusste Gegenkräfte entgegen, so schränken diese die Durchsetzungskraft ein. Will man wirklich erfolgreich sein, muss man innere Widersprüche möglichst ausräumen und sein Handeln in Übereinstimmung mit möglichst allen persönlichen Instanzen bringen. Der erste Schritt besteht darin, sich selbst die eigenen Motive für Entscheidungen und Handlungen einzugestehen, auch wenn man damit vorerst in einen Gewissenskonflikt gerät. Als Nächstes werden die Widersprüche analysiert und relativiert. In einem Ausscheideverfahren wird entweder das Ziel oder der Zweifel verworfen. Sollten Restdiskrepanzen übrig bleiben, so muss man sie behandeln wie eine Achillesferse, denn an dieser Schwachstelle ist man am verletzlichsten.

### *Legitimation zum Kampf einholen*

Auch im Business-Krieg hängt das Überleben davon ab, wie rasch man seinen Kampfgeist aktivieren kann. Wird am Arbeitsplatz ständig gekämpft und kann man sich der Front nicht entziehen, muss man den Willen zum Kampf entwickeln, oder man wird untergehen. Je weiter der Business-Krieg fortschreitet, um so mehr Menschen bekommen die Kampfstimmung zu spüren. Business-Krieger und -Soldaten stehen im Dienst von kriegführenden Organisationen und sind deren Zielen verpflichtet. Sie werden dafür bezahlt, ihre Kampfeskraft ihrem Unternehmen oder ihrer Organisationen in vollem Ausmaß zur Verfügung zu stellen. Sie werden entweder aktiv in die Kampfhandlungen des Unternehmens eingebunden oder sie müssen im Support unter immer größerem Druck arbeiten. Durch die Besonderheit des Business-Kriegs laufen die Kampflinien oft mitten durch die eigene Abteilung. Der Feind befindet sich nicht nur außerhalb, sondern vielleicht am Schreibtisch nebenan oder in der Etage darunter.

Das bedeutet, dass es nicht ausreicht, nur die „Befehle" der kriegführenden Organisation pflichtgetreu auszuführen. Vielmehr muss sich jeder zusätzlich selbst die Erlaubnis geben, für das eigene wirtschaftliche Überleben zu kämpfen. So traurig und schmerzlich das für manche Menschen sein mag: Im Business-Krieg muss man gegen jeden antreten, der die eigene wirtschaftliche und gesundheitliche Integrität bedroht – und sei es ein ehemaliger Kollege oder eine langjährige Geschäftspartnerin. Der Kampf im Business-Krieg bedeutet, andere Personen oder Organisationen bewusst in ihrer wirtschaftlichen Entfaltung oder Karriere zu behindern oder zu schädigen, um die eigenen Ziele zu erreichen. Wer damit ein Problem hat, der sei daran erinnert, dass die Werte des Friedens im Business-Krieg ihre Bedeutung verloren haben. In einer kriegführenden Organisation gilt vielmehr: Jeder muss sich um sich selbst kümmern, ist für sich selbst verantwortlich, jemand anderer wird es nicht tun. Wer dabei für sich zur Erkenntnis kommt, dass er oder sie damit nicht leben kann, der sollte seine Möglichkeiten für den Ausstieg aus der Business-Armee noch einmal ernsthaft prüfen.

## 3. Kampfsport und strategische Spiele erlernen

Alle diejenigen, die im Business-Krieg verbleiben wollen oder müssen, stehen vor der Aufgabe, ständig ihre Kampfkompetenz zu verbessern. Da es dabei nicht um physische Gewalt geht, kann man Kampfgeist und Kampftechniken nicht trainieren wie in der Truppenübungsschule. Ob ausgefuchste Verhandlungstechniken oder Kampfrhetorik, ob Steuer-, Bilanz- und PR-Tricks, ob Manipulation oder Blendung – bei alldem handelt es sich um Kampftechniken, die man irgendwo erlernen muss. Der Kampf spielt sich auf der wirtschaftlichen und psychischen Ebene ab, doch dafür gibt es kaum Ausbildungsstätten und direkte Trainingsmöglichkeiten.*

Das Kriegs-Tabu, der Pazifismus und die Nachwirkungen der freien Pädagogik haben vor allem in Deutschland und Österreich bewirkt, dass Kampfgeist und -techniken nicht auf der Liste der persönlichen Kompetenzen geführt werden. Auch wenn sie in Stellenanzeigen verbrämt als „Durchsetzungsstärke“ gefordert werden, so setzen Ausbildungen und Managementtrainings weiter auf Win-Win-Strategien und auf Konsenspolitik. Spricht man mit den Teilnehmern, so sind diese meist frustriert, weil sie genau spüren, dass in der täglichen Praxis andere Spielregeln herrschen, und dass sie wieder nicht darauf vorbereitet wurden. Man kann sich also Kampfgeist und -techniken nur in Eigeninitiative selbst antrainieren und von Könnern „abschauen“.

Viele Menschen verstehen nicht einmal das Prinzip eines Kampfes, geschweige denn die einzelne Taktik oder Technik. Daher müssen sie zum Training auf Methoden zurückgreifen, die einen Transfereffekt haben und gefahrloses Üben ermöglichen. Im militärischen Krieg erfüllt diesen Zweck der Kampfsport. Dieser kann gleichermaßen auch für den Business-Krieg dienlich sein. Während des sportlichen Wettkampfes kann man erleben, wie und unter welchen Bedingungen der Siegerwille anspringt und welche Angriffs- und Verteidigungsstrategien man einsetzen kann. Geschult werden Wahrnehmung, Strategie und Taktik, Technik, Geschwindigkeit, Geschicklichkeit, Kreativität und Flexibilität, Ausdauer und Frustrationstoleranz. Diese Fähigkeiten brauchen die Business-Krieger, wenn sie überleben wollen.

* Erste Ansätze dazu: „An der Pariser ‚Schule für Wirtschaftskrieg‘ werden Ökonomiespione für die Schlacht an der Informationsfront ausgebildet. Die Schule will die Absolventen auf das Duell USA gegen Europa vorbereiten. (...) Die Schule reagiere auf neue Formen der Aggression im Wirtschaftsbereich (...) Das ist eine bitterernste Schlacht, bei der wir Europäer arg im Rückstand sind. (...) Im Schlussexamen mussten die Studenten etwa die Frage beantworten, warum Renault beim Kauf von Skoda gescheitert sei.“ Brändl, Stefan: Die James Bonds von der Seine, in: Tages-Anzeiger Zürich, 23. 7. 1999

Ob man sich für einen Mannschaftssport oder einen Einzelwettkampf entscheidet, hängt von der persönlichen Berufssituation ab. Auf jeden Fall geht es nicht um den Kampf gegen die Stoppuhr wie beim Wettlauf oder um die Gunst einer Jury wie beim Eiskunstlauf oder um Freude an der Bewegung, sondern um den Kampf gegen einen realen Gegner.

### *Mannschaftssport für Teamarbeiter*

Sportarten wie Fußball oder Eishockey eignen sich für Menschen, die im Team kämpfen müssen, die in ihrer Arbeit auf präzises strategisches Zusammenspiel mit anderen angewiesen sind. Dabei lernen sie, ihr Ego hinter das gemeinsame Ziel zurückzustellen, auf eigene Vorteile zu verzichten, wenn es dem Ganzen dient. Sie lernen, einen Wechsel der Spieler zu akzeptieren und sich in der Sekunde auf den neuen Kollegen einzustellen. Es gilt, die Taktik der gegnerischen Mannschaft zu durchschauen und in rascher Reaktion die eigene darauf abzustimmen. Teamspieler sind allerdings meist schlechte Kämpfer, wenn sie plötzlich auf sich selbst gestellt sind. Daher sollten sie zusätzlich noch eine „Mann-gegen-Mann-Technik“ erlernen.

### *Fernöstliche Mann-gegen-Mann-Techniken*

Großer Beliebtheit erfreuen sich seit einiger Zeit Kampfsportarten aus dem fernen Osten* wie: Karate oder Aikido (Japan), Kung Fu (China) oder Taek Won Do (Korea). Es gibt Techniken, die ohne Waffe, mit bloßen Händen und Füßen, ausgeübt werden, aber auch solche, bei denen mit Stöcken oder Schwertern gekämpft wird. Ihnen zu Grunde liegen fernöstliche Philosophien wie der Buddhismus, der Hinduismus oder der Schintoismus. Die Kämpfer verpflichten sich beispielsweise dem Bushido (dem Weg des Kriegers), den Tugenden der Samurai. Obwohl die Trainings als Sportarten und neuerdings auch als Wellness-Methoden geführt werden, sind sie dennoch vom Kriegshandwerk abgeleitet und beinhalten das gesamte Spektrum der notwendigen Kampftechniken. Während die einen eher mit der Kraft des Gegners (Aikido) arbeiten, ermöglichen andere durch ihre spezielle Technik, Energie zu sammeln, unglaubliche physische Leistungen (z. B. Shaolin-Mönche).

### *Westliche Mann-gegen-Mann-Techniken*

Trotz des Kriegs-Tabus haben wir uns schon daran gewöhnt, dass bereits kleine Kinder einen Judo-Kurs besuchen wollen und „Karate-Kid“ zum Lieblingsprogramm unserer Sprösslinge gehört. Die Kampftechniken des Westens** sind hingegen weniger beliebt. Faustkampf, heute als Boxen bekannt,

* siehe Serviceteil ab S. 183
** siehe Serviceteil ab S. 183

Ring- und Schwertkampf sowie Degen- und Florett-Fechten sind auf unserer westlichen Tradition basierende Kampfsportarten. Sie werden allerdings nicht gleichermaßen akzeptiert und angenommen wie ihre fernöstlichen Pendants, da sie in allzu naher Verbindung mit dem Kriegs-Tabu stehen. Die westlichen Kampfsportarten haben zwar den Vorteil, dass sie unserem Weltbild näher stehen, es bedarf jedoch auch einigen Muts zur Überwindung der mit ihnen verbundenen Vorurteile.

Ob man sich für eine östliche oder eine westliche Kampftechnik entscheidet, ist für den Lerneffekt im Business-Krieg nicht wesentlich. Hier kann jeder seinem eigenen Interesse folgen. Man sollte sich allerdings nicht wundern, wenn in den Sportvereinen beider Kulturen die Kriegsaspekte in der Diktion weitgehend ausgeklammert werden. Meist wird nur noch über den Kampf gegen sich selbst gesprochen oder werden die sportlichen Aspekte betont. Dies ist verständlich, weil natürlich auch Sportvereine dem Kriegs-Tabu unterworfen sind und sie – zumindest im Westen – andernfalls nicht als solche geführt werden dürften. Dennoch lohnt es sich für jeden, der mit dem Business-Krieg konfrontiert ist, eine dieser Kampftechniken zu erlernen.

***Strategische Kampfspiele***

Wer sich nicht auf die körperliche Ebene des Lernens einlassen möchte oder kann, der sollte zumindest ein Strategiespiel* wie Schach oder Go gut beherrschen. Schach als das „Spiel der Könige“ diente schon von alters her der Schulung der Feldherren. Es ist eine naturgetreue Wiedergabe der Prinzipien einer Schlacht. Go ist für diejenigen gut geeignet, die einen fremden kulturellen Hintergrund bevorzugen und damit leben können, dass es keinen totalen Sieg gibt, weil auch der Verlierer Territorium erobert hat. In beiden Spielen wird die Fähigkeit trainiert, die Reaktionen des Gegners über mehrere Züge voraus zu denken, Angriff und Verteidigung zu planen und eine Fülle von Strategien parat zu haben.

## 4. Selfempowerment entwickeln

Was bedeutet Selfempowerment („Selbstermächtigung“) im Berufsalltag? Business-Krieger müssen immer am Ball bleiben. Sie dürfen sich weder strategisch noch technisch noch konditionsmäßig eine Blöße geben. Wer längere Zeit an der Front verbracht hat, weiß genau, dass er alleine für seinen Erfolg zuständig ist und dass er niemand anderen dafür verantwort-

* siehe Serviceteil ab S. 183

lich machen kann. Nur wer diese Tatsache akzeptiert hat, kann sich als Krieger behaupten. Die anderen, die sich an den Werten von Business-Zivilisten orientieren und auf Kommunikation und Gemeinschaftsaktionen setzen, bleiben irgendwann auf der Strecke.

In „alteuropäischen Unternehmen" galt die Fähigkeit zur charismatischen Führung als Ideal. Ein Arbeitnehmer durfte sich von seiner Führungskraft erwarten, dass sie inhaltlich kompetenter war als er – wie beispielsweise ein Meister eines Handwerkbetriebes – und auch für menschliche Probleme zugänglich war. Man stellte sich eine Vater-, Mutter- oder Lehrerfigur vor, die über alles Bescheid wusste, umsichtige Entscheidungen traf und auch für die Weiterentwicklung der Mitarbeiter sorgte. Dafür akzeptierte man auch den höheren Verdienst von Chefs und Chefinnen. Diese Ansprüche bestimmen immer noch das Verhalten der meisten Mitarbeiter und mittleren Führungskräfte. Sie wollen von ihren Vorgesetzten als Person wahrgenommen, anerkannt und gefördert werden.

Eine solche Haltung muss im Business-Krieg notwendigerweise zu Frustration und Enttäuschung führen. Das Anforderungsprofil einer Führungskraft in einer kriegführenden Organisation entspricht einem anonymen Facilitator oder Change-Manager. Dieser ist Koordinator und Verteiler von Prozessen und Informationen, er muss von der inhaltlichen Arbeit seiner Mitarbeiter keine Ahnung haben und geht von deren Eigenständigkeit aus. In kriegführenden Organisationen herrscht das Prinzip der „Holschuld". Jeder Teilnehmer an einem Arbeitsprozess ist selbst dafür verantwortlich, dass er alle notwendigen Informationen herbeiholt. Er muss dafür sorgen, dass er rechtzeitig zu seinen Ressourcen kommt, sich selbst organisieren und motivieren. Alle Mitarbeiter, auch die der untersten Ebenen, sollen sich verhalten, als seien sie ihre eigene Führungskraft. Ein Hängen an Autoritäten und der Wunsch, als Mensch wahrgenommen zu werden und nicht als Funktionsträger, sind altmodische Einstellungen, die möglichst rasch durch Selfempowerment ersetzt werden müssen.

Wer Führungsverantwortung, Teamarbeit und Kollegialität im alten Sinne interpretiert und meint, dabei gehe es um Menschlichkeit, Authentizität und Offenheit, der hat den Paradigmenwechsel zum Business-Krieg noch nicht mitbekommen. Werte, deren Bedeutung früher allen klar war, erhalten im Turbokapitalismus eine andere Färbung und wandeln sich inhaltlich. Im Business-Krieg geht es um Profitmaximierung der anonymen Shareholder und nicht um das Überleben eines kleinen Familienbetriebes, bei dem alle in einem Boot sitzen und gemeinsam nach Lösungen suchen. Es ist daher Teil der Überlebenstechnik im Business-Krieg, diesen Bedeutungswandel zu verstehen und sich darauf einzustellen.

Der erste Schritt im Überlebenskampf ist die Anerkennung der Tatsache, dass die Wirtschaft in Europa nach den Gesetzmäßigkeiten des Kriegs agiert. Der Kampf des Individuums muss häufig gegen eigene Kollegen oder Mitarbeiter geführt werden.

*Trainingsplan für Kämpfer an der Business-Front:*

- Wahrnehmung schärfen
- Kampfgeist aktivieren
- Kampfsport und strategische Spiele erlernen
- Selfempowerment betreiben

# 2. Kapitel
# Lazarett und Veteranen

Im militärischen Krieg kämpfen die Soldaten mit zwei Zielen: erstens zu gewinnen und zweitens dabei zu überleben. Dafür müssen sie extreme Situationen ertragen und mitunter ihre letzten Kräfte aufbieten. An der Front kann jeder Fehler lebensgefährliche Folgen haben – für einen selbst oder die Kameraden. Um eben diese Fehleranfälligkeit möglichst gering zu halten, sind die Abläufe normiert, die Befehle knapp, ist der Gehorsam total. Selbstverwirklichung oder Alleingänge sind nicht gefragt. Diese und andere im Frieden akzeptierte Eigenschaften werden der Mannschaft durch Drill und den Offizieren in der Ausbildung abgewöhnt. Das Ziel ist, sie durch soldatische Tugenden zu ersetzen. Dies geschieht nicht aus Selbstzweck, sondern ist unter anderem ein Mittel, um die Sicherheit aller zu gewährleisten. Wem dies zu positiv klingt und wer dazu Gegenbeispiele von egomanischen Generälen und plündernden Soldaten im Kopf hat, der sei daran erinnert, dass wir hier von den Prinzipien einer legitimierten Armee bei aufrechtem Ehrenkodex sprechen. Strategische und taktische Fehler der Kommandanten müssen ebenso wie persönliches Fehlverhalten des Einzelnen möglichst gering gehalten werden. Dies geschieht durch eine klare Führungsstruktur und klare Verantwortlichkeiten auch im Notfall. Aber nicht nur Planungs- oder Verhaltensfehler stellen ein Risiko dar, auch mangelnde Kondition des Einzelnen bedeutet Gefährdung. Wer nicht mehr weiter kann, dem kann während einer Kampfhandlung nur sehr bedingt geholfen werden. Trotz aller Sicherheitsmaßnahmen sind Fehler und Schwächen nicht aus der Welt zu schaffen. Bei Versagen im militärischen Krieg werden aus Soldaten Verwundete, Gefangene und Gefallene.

Soldaten, die durch Verletzung oder Krankheit ausfallen, werden im Feldlazarett je nach vorhandenen Ressourcen mehr oder weniger notdürftig versorgt. Alles ist darauf ausgerichtet, sie so rasch wie möglich wieder einzusetzen. Wenn sie noch kampffähig sind, schickt man sie wieder an die Front, die anderen werden in der Versorgung beschäftigt. Wenn sie zu keinem Dienst in der Armee mehr taugen, werden sie geehrt, entlassen und nach Hause geschickt. Sie zählen dann zu den Kriegs-Veteranen.

Sobald der Krieg zu Ende ist, mustern die meisten Soldaten ab und kehren wieder ins Zivilleben zurück. Nun weiß man spätestens seit dem

Vietnam-Krieg, dass ein hoher Prozentsatz der Heimkehrer die Integration ins normale Berufs- und Familienleben nicht schafft. Abgesehen von gesundheitlichen Problemen leiden viele Kriegs-Veteranen unter posttraumatischen Störungen und Persönlichkeitsveränderungen. In eigens dafür entwickelten Integrationsprogrammen wird ihnen die Verarbeitung der erlebten Grausamkeiten und eine langsame Rückführung des Stresspegels auf Friedensniveau ermöglicht.

Soldaten, die in die Hände des Feindes fallen, werden in Gefangenenlagern interniert und mehr oder weniger korrekt behandelt. Informationsträger werden oft auch unter Folter gezwungen, ihr Wissen preiszugeben. Andere vegetieren dahin oder werden für Arbeitseinsätze herangezogen. Die Kriegsgefangenschaft stellt für die meisten eine mindestens ebenso große Belastung dar wie die Kampfhandlungen selbst. Orientierungsverlust und psychische Probleme sind häufige Folgeerscheinungen bei denjenigen, die wieder in ihre Heimat zurückkehren konnten.

Verwundete und Gefangene zählen zwar zu den Verlierern im militärischen Krieg, doch sind sie mit dem Leben davongekommen. Andere gelten als vermisst oder finden im Kampf den Tod. Die Gefallenen ruhen auf dem Friedhof der Namenlosen oder erhalten ein Kriegergrab mit Ehrungen für ihre Dienste. Was passiert mit Business-Kriegern, wenn sie schwerwiegende Fehler machen, wenn sie den Kampf um die eigene Karriere oder auch nur um das bloße Überleben verlieren? Falsche Strategien von Kommandanten haben auch im Business-Krieg dramatische Folgen. Sie bewirken, dass die Konkurrenz ihre Expansionsziele realisieren kann und die eigene Organisation schwere Verluste hinnehmen muss. Ist diese ein Unternehmen, verliert sie ihre Finanzierungsgrundlage, die Aktienkurse geben nach, die Investoren springen ab, sie wird aufgekauft und fusioniert oder filetiert und verwertet. Handelt es sich um eine Non-Profit-Organisation, verliert sie ihre Subventionen oder ihre Sponsoren. Der Umsatz bricht ein, die Kunden oder Mitglieder wandern ab, weil die Konkurrenz auf dem Markt ein besseres Angebot oder ein besseres Image platzieren konnte.

## Gefangene

Erleidet eine kriegführende Organisation eine schwere Niederlage, beispielsweise durch eine feindliche Übernahme oder Fusionierung, fallen die Kommandanten und die Mannschaft in die Hände der stärkeren Organisation oder, um im Bild zu bleiben: Sie geraten in Gefangenschaft. Natürlich bemüht sich die Siegerorganisation darum, die Business-Gefangenen zu integrieren. Einerseits muss sie einen geregelten Betrieb aufrecht erhalten, andererseits will sie selbst entscheiden, wer wann gekündigt wird. Es werden Berater engagiert, die mit Hilfe von Integrationskampagnen und -workshops die beiden Firmenkulturen zusammenführen sollen. Das Ergebnis ist meist eine starke Frustrationswelle und ein Rückgang des Engagements bei den Mitarbeitern. Dies wird allerdings nicht als Misserfolg gesehen, sondern ist zum Teil beabsichtigt und erleichtert die anstehende Kündigungswelle. Die Siegerorganisation beschäftigt diejenigen Mitarbeiter weiter, die sich den Bedingungen ihres neuen „Herrn“ rasch anpassen können und wollen oder zumindest nicht auffallen. Spezialisten und Kommandanten, deren Knowhow gebraucht wird, werden mit hohen Prämien und Incentives an das neue Unternehmen gebunden oder unter Druck gesetzt.

Wie überlebt man als Business-Gefangener in der neuen Organisation? Im Business-Krieg gelten einmal mehr dieselben Regeln wie im militärischen Krieg. Soldaten erlernen in ihren Schulungen auch das Verhalten im Falle einer Gefangenschaft. Mussten diese früher auch in der Gefangenschaft einen heldenhaften Kampf führen, so klingen die aktuellen Richtlinien wesentlich pragmatischer:

„Sechs Regeln für Kriegsgefangene:
1. Sei unscheinbar!
2. Vermeide Arroganz und Stolz!
3. Sag’ irgendetwas!
4. Verstelle dich während der gesamten Gefangenschaft!
5. Baue persönliche Beziehungen zum Feind auf!
6. Nimm Wasser und Nahrung an!“*

Auf den Business-Krieg übertragen bedeutet das: Wenn man keinen anderen Arbeitsplatz bekommen kann und in Gefangenschaft überleben will, muss man sich dauerhaft zu taktischem Verhalten entscheiden. Offenheit und Vertrauen, aber auch falsch verstandenes Heldentum sind nicht angebracht. Das finden die meisten Menschen unmoralisch, in Wahrheit hat man jedoch nur die Wahl: Job behalten oder nicht. Wenn die „Flucht“ oder ein „Überlaufen zum Feind“ nicht möglich ist, führen Protest, subversiver Widerstand, Aufwiegelei oder auch auffällige Resignation zum Verlust des Arbeitsplatzes.

* Früherer Verhaltenskodex der Amerikaner (1955 in Kraft getreten): „Ich werde niemals aufhören, dem Feind Widerstand zu leisten, wenn ich gefangen werde, werde ich den Kampf fortsetzen.“ o.A.: Eine Kriegsgefangenschaft überstehen, in: Truppendienst, Zeitschrift für Führung und Ausbildung im Österreichischen Bundesheer, Wien 2/2001

## Deserteure

Arbeitslose, aber noch kampffähige Business-Krieger, können sich – so sie die Situation durchschauen – entscheiden: Wollen sie weiterkämpfen, dann werden sie sich möglichst rasch bei einer neuen kriegführenden Organisation bewerben und ihre Kriegserfahrung dort einbringen. Möchten sie die strengen Strukturen vermeiden, können sie sich als Zeitarbeiter oder Freelancer mal hier und mal dort verdingen, also Fremdenlegionäre werden. Oder sie haben vom Kampf genug und ergreifen die Gelegenheit zum Ausstieg aus dem Business-Krieg.

Doch nicht nur wenn man in Business-Gefangenschaft gerät, kommen Fluchtgedanken auf. Immer mehr Menschen in aufrechten Arbeitsverhältnissen suchen einen Ausweg aus dem Business-Krieg. Diejenigen, die es sich finanziell, gesundheitlich und nervlich leisten können, kündigen und machen sich unter dem Titel der „Konzernmüdigkeit“ auf einen unsicheren Weg. Manche wechseln in eine der wenigen friedlichen Organisationen, die es noch gibt, und akzeptieren ein geringeres Gehalt, wenn die Aussicht auf menschlichere Arbeitsbedingungen besteht. Andere schließen sich einer Rebellen-Organisation an oder gründen ihr eigenes Unternehmen, in dem sie ihre Vorstellungen von friedlichem Wirtschaften verwirklichen wollen. Die meisten nehmen große finanzielle Belastungen und persönliche Risiken auf sich, nur um nicht mehr im Business-Krieg kämpfen zu müssen. Man könnte die ständige steigende Zahl von Firmengründungen nicht nur auf einen wachsenden Unternehmergeist zurückführen, sondern auch als Ausdruck von Fluchtbewegungen aus den kriegführenden Organisationen interpretieren. Neue Unternehmer und Unternehmerinnen sind oft „Wehrdienstverweigerer“ oder „Deserteure“ des Business-Kriegs. Sie sind arbeitsfähig und -willig, aber nicht zu diesen Bedingungen, und sie haben die Ressourcen, um sich andere Bedingungen zu suchen oder zu schaffen.

## Verwundete und Kriegsversehrte

Was geschieht im Business-Krieg mit jenen, die es nicht schaffen, die nicht mehr arbeitsfähig sind oder die nicht mehr gebraucht werden? Die Zahl der Arbeitslosen steigt seit einiger Zeit kontinuierlich und bedrohlich, die Chancen auf Wiederbeschäftigung für junge, alte und weibliche Arbeitskräfte sinken. Eine kriegführende Organisation hat die Maximierung von Gewinnen für ihre Shareholder zum Ziel. Der Umsatz in gesättigten Märkten kann allerdings nicht endlos ausgedehnt werden, und die Erschließung von neuen Märkten beispielsweise in der Dritten Welt oder im ehemaligen Ostblock ist kostenintensiv. Daher müssen Einsparungspotenziale gefunden werden – und deren größtes sind die Lohnkosten. Es ist also eine zwingende Konsequenz, dass Mitarbeiter abgebaut werden, dass immer weniger Menschen immer mehr leisten müssen – dies allerdings nicht nur in einer Krise, sondern als kontinuierliche Begleiterscheinung des Turbokapitalismus. Der Personalabbau beginnt bei den Schwächsten, bei jenen, die dem Druck nicht mehr standhalten können und geht weiter zu jenen, die zu teuer sind. Auf Arbeitsmärkten, wo sich auf eine ausgeschriebene Stelle Hunderte jüngere, besser ausgebildete und günstigere Anwärter bewerben, macht ein Hire-and-Fire-Prinzip Sinn. Es ist billiger, die „Underperformer", das heißt, Personen, deren Leistung nicht auf der geforderten Höhe ist, auszutauschen, anstatt sie zu entwickeln oder zu trainieren.

Da die Arbeitslosigkeit für die meisten Menschen nicht erstrebenswert und jedenfalls mit finanziellen Einbußen und einem Imageschaden verbunden ist, bricht innerhalb der Mannschaft ein Kampf eines jeden gegen jeden aus. Jeder will seinen Arbeitsplatz behalten und auch vorwärts kommen. Doch um das zu erreichen, muss er einen zermürbenden Überlebenskampf im eigenen Unternehmen führen. Er muss seine Leistung permanent steigern und dazu seine Sachkompetenz eigenständig auf dem höchsten Niveau halten. Um Fehlzeiten zu minimieren, beginnen die Menschen Krankheiten zu unterdrücken und ihre privaten Beziehungen zu vernachlässigen. Niemand kann im Business-Krieg damit rechnen, dass man sich für ihn einsetzt, ihn unterstützt oder über längere Zeit seine Minderleistung ausgleicht. Jeder ist selbst bis über die Grenze belastet, sodass immer weniger Handlungsspielraum für Unterstützung von Kollegen oder solidarisches Handeln bleibt.

Doch nicht nur mangelnde Hilfe am Arbeitsplatz belastet den Einzelnen. Immer wieder muss er zusätzlich auch aktiv gegen die interne Konkurrenz ankämpfen. Er wird von Menschen angegriffen, die eben noch seine Kollegen waren, nun aber zu Gegnern im Wettstreit um den Arbeitsplatz werden. Dies ist oft der Hintergrund für die zunehmenden Mobbing- und Bossingfälle. Oder er ist ständig von neuen Gesichtern umgeben und muss sich gegen Kollegen und Kolleginnen behaupten, die eingesetzt wurden, um im direkten Konkurrenzverfahren „on the job" den besten zu ermitteln und die anderen auszuscheiden.

Menschen, die diesem Druck nicht mehr gewachsen sind, könnte man als Business-Verwundete, als Kriegsversehrte bezeichnen. Sie sind auf Grund von fachlichen, gesundheitlichen oder nervlichen Problemen nicht in der Lage, die Arbeitsanforderungen zu erfüllen und werden vom System ausgestoßen.

## Feldlazarett und Trainingslager

Im Business-Frieden gab es für diese Mitarbeiter firmeneigene Angebote, um sie für den Arbeitsprozess wieder flott zu machen. Dazu zählten fachliche und verhaltenstechnische Schulungen, Training und Coaching, Betriebspsychologen, betriebliche Gesundheitsvorsorge und ähnliche Einrichtungen. Im Business-Krieg ist dies unwirtschaftlich, denn der „Nachschub" kann jederzeit und leicht besorgt werden. Da der Austausch kostengünstiger ist als die Rehabilitation der vorhandenen Arbeitskräfte, betreiben kriegführende Organisationen keine „Feldlazarette" für Business-Verwundete. Zwar wurde die betriebliche Gesundheitsvorsorge erst vor einigen Jahren gesetzlich verankert, doch die Leistungen wurden nach einem kurzen Aufschwung – Rückenschule, Sehtraining, Alkoholikerberatung etc. – bereits wieder auf ein Minimum beschränkt. Outplacement-Programme, die gekündigte Mitarbeiter bei der Jobsuche unterstützten, waren kurz in Mode, dann wurde es still um sie. Von Unternehmen finanzierte Arbeitsstiftungen, die gekündigte Mitarbeiter auffangen, sind der letzte Rest von Fürsorge im Business-Krieg.

Auch die Ausbildung der Truppen wird von den meisten kriegführenden Organisationen nicht mehr selbst wahrgenommen. „Trainingslager", wie firmeninterne Aus- und Fortbildungen, Schulungen und Seminare, werden ausgegliedert und mutieren zu Profit-Centers, das heißt, sie müssen selbst auf dem Markt Gewinne erwirtschaften. War die Personalentwicklung in Friedenszeiten eine Stätte zur Steigerung des „Humankapitals", so werden ihre Aktivitäten aus Kostengründen zunehmend reduziert. Stattdessen wird neues Personal, das die entsprechenden Anforderungen bereits mitbringt, eingestellt. Ausgenommen von dieser Regel des raschen Austausches sind nur Spezialisten, für die es auf dem Markt kaum Ersatz gibt, oder Informationsträger von firmeninternen Fakten, die nicht der Konkurrenz in die Hände fallen sollen.

Business-Verwundete werden vom Sozialstaat aufgefangen – zumindest ist dies zurzeit in Teilen Europas noch der Fall. Menschen, die durch den internen Konkurrenzdruck gesundheitlichen Schaden an Körper oder Psyche genommen haben, erhalten Behandlungskosten und Entgeltfortzahlungen durch den Steuer- und Beitragszahler. Menschen, deren Wissen und Können nicht auf dem letzten Stand ist oder die ihre soziale Kompetenz nicht rasch genug anpassen können, geraten in die Arbeitslosigkeit und werden von der staatlichen Arbeitsvermittlung weitervermittelt oder – zumindest noch – in Kursen und Schulungen zu neuer Leistungsfähigkeit trainiert. Die Kosten für das Lazarett im Business-Krieg wurden fast zur Gänze vom Sozialstaat getragen. Nachdem dieser durch den Stabilitätspakt der EU seine Leistungen nicht mehr finanzieren kann und sein vorhandenes Defizit verringern muss, werden die Versorgungsangebote ständig zurückgenommen. Die Zahl der Verwundeten im Business-Krieg wird sich noch drastisch erhöhen. Wer in naher Zukunft das Business-Lazarett finanzieren soll, ist ungewiss.

## Gefallene

Dann gibt es noch diejenigen Menschen, die trotz Behandlung und Schulung keinen Marktwert mehr haben, die keine eigenständige Wirtschaftsfähigkeit mehr erreichen können. Sie werden einfach nicht mehr gebraucht, weil sie zu alt, zu krank, zu unflexibel, zu unmodern sind – Langzeitarbeitslose, Frühpensionisten, Pleitiers, gescheiterte Existenzen. Man könnte sie in unserer Diktion als Business-Gefallene oder Business-Tote bezeichnen. Sie haben unfreiwillig ihr Wirtschaftsleben beendet, und es ist unwahrscheinlich, dass sie wieder neu beginnen können. Sie sind Material für die Statistiken, ihr Schicksal ist nicht einmal als Thema einer Talk-Show geeignet, und ihre Versorgung ist ernsthaft bedroht. Das Heer der Business-Gefallenen wird totgeschwiegen – sie ruhen auf dem Friedhof der Namenlosen. Es gibt keine Helden unter den Gefallenen im Business-Krieg.

## Hilflose Helfer

Business-Krieger, die einen „Deal in den Sand setzen", ein „Unternehmen gegen die Wand fahren" oder den Wettkampf um ihre Karriere verlieren, sind in ihrem Marktwert reduziert. Nur den großen Könnern, die rechtzeitig taktisch vorgesorgt haben, gelingt es oft jahrelang, jeden Misserfolg in eine höhere Position mit noch besserer Gage zu verwandeln. Die meisten Vorstände, Geschäftsführer, mittleren Manager und Mitarbeiter, die wegen persönlicher Fehlleistungen oder als Opfer von Fusionen entlassen werden, sind jedoch schwer angeschlagen. Sie haben meist ein Selbstwertproblem, weil sie die Schuld bei sich selbst suchen. Oder sie sind voll Hass und Verbitterung, weil sie sich ungerecht behandelt fühlen und die Schuld bei den anderen suchen. Meist haben sie zusätzlich noch große Existenzängste und ein soziales Problem mit ihrer Umgebung, der sie die Niederlage nicht gestehen wollen.

In einer solchen Situation isolieren sich die einen oder greifen zu Alkohol oder Tabletten, die anderen nehmen professionelle Hilfe in Anspruch. Letzteres sind zum Großteil Business-Krieger*innen* oder Männer, die auf das ständige Drängen ihrer Frauen reagieren. Sie suchen meist auf persönliche Empfehlung von guten Freunden einen Psychotherapeuten oder Coach auf, manche auch einen Guru oder esoterischen Berater. Von diesen erhoffen sie sich die Wiederherstellung ihrer Kampfkraft. Doch meist tritt genau das Gegenteil ein – sie fühlen sich durch die Behandlung immer schwächer werden. Einen ähnlichen Effekt erzielen auch die neuen Trainings-Methoden in der staatlichen Arbeitsvermittlung. In Job-Coaching-Kursen sollen beispielsweise arbeitslose Bauarbeiter, die dreißig Jahre Berufserfahrung haben, durch Psycho- und Kommunikationstechniken ihre Bewerbungsgespräche effizienter gestalten. Sie werden angehalten, einen Anzug anzuziehen und nach der Schrift zu sprechen. Nicht nur, dass die Langzeitarbeitslosen diese Kurse lächerlich und unpassend finden, sie erzielen damit auch keine Erfolge. Als Erklärung hinterfragen die Verantwortlichen meist nicht das Konzept, sondern schreiben den Misserfolg dem mangelnden Willen der Klientel zu.

Tatsächlich liegt der Grund für diese Ineffizienz privater und staatlicher Business-Lazarette jedoch darin, dass die meisten Helfer nicht die richtigen Methoden anwenden. Sie setzen ihre Bemühungen so, als ob sie ihre Patienten für den Business-Frieden vorbereiten müssten und nicht für die nächste Schlacht, als ob es darum ginge, am Arbeitsplatz und bei Vorstellungsgesprächen selbstbestimmt, authentisch und offen zu kommunizieren. Das ist den Beratern und Trainern nicht persönlich anzulasten, weil die Tatsache des Business-Kriegs eben nicht öffentlich thematisiert wird und die meisten Vertreter von sozialen Berufen sich selbst eher zu den Pazifisten zählen. Zudem haben viele Berater, die nicht aus der Wirtschaft kommen, naive und idealistische Vorstellungen von der Arbeitswelt außerhalb der sozialen Institutionen. Sie reden vom Schlachtfeld des Business-Kriegs, ohne über seine Bedingungen Bescheid zu wissen und verwirklichen ihre eigenen Vorstellungen vom Frieden an den Patienten.

Die meisten Business-Krieger ahnen das instinktiv und hegen eine berechtigte Abneigung gegenüber allem, was mit Psychologie zu tun hat. Doch diese Einstellung wird durch die öffentliche Meinung sukzessive aufgeweicht. Da der Business-Krieg seine Wirkung erst langsam und weitgehend unbemerkt entfaltet, propagieren die Medien auf ihren Karriere- und Wirtschaftsseiten immer noch die alten Kommunikationstechniken für Friedenszeiten. Die Auswirkungen, die der Paradigmenwechsel von einer friedlichen Organisation zu einer kriegführenden Organisation auf die Mitarbeiter hat, dringen in ihrer ganzen Tragweite erst langsam ins Bewusstsein der Verantwortlichen. Daher wenden ganze Beratergenerationen bei Arbeitslosen und bei Managementtrainings immer noch die Techniken aus den Sozialwissenschaften an, anstatt Militär- und Polizeipsychologen zu Rate zu ziehen. Es wurden bisher noch keine sinnvollen Therapie-Programme für Business-Verwundete, die wieder in den Kampf wollen oder müssen, entwickelt. Es bleibt zu hoffen, dass der Beraterstand diesen Mangel bald erkennt und Abhilfe dafür schafft.

In der Zwischenzeit muss jeder Einzelne die Auswahl der passenden Methoden in Selbstverantwortung treffen, was nicht einfach ist.

## Die richtigen Mittel

Als Richtlinie für psychologische Hilfe im Business-Lazarett muss gelten: Wenn jemand zurück in den Business-Krieg will oder muss, dann sind langwierige „aufdeckende" Psychotherapiemethoden, esoterische Selbsterfahrung, spirituelle Selbstfindung und die meisten Meditationstechniken fehl am Platz. Berater, die solche Techniken unüberlegt anbieten, begehen tatsächlich einen Kunstfehler, ohne sich über die Konsequenzen im Klaren zu sein. Verwundete Business-Krieger, die schnell wieder für die Front fit sein wollen, dürfen sich nicht lange mit Reflexionen aufhalten. Sie müssen vielmehr danach streben, ihren Kampfgeist und ihre Lust am Siegen möglichst rasch wiederzugewinnen. Sie sollten zusätzlich zu ihren Kampftechniken, die sie schon beherrschen, möglichst rasch noch wirksamere „Tricks" erlernen, anstatt sich mit moralischen Fragen und ihren innersten Sehnsüchten zu beschäftigen. Die Auszeit sollten sie zum Konditionstraining, zur Pflege der Seilschaften und zum Knüpfen neuer Kontakte nutzen.

Die Beraterbranche und auch die meisten Wirtschaftstrainer und Organisationsentwickler beziehen ihr Repertoire aus den Humanwissenschaften und haben für solche Situationen nur wenig Brauchbares anzubieten. Besser geeignet könnten Coaches oder Mentoren sein, die selbst aus dem Topmanagement, der Juristerei (aber keine Mediatoren) oder aus der Steuerberatung kommen. Diese Berufsgruppen kennen die gängigen Methoden des Kampfes und haben am ehesten effiziente Techniken für die Business-Front anzubieten. Sie schrecken auch nicht davor zurück, Strategien zur Niederwerfung des Gegners zu entwickeln. Auch von Spitzensportlern kann man lernen: Ausdauer, Selbstmotivation, Siegeswille, Überwindung der körperlichen Beschränkungen – und dass man nach einer schweren Verletzung nur mit harter Disziplin und meist unter großen Schmerzen wieder erfolgreich werden kann.

Selbstreflexion, Psychotherapie, Meditation und ähnliche Techniken sind aber im Business-Krieg nicht grundsätzlich fehl am Platz, sie eignen sich nur nicht für Frontkämpfer. Hingegen ist psychologische Beratung äußerst wirksam für Soldaten, die aussteigen und die schon beschriebenen Fluchtwege beschreiten wollen. Diese Methoden werden für Veteranen des militärischen Kriegs eingesetzt, um ihre Integration in Friedenszeiten zu erleichtern, und haben auch für Business-Veteranen ihre Berechtigung. Sie helfen beim Abbau von erlittenen Traumatisierungen, bei der Neuorientierung im Zivilleben und bei der Entwicklung einer gesunden Gesamtpersönlichkeit.

Bei den „Schlachten" im Business-Krieg kommen auch Mitarbeiter zu Schaden. Sie verlieren ihre Arbeit und werden zu „Business-Verwundeten". Die gängigen Methoden zur Heilung im „Business-Lazarett" greifen nicht mehr. Für den Business-Krieg müssten neue Schulungs- und Rehabilitationsformen entwickelt werden. Da der Zwang zur Kostenreduktion laufend zunimmt, finden immer mehr Arbeitslose keinen Einstieg mehr in ein reguläres Berufsleben und werden zu „Gefallenen" im Business-Krieg.

# 3. Kapitel
# Die Liebe in Zeiten des Business-Kriegs

Wie gestaltet sich das Privatleben im Business-Krieg? Wie lebt es sich mit einem Business-Krieger oder einer Business-Kriegerin? Welche Auswirkungen hat dieses Leben auf die Kinder? In Zeiten des militärischen Kriegs hat die Liebe neben den üblichen Mann-Frau-Konflikten noch einige zusätzliche Prüfungen zu bestehen. Kampfhandlungen finden mit wenigen Ausnahmen – wie beispielsweise bei einem Bürgerkrieg – grundsätzlich fern von der eigenen Familie statt. Daher müssen Paare mit Trennung und Unsicherheit leben lernen.

Soldaten, die einrücken, verlassen ihre Familien. Der Kriegsschauplatz befindet sich meist fern der Heimat, der Kämpfer muss in seine neue Realität hineinwachsen, die Angehörigen bleiben vorerst in ihrer gewohnten Umgebung. Das Leben im Hinterland geht weiter, aber die Überlebensbedingungen verschärfen sich sukzessive. Nachrichten von der Front kommen erst regelmäßig, dann immer seltener, manchmal bleiben sie ganz aus. Heimaturlaube sind stressreich und exzessiv, will man doch in der kurzen Zeit alles Versäumte nachholen und die wenigen Momente auskosten. Jeder Kuss könnte der Letzte sein, jeder Abschied einer für immer. Die Partner beginnen ihr eigenes Leben in getrennten Welten zu leben. Während die Soldaten meist ihre ganze Sehnsucht auf die Heimkehr richten und die Gedanken an Frau und Kinder ihnen die Kraft geben, den täglichen Wahnsinn zu überstehen, wachsen im Hinterland oft schon neue Beziehungen. Die lange Trennung und die unsichere Zukunft zermürben auch starke Bindungen. Druck, Angst und der tägliche Kampf ums Überleben erzeugen Nähe und Intimität zwischen den Menschen, die gemeinsam in diese Situation geworfen sind. Nicht wenige Heimkehrer haben zwar den Krieg überlebt, stehen zu Hause aber vor den Trümmern ihrer Ehe.

Viele Soldaten, die aus dem Krieg heimkehren sind nicht mehr dieselben wie früher – sie leiden unter einer Wesensveränderung. Der Kampf gegen andere Menschen, das Ausüben und Erleiden von Gewalt, die Todesangst verändern die Persönlichkeit. Soldaten an der Front tauchen immer tiefer in die Logik des Kämpfens ein und entfernen sich immer weiter von den Bedingungen des normalen Lebens, von Offenheit, zärtlichen Gefühlen und direkter Kommunikation. Je grausamer die Kampfhandlungen sind und je länger sie andauern, desto dicker muss das Fell werden, desto besser der Verdrängungsmechanismus greifen. Am Ende des Kriegs finden jene Frauen, die allen Versuchungen getrotzt und die Rückkehr ihres Mannes abgewartet haben, oft nicht mehr denselben Menschen vor, der er in Friedenszeiten war. Genesung und Integration können Jahre dauern, bei manchen ist der Schaden irreparabel.

## Beziehungen unter Druck

Abwesenheit und Persönlichkeitsveränderung sind auch für Beziehungen im Business-Krieg eine Prüfung. Die meisten Business-Krieger leben bei ihrer Familie und sind doch nicht anwesend. Entweder sie sind beruflich ständig unterwegs, fliegen zu Meetings um die halbe Welt, haben Abend- und Wochenendtermine, oder sie arbeiten überhaupt in einer anderen Stadt, machen Überstunden bis zum Umfallen und kommen nur zum Schlafen nach Hause. Andere könnten zwar mehr Zeit zu Hause verbringen, doch sie wollen nicht. Nur wenige Menschen, die jeden Tag an ihrem Arbeitsplatz gegen andere Menschen oder Organisationen kämpfen müssen, schaffen den täglichen Umstieg von Gewalt auf Nähe. Die meisten haben auf der einen oder anderen Seite ein Problem: Entweder sie fühlen sich durch zu große Intimität und Entspannung in der Familie „geschwächt" und fürchten, am nächsten Tag nicht genug „Biss" zu haben. Oder sie können die „Rüstung" nicht rasch genug ablegen und es gelingt ihnen nicht, sich ihren Partnerinnen und Kindern gegenüber zu öffnen. Dann gibt es Streit und Vorwürfe und diese führen wieder zur Schwächung. Daher reduzieren viele Menschen, die an der Business-Front kämpfen, die Zeiten mit der Familie und bleiben immer länger in der Arbeit, um die Spannung des Wechselns zu vermeiden.

Mit einem Business-Krieger verheiratet zu sein, bedeutet, mit innerer oder äußerer Abwesenheit fertig werden zu müssen. Dazu sind jedoch immer weniger Partnerinnen und Partner bereit. Die meisten Ehefrauen früherer Generationen schafften es noch, ihre Einsamkeit durch die Teilhabe am Reichtum und Image des Gatten zu ertragen. Beziehungen in unserer Zeit haben den Anspruch auf Partnerschaft, auf Kommunikation, auf Teilung der Familienarbeit und auf eigene Berufstätigkeit der Frau. Sind beide berufstätig, ist niemand mehr da, der die Funktion der Versorgung übernehmen könnte und erschöpfte Krieger liebevoll versorgt. Frauen sind meist auch an der Front oder mit dem Überlebenskampf im Hinterland beschäftigt und würden selbst jemanden brauchen, der sie emotional unterstützt. Dies ist an und für sich schon eine Herausforderung für beide

Geschlechter. Sie lässt sich allerdings unter den Lebensbedingungen im Business-Krieg noch weniger bewältigen.

Die Persönlichkeit von Business-Kriegern verändert sich mit der Dauer des Kampfeinsatzes. Obwohl sie in Designer-Anzügen oder modischen Business-Kostümen aus der Arbeit kommen, ist es, als hätten sie eine Rüstung um ihre Gefühle gelegt. Zu Beginn ihrer Karriere gelingt es ihnen noch mit einiger Mühe, diese immer wieder abzulegen. Sie schaffen es dann, an Wochenenden oder im Urlaub mit Partnern und Kindern Nähe aufzubauen. Doch nach einiger Zeit haben Kampfbereitschaft und strategisches Denken die Oberhand gewonnen. Dann sind sie als Beziehungspartner, Väter oder Mütter für lange Zeit und manche auch für immer verloren.

## Intimität

Wie kommt es, dass im Business-Krieg dieselben Veränderungen der Persönlichkeit von Kämpfern entstehen wie im militärischen Krieg? Das Ausmaß der Gewalt ist deutlich reduziert, alles läuft viel zivilisierter ab, und dennoch haben die Betroffenen dieselben Empfindungen. Wenn der Mensch mit Krieg konfrontiert ist, und dies über einen längeren Zeitraum, so muss er dazu einen anderen mentalen Zustand herstellen als im Frieden. Wir wollen den mentalen Zustand im Frieden mit „Bereitschaft und Fähigkeit zur Intimität“ bezeichnen und jenen im Krieg mit „Bereitschaft und Fähigkeit zum Kampf“. Kampf und Intimität sind zwei Bereiche, die einander grundsätzlich und diametral entgegengesetzt sind. Wohl treten Menschen, die miteinander kämpfen, auch in Beziehung zueinander, und die Beschäftigung mit dem Gegner führt auch zu einer Art von Nähe. Man kennt jede Regung des Feindes, man weiß, wie er denkt und handelt. Doch diese Art von Nähe ist hier nicht gemeint, wenn von Intimität die Rede ist. Es ist auch nicht „intim werden“ als Umschreibung für Erotik oder Sex damit gemeint. Vielmehr soll mit Intimität ein Zustand beschrieben werden, der das Wesen von Liebesbeziehungen und von nahen Freundschaften unter Erwachsenen ausmacht.

Zur Intimität gehören Einstellungen und Verhaltensweisen wie Vertrauen, Authentizität, Offenheit, Ehrlichkeit, Aufmerksamkeit, Fürsorge, Hingabe, Demut, Akzeptanz von Unterschieden, Fehler zugeben, Schmerz und Schwäche eingestehen, Vergebung erbitten, Verzeihen können, Würde bewahren, Respekt gewähren, Verstehen wollen, Geduld u.Ä. Vieles davon klingt nach wohl bekannten humanistischen Idealen. Es ist ein Zustand, nach dem sich die Menschen sehnen und der die Basis für ein gesundes und zufriedenes Leben bildet. Intimität ist das Lebenselixier schlechthin. Fehlt sie über längere Zeit, gehen sowohl Individuen als auch Gemeinschaften zugrunde.

### *Ungeeignet für den Krieg*

Die Werte, mit denen wir die Intimität beschrieben haben, sind genau jene, deren Verlust in unserer Gesellschaft ständig beklagt wird. Manche sehen sie mit der Familie sterben und andere mit der Solidarität. Doch diese Werte gehen nicht jetzt plötzlich zum ersten Mal in der Geschichte verloren. Sie sind immer schon in den Hintergrund getreten, wenn ein Krieg ausbrach, denn Intimität ist eine Qualität des Friedens. Diese Form der Nähe geht zwischen den Individuen verloren, wenn sie ständig im Streit leben, wenn sie einander auf Dauer bekämpfen. Sie geht in großen Maßen in einer Gesellschaft verloren, wenn sie in den Krieg eintritt.

Dieser Verlust ist ein Prozess, den die Menschen als sehr schmerzlich empfinden und der dennoch zum Überleben in Kriegszeiten notwendig ist. So sehr Intimität gebraucht wird, um Beziehungen und Gemeinschaft aufzubauen und zu erhalten, so hinderlich ist sie im Krieg. Will man seine Ziele durch Kampf erreichen oder auch nur überleben, so muss die Bereitschaft zur Intimität abgelegt und durch die Bereitschaft zum Kampf ersetzt werden. Kriegertugenden sind dann die neuen Werte. Abgeleitet von den Rittertugenden des Mittelalters werden vom Soldaten Ehre, Mut, Treue, Disziplin und Respekt erwartet. Auch wenn der Ehrenkodex der Krieger ähnlich klingen mag wie das Wesen der Intimität, so ist die Grundeinstellung eine gänzlich andere: Kriegertugenden sind immer auf ein Ziel ausgerichtet. Jede Beziehung zu Menschen muss funktionalisiert und der Zielerreichung untergeordnet werden. Dies alles geschieht im Krieg noch unter den besonderen Umständen der ständigen Bedrohung des eigenen Lebens. Taktisches Verhalten, gesundes Misstrauen und die Bereitschaft, den Feind zu vernichten, werden damit selbstverständlich und lebensnotwendig.

### *Ungeeignet für den Beruf*

Doch nicht nur für den Krieg ist Intimität ungeeignet. Sie ist auch im modernen, arbeitsteiligen Berufsleben nicht sinnvoll oder zumindest unangemessen. Das mag verwundern, weil sie in unserer Kultur als allgemein gültige Norm verstanden wird, als Orientierung in allen Lebenslagen. Tatsächlich hat Intimität nur im Privatleben Bedeutung und entfaltet auch nur dort die gewünschte Wirkung. In der Arbeitswelt wäre es völlig ausreichend, würde man Eigenschaften entwickeln wie: Leistungsbereitschaft, Zielstrebigkeit, Organisationstalent, Ordnungsliebe, Genauigkeit, Korrektheit, Höflichkeit, Flexibilität, Kreativität, ergebnisorientierte Kommunikation u.Ä.

In unserer Gesellschaft hat sich nicht ein Werteverlust, sondern eine Werteverwirrung eingestellt. In den privaten Beziehungen herrscht zunehmend kühle Distanz und strategische Planung zur Bewältigung des stressreichen Alltags oder sogar dauernde Kampfstimmung. Zugleich verlagern viele Menschen ihre unerfüllten Wünsche nach Intimität in den Beruf. Dort wollen sie dann geliebt und verstanden werden, wollen offen kommunizieren und sich selbst verwirklichen. Das kann nicht funktionieren. Es ist ein enorm kräfteverschleißendes Verhalten, das weder im Business-Frieden und schon gar nicht im Business-Krieg sinnvoll ist. Die Botschaft lautet daher: mehr Intimität in die privaten Beziehungen, mehr Strategie ins Berufsleben. Besonders in Zeiten des Business-Kriegs gehört es zu den Überlebensstrategien, noch genügend private Beziehungen zu finden, in denen Intimität möglich ist: Partner, Freunde, Verwandte, bei denen man sich so zeigen kann, wie man wirklich ist, von denen man geliebt wird, ohne ein Ziel erreichen zu müssen.

## Kinder im Business-Krieg

Jeder Mensch braucht zum Überleben ein Mindestmaß vom Lebenselixier der Intimität, doch Kinder brauchen davon am meisten. Kinder können Kälte und Hunger verkraften und mit Entbehrungen fertig werden, ein Mangel an Intimität erzeugt jedoch schwere Schäden in ihrer Entwicklung bis hin zum physischen Tod.*

Die westlichen Industriestaaten haben zumindest für den Großteil ihrer Kinder beste materielle Voraussetzungen geschaffen. Ernährung, medizinische Versorgung und Bildungsangebote sind von hoher Qualität. Dennoch entstehen zunehmend große Probleme im Verhalten von Kindern und Jugendlichen. Es ist nicht der Mangel an Erziehung, der die Störungen auslöst, denn diese kann auch in Institutionen oder Kollektiven stattfinden, wie andere Kulturen zeigen. Es ist auch nicht der Zerfall der Kleinfamilie, der Kinder belastet, denn auch hier zeigt der Kulturvergleich, dass diese ein sehr junges und nicht besonders taugliches Instrument zur Kindererziehung ist. Vielmehr ist es der Mangel an Beziehung, an Intimität, der ein bedrohliches Ausmaß erreicht hat.

* In einem Experiment wollte Friedrich II. feststellen, ob Sprache angeboren oder erlernt ist. Zu diesem Zweck ließ er Kinder von Ammen aufziehen, die sie ausschließlich füttern und reinhalten, ihnen aber keine sonstige Beachtung zukommen lassen sollten. Die meisten Kinder starben aufgrund fehlender Zuwendung. Büntig, Wolf: Beachtung. Ein menschliches Grundbedürfnis, in: www.focus.at, 28. 12. 2002

In den reichsten Nationen der Welt sind alle sozialen Schichten von emotionaler Verarmung bedroht. Die einen kämpfen um ihr materielles Überleben, die anderen sind auf dem Weg nach „oben“. Keiner hat daher Zeit und Kraft für den Aufbau und den Erhalt von wirklicher Nähe. Meist sind beide Eltern berufstätig, oft stehen die Großeltern auch noch im Arbeitsprozess oder befinden sich in ihrem wohlverdienten Alterssitz im Süden. Wechselnde Kindermädchen oder überfüllte Betreuungseinrichtungen sind nicht in der Lage, den Kindern ausreichende Intimität als Lebenselixier zu bieten. Die politische Forderung nach voller Berufstätigkeit beider Eltern und der Aufstockung der Kinder- und Altenbetreuungseinrichtungen orientiert sich am Business-Krieg und vergisst auf die Dimension der Intimität.

## Erziehung für den Frieden

Die meisten am Erziehungsprozess beteiligten Erwachsenen sind sich darüber einig, dass Kinder nach den humanistischen Idealen streben sollten. Heute noch vertreten Erziehungswissenschafter die Theorie, dass ein Krieg nicht mehr möglich sei, wenn die neuen Generationen zu friedliebenden Menschen ausgebildet würden. Kaum jemand widerspricht diesen Thesen. Nur manchmal zweifeln Väter, die Erfahrungen mit dem Business-Krieg haben, an der Richtigkeit der Methoden, doch bleibt dies ohne weitere Auswirkung. Erstens sind sie schon wieder an der Front, bevor sie sich damit wirklich auseinander setzen können, und zweitens werden ihre Ansichten nicht akzeptiert. Niemand würde heute noch seine Kinder bewusst auf die Erfordernisse des Kampfes vorbereiten. Alles, was dafür notwendig ist, wurde zu Recht mit der „schwarzen Pädagogik“ über Bord geworfen. Niemand kann sich leisten, solche oder ähnliche Prinzipien wieder einzuführen, ohne sein Gesicht zu verlieren oder politisch ins „rechte Eck“ gestellt zu werden. Wegen der mangelnden Einsicht in die Tatsache, dass in der Wirtschaft bereits Krieg herrscht, hat auch noch niemand begonnen, neue Methoden zur Vorbereitung auf den Kampf zu entwickeln. So entsteht ein Paradoxon: Während auf der einen Seite der Business-Krieg rasant fortschreitet, werden auf der anderen Seite weiterhin Kinder ausgebildet, die davon keine Ahnung haben und nicht über die entsprechenden Kampftechniken verfügen.

## Vorbereitung auf den Kampf

Natürlich wünscht sich jeder Mensch eine friedliche Zukunft. Doch das liegt nicht allein in der Hand des Einzelnen. Viele Eltern spüren die Diskrepanz, sie finden nur keine Antwort. Soll man nun Kindern verbieten, mit

Waffen zu spielen, soll man Kampfspiele am Computer und Actionfilme ächten, soll man sie am Raufen hindern und dazu bringen, ihre Konflikte friedlich auszutragen? Das sind heikle Fragen, die ins Zentrum des Kriegs-Tabus treffen. Noch bis vor nicht allzu langer Zeit war das Erziehungsziel für Buben, ihre Bereitschaft zum Kampf zu fördern. Das Erziehungsziel für Mädchen war, ihre Bereitschaft zur Intimität auszubilden. Die Folgen für den Geschlechterkampf sind allgemein bekannt. Seit beide Geschlechter für den Frieden erzogen werden, ist die Welt nicht friedlicher geworden. In der Ausbildung von Kindern und Jugendlichen, aber auch in der Erwachsenenbildung müssten beide Geschlechter gleichermaßen in ihrer Fähigkeit zu Intimität und Kampf geschult werden. Dadurch hätten Männer wie Frauen für den Krieg und für den Frieden ein größeres Handlungs- und Werterepertoire zur Verfügung.

Liebesbeziehungen mit Business-Kriegern stehen unter starkem Druck. Sie leiden unter der räumlichen und seelischen Distanz sowie unter der Wesensveränderung der Kämpfer.

Intimität wird als Beziehungsqualität falsch eingesetzt. Es wäre daher angebracht, im Berufsleben weniger Erwartungen in die Intimität zu setzen und mehr davon in den persönlichen Beziehungen zu verwirklichen.

Kinder werden noch immer einseitig nach den Werten des Business-Friedens erzogen. Sie werden zu wenig auf die Härte des Berufslebens vorbereitet und entwickeln unrealistische Vorstellungen vom dort herrschenden Überlebenskampf.

# 4. Kapitel
# Im Hinterland

Kämpfer an der Front eines militärischen Kriegs setzen ihr Leben ein, um die vorgegebenen politischen Ziele eines Staates umzusetzen. Anders ist die Lage bei den Zivilisten im Hinterland. Diese kämpfen nicht selbst gegen den Feind, sie müssen vielmehr unter extremen wirtschaftlichen Bedingungen um ihr eigenes vor allem wirtschaftliches Überleben kämpfen. Manchen Menschen gelingt es zwar, auch im Krieg gute Geschäfte zu machen, doch der tägliche Überlebenskampf besteht für die meisten in der Beschaffung von Essen, Medikamenten, Kleidung und einem Dach über dem Kopf. Für sie bedeutet Kampf nicht, einen Gegner zu bezwingen, sondern mit den widrigen Umständen fertig zu werden. Im Hinterland ist die Sicherung des Überlebens der eigenen Person und der Menschen, für die man verantwortlich ist, das vordringlichste Ziel. Um diesen Überlebenskampf zu bestehen, braucht man andere Voraussetzungen und Fähigkeiten als für jenen an der Front. Während die Truppen zum überwiegenden Teil aus Männern bestehen, wird das Hinterland auch heute noch hauptsächlich von Frauen, Kindern, Alten und Kranken bewohnt und bewirtschaftet.

## Frauen am Rande des Business-Kriegs

Die meisten Frauen halten die harten Bedingungen an der Front des Business-Kriegs nicht durch. Sie können oder wollen die geänderten Spielregeln nicht akzeptieren. Diejenigen, die es sich leisten können, besinnen sich ihrer Rückzugsmöglichkeiten und engagieren sich wieder verstärkt in der Familienarbeit. Für jene, die einen echten wirtschaftlichen Überlebenskampf führen müssen, heißt die Devise jedoch keinesfalls „Zurück an den Herd“, sondern zurück in die Welt der Niedriglohn-Jobs.

Die Berufswelt im Business-Krieg stellt sich für die meisten Frauen so dar: Wenn Not am Mann ist, werden Frauen in Support-Funktionen gebraucht, denn als Kommandantinnen kann man sie mangels Kampferfahrung und „Schusssicherheit“ nicht einsetzen. Das liegt weniger an politischen Vorgaben oder an der Böswilligkeit der Männer als an den Gesetzmäßigkeiten des Business-Kriegs. Der Versorgungsdruck nimmt zu, denn viele Männer sind als Business-Verwundete nicht mehr arbeitsfähig. Daher müssen Frauen, wie auch im militärischen Krieg, kreative und flexible Wege suchen, um die Familie über Wasser zu halten. Das ist auch der Grund, warum „Teilzeitarbeit Frauensache“[65] ist, warum in den schlecht bezahlten und sozial kaum abgesicherten „McJobs“ überwiegend Frauen arbeiten – in Notsituationen ist es besser, irgendeinen Job zu haben als gar keinen. Dazu gehören die atypischen Beschäftigungsverhältnisse, aber auch die kleinen Einfraubetriebe, Selbstständige, die neben der Kindererziehung ein kleines Unternehmen betreiben und kaum davon leben können.

## Begünstigte

Wie im militärischen Krieg nehmen Frauen auch im Business-Krieg häufig die Rolle der „Mittäterin“ ein. Sie unterstützen und ermutigen die Business-Krieger in ihrem Kampf, sie geben ihnen Rückhalt und Motivation. Business-Krieger sind ja nicht per se herzlose Egomanen, die nur um des Siegens willen oder aus ideologischer Besessenheit agieren. Die meisten Männer stürzen sich in den Kampf, weil sie ihrer Familie ein – materiell gesehen – besseres Leben ermöglichen wollen. Und Frauen signalisieren ihnen, dass sie das schätzen und erwarten. Viele Streiter im Business-Krieg hätten schon den Rückzug angetreten, wären sie nur für sich allein verantwortlich. Einige hält der Gesichtsverlust bei der Stange, doch die meisten schaffen es nicht, ihrer Familie eine Reduktion des Lebensstandards zuzumuten. Daher kommt den Frauen im Business-Krieg eine entscheidende Rolle zu: Ohne ihre Unterstützung können Business-Krieger auf die Dauer kaum erfolgreich sein.

Mittäterinnen sind Begünstigte im Business-Krieg. Sie müssen nicht selbst um ihr Überleben kämpfen, sondern profitieren von der „Beute“ eines erfolgreichen Business-Kriegers. Dazu gehören einmal die Frauen, die es nach dem traditionellen Rollenbild geschafft haben, einen reichen Mann zu heiraten oder den Mann, den sie geheiratet haben, beim Reichwerden zu unterstützen. Wenn es ihnen gelingt, mit den Bedingungen einer solchen Ehe zurechtzukommen, dann haben sie auf Dauer seines Erfolges wirtschaftlich ausgesorgt und können ein Leben in Wohlstand oder Luxus führen. Sie nehmen einen Platz in der besseren Gesellschaft ein, auch wenn sie nicht in diese hineingeboren wurden, denn Business-Krieger gehören zu den Aufsteigern erster Ordnung. Wenn sie arbeiten wollen, dann können sie dies zur eigenen Selbstverwirklichung tun oder um eine karitative Organisation zu unterstützen. Jedenfalls müssen sie sich nicht um ihren eigenen finanziellen Erfolg kümmern. Ihre Situation gleicht im Großen und Ganzen jener der Gattinnen militärischer Krieger, nur in einem Punkt macht sich der Business-Krieg auch für sie negativ bemerkbar: Es kann jeder Tag der letzte sein. Aktienvermögen, Unternehmenswerte oder Topkarriere des Ehemanns können sich von einem Tag auf den anderen in Luft auflösen. Der tiefe Fall kommt im Business-Krieg unerwartet, plötzlich und wesentlich häufiger als in friedlichen Zeiten.

Zur Gruppe der begünstigten Frauen im Business-Krieg gehören auch die Freundinnen oder Geliebten von erfolgreichen Business-Kriegern. Ihr Status ist mit einem noch höheren Unsicherheitsfaktor behaftet als das der Ehefrauen. Auch ihnen fordert eine solche Beziehung große Geduld und einiges an Durchhaltevermögen ab. Doch wenn sie es schaffen, können sie ein luxuriöses Leben führen.

## Rotlicht

Nicht unerwähnt bleiben sollten noch jene Frauen, denen der Business-Krieg auf Umwegen gute Geschäfte beschert. Auch wenn in der Öffentlichkeit nicht allzu viel darüber bekannt ist, so sind Nachtklubs und einschlägige Etablissements eine wesentliche Begleiterscheinung des Business-Kriegs. In ihrer harmlosen Form dienen sie der Unterhaltung von Geschäftspartnern und der Förderung von Vertragsabschlüssen. Für mehr Männer, als Ehefrauen vermuten, ist der Umgang mit Prostituierten das einzig geeignete Ventil, um den quälenden Druck des Kämpfens loszuwerden. Die unverbindliche, nicht fordernde Atmosphäre, die sexuelle Freiheit, die animierende Stimmung ermöglicht vielen gestressten Business-Kriegern die dringend benötigte Entspannung. Wie eng diese Form der Unterhaltung mit dem Business-Krieg verbunden ist, zeigt auch die Tatsache, dass sich bereits für die wenigen Business-Kriegerinnen erste – wenn auch noch unausgereifte – Etablissements mit männlichem Service entwickelt haben.

In der brutalen Version zählt das Rotlichtgeschäft zum finstersten Nebenschauplatz des Business-Kriegs. Der Drogen- und Mädchenhandel als Haupteinnahmequelle des organisierten Verbrechens, als trügerische Hoffnung für die Menschen, die ihre Familien nicht durch Arbeit ernähren können, fordert seinen Blutzoll im Hinterland. Die Opfer sind meist Frauen und Jugendliche, die Konsumenten sind meist finanzkräftige Männer. Mit der Globalisierung der Wirtschaft geht eine Globalisierung des organisierten Verbrechens und eine Schwächung der nationalen Sicherheitskräfte einher. Wie schon beschrieben, finden Kriminelle in Kriegszeiten einen guten Nährboden für ihre Aktivitäten. Das trifft auch auf den Business-Krieg zu. Die Gier nach dem schnellen Geld auf der einen Seite und die Überforderung der Kontrollorgane auf der anderen Seite eröffnen auch im Hinterland den Spielraum für alle möglichen Verbrechen.

## Kriegsgewinnler

Darüber hinaus gibt es im Hinterland auch noch Menschen, die nicht (mehr) arbeiten müssen, sondern ihr Geld für sich arbeiten lassen. Sie gehören zu denjenigen, die es nach den Idealen des Business-Kriegs „geschafft" haben. Es ist ihnen gelungen, so viel Kapital auf den Finanzmärkten, durch Abfertigung, „Golden Handshake" oder durch einen Firmenverkauf zu erwirtschaften, dass sie von den Zinsen leben können. Nicht mehr arbeiten zu müssen – das ist der Traum vieler Business-Krieger. Er ist auch für die meisten, die freiwillig an der Front sind, der Hauptgrund, sich dieser Tortur zu unterziehen. Erfolgreiche Business-Krieger erreichen dieses Ziel durch Top-Karrieren, andere durch Spekulation an den Börsen. Wer sein Kapital rasch aus der Gefahrenzone, also weg vom Finanzmarkt, in sichere Gefilde bringt, der könnte es sich – solange er mental dazu noch in der Lage ist – im Hinterland bequem einrichten.

## Power-Zivilisten

Im Hinterland des Business-Kriegs arbeiten auch jene Männer und Frauen, die sich nicht an den Vernichtungskämpfen der neoliberalisierten Konzerne beteiligen, die eine andere Form des Wirtschaftens aufrechterhalten oder geschaffen haben. Dabei handelt es sich um Dienstleister oder Handwerker, Einzelunternehmer oder Firmen, die sich mit einem speziellen Angebot in einer Nische halten können. Manchen Unternehmern gelingt es auch im Business-Krieg, sich als „Power-Zivilisten" zu etablieren.[66] Das bedeutet, in Zeiten allgegenwärtigen neoliberalistischen Denkens alte oder neue Formen des friedlichen Wirtschaftens mit Erfolg zu betreiben.

*Grundsätze der Power-Zivilisten*

- *Substanzaufbau und Langfristigkeit:*
  *Fähigkeit zum finanziellen Abfedern von Flauten und Rezessionen, Möglichkeit – kein Zwang – zur Gewinnmaximierung, Bewusstsein, dass es kein lineares Wachstum gibt*
- *„Kapital mit Gesicht und Namen":*
  *keine Abhängigkeit von anonymen Shareholdern, hohe Eigenkapitaldeckung oder Teilhaber, die persönlich bekannt sind und persönlich haften*

- *Menschliche Beziehungen:*
  *Mitarbeiter werden als Menschen akzeptiert und nicht nur als Funktionsträger, für den Erhalt ihrer Arbeitsplätze wird auch auf Gewinnmaximierung verzichtet*
- *Integratives Wachstum:*
  *kein Zwang zu ständigem Wachstum, sondern Mitwachsen der Sozialleistungen mit dem Profit, Schonung der Umwelt, Berücksichtigung von Nachhaltigkeit, Gleichbehandlung aller „Anspruchsgruppen" (Stakeholder)*
- *Konfliktkultur:*
  *funktionierendes Instrumentarium zur Problem- und Konfliktlösung, wie Information, Verhandlung und individuelle, kontrollierte Kampfmaßnahmen*

Power-Zivilisten arbeiten nach den Prinzipien des Business-Friedens. Sie haben den Paradigmenwechsel entweder nicht mitgemacht und sind noch mit den „alteuropäischen Werten", z.B. als „christliche Unternehmer"[67], erfolgreich. Oder sie experimentieren mit neuen Formen des Wirtschaftens in den Tauschkreisen[68], in der Landwirtschaft oder in neuen Gemeinschaftsmodellen.*

Manche Power-Zivilisten machen durchaus Geschäfte mit der Business-Armee, ohne jedoch selbst eine kriegführende Organisation zu sein. Ihr Angebot ist die Antwort auf einen Bedarf, der erst durch den Business-Krieg, durch den Überlebenskampf in der Arbeitswelt entstanden ist. Dazu gehören beispielsweise Karriere- und Business-Coaches, psychologische und esoterische Berater, spirituelle Lehrer, Fitness-, Wellness- und Beautybetriebe, Styling- und PR-Berater, Ganzheitsmediziner, Finanzdienstleister, Wirtschafts- und Unternehmensberater, Wohnungsservice, Kinderbetreuungs-, Nachhilfe- und Unterhaltungseinrichtungen u.Ä. Eine große Anzahl der Unternehmensgründungen geht auf Dienstleister aus den oben genannten Bereichen zurück. Man kann sie als Zulieferer im Business-Krieg bezeichnen, weil sie die Soldaten in ihrer Performance unterstützen, bei Laune halten, ihre privaten Verpflichtungen übernehmen oder sie nach Niederlagen pflegen.

* Mehr über neue Wohn-, Lebens- und Wirtschaftsformen im Konzept für den „Wohnclub Wien – Leben in Freiheit und Geborgenheit" von Christine Bauer-Jelinek, www.wohnclub.at

Frauen geraten durch den Business-Krieg unter noch stärkeren Druck als in Friedenszeiten: Als Business-Kriegerinnen fehlt ihnen die Erfahrung und die Einstellung, als Hausfrauen fehlt die soziale Anerkennung, und einen geeigneten Job zu finden, wird immer schwieriger.

Power-Zivilisten finden Nischen im Hinterland und etablieren trotz des Business-Kriegs friedliche Formen der Wirtschaft.

# EPILOG
# Quo Vadis?

Wo aber Gefahr ist, wächst das Rettende auch.
*Hölderlin*

Der Business-Krieg wird zwar nicht mit militärischen Mitteln geführt, doch sind seine Waffen – sieht man vom direkten Angriff auf das Menschenleben ab – ebenso zerstörerisch. Er vernichtet enorme Mengen an Kapital, er zerstört Sachwerte in Form von Infrastruktur, Produktionsstätten, Maschinen und Organisationssystemen der unterlegenen Unternehmen oder Volkswirtschaften. In Folge dessen nehmen auch die Menschen durch Kündigungen oder Konkurse Schaden an ihrer wirtschaftlichen Existenz und werden durch den permanenten Druck physisch und psychisch krank. Gewachsene soziale Strukturen zerbrechen, Wirtschaftswachstum und soziale Sicherheit nehmen ab. Die im Business-Frieden erarbeitete Kommunikationsbasis zwischen den Interessenvertretungen geht verloren. Sind dies die notwendigen Opfer, die wir alle für die Veränderung bringen müssen? Wird nach den harten Einschnitten ins System wieder Wachstum, Friede und neuer Wohlstand möglich sein?

Der Business-Krieg hat eine Eigendynamik entwickelt. Es gab für ihn keine sichtbare Initialzündung wie für ähnlich dramatische gesellschaftliche Veränderungen, wie etwa der Ausbruch einer Revolution oder die Abgabe einer Kriegserklärung. Sukzessive erfasst er immer mehr Schichten der Gesellschaft, ohne dass die Öffentlichkeit ihn in seiner ganzen Tragweite wahrnehmen würde. Es gibt niemanden, den man für den Business-Krieg zur Verantwortung ziehen könnte, will man nicht Verschwörungstheorien Glauben schenken. Religiöse Menschen, die mit belastenden Ereignissen oder Schicksalsschlägen konfrontiert sind, schreiben den „Lenkungswillen“ für das Geschick der Menschheit einem göttlichen Plan zu: „ER“ ist die letzte Instanz. In der säkularisierten Welt wurde „ER“ längst durch das „ES“ ersetzt. „ES“ herrscht global und ist für alles verantwortlich. Gesellschaftliche Entwicklungen werden von den Menschen beeinflusst, die an ihnen beteiligt sind – bewusst oder unbewusst, durch Aktivitäten ebenso wie durch Unterlassungen. Es ist also nicht gleichgültig, wie jeder Einzelne sich verhält. In einer Demokratie hat das Argument, man könne nichts tun, keine Geltung. Wer eine andere Gesellschaft möchte, wird nicht umhin kommen, sich auch dafür zu engagieren.

Viele Menschen spüren ein allgemeines Unbehagen, eine Sorge vor zukünftigen Entwicklungen und müssen dennoch laufend ihre ganz persönlichen Lebensentscheidungen treffen. Sie suchen Antworten auf Fragen wie: *„Soll ich mich trauen, den Job zu wechseln? Kann ich es riskieren, mich selbstständig zu machen? Verliere ich meinen Arbeitsplatz, wenn ich dem Chef offen meine Meinung sage oder mich mit Kollegen solidarisiere?"* Gegen eine Gefahr, die der Mensch nicht erkennt, kann er auch keine Abwehrkräfte aktivieren. Er tappt im Nebel, er lenkt sich ab, beruhigt oder betäubt sich und beschäftigt sich nicht mit den Tatsachen. Dadurch können Entwicklungen weitgehend ohne demokratische Kontrolle und Willensbildung ablaufen. Die Alternative wäre, den Schleier zu lüften, sich mit der eigenen Angst auseinander zu setzen und die Chancen und Risken der Veränderung abzuwägen. Dafür braucht man bessere Grundlagen in Form von Information und Verständnisbereitschaft. Würde in der breiten Öffentlichkeit darüber diskutiert, dass die Wirtschaft zur Zeit den Gesetzmäßigkeiten des militärischen Kriegs unterliegt, dann könnte der Einzelne sich adäquater verhalten. Es wäre möglich, zwischen Propaganda und Fakten unterscheiden zu lernen und sich selbst ein realistisches Bild von der Lage zu machen. Man könnte die Gefahren des bereits existierenden Business-Kriegs rechtzeitig erkennen und Vorsorge für den Ernstfall treffen.

## Ausgewählte Szenarien

Westeuropa ist nach 60 Jahren Stabilität in eine Umbruchphase geraten. Wo wird uns diese Situation hinführen – als Individuen, als Staaten und Staatengemeinschaften? Wird es Verlierer im Business-Krieg geben, und werden diese ihr Los einfach hinnehmen? Kommt es in der Folge auch zu einem militärischen Krieg, oder wird der Friede diesmal zu erhalten sein, weil die Demokratien bessere politische Bedingungen geschaffen haben, weil durch die Informationsgesellschaft ein neues Bewusstsein der Bürger und Bürgerinnen entstanden ist? Werden die Arbeitslosenzahlen dramatisch ansteigen, und wird dies soziale Unruhen auslösen? Wird sich der Konflikt auf die Wirtschaft beschränken, und was werden die Konsequenzen sein? Der Business-Krieg könnte ebenso gut das Vorstadium zu einer globalen Wirtschaftskrise sein wie zu einer neuen, besseren Wirtschaftsordnung, die mehr Menschen am Wohlstand teilhaben lässt und die Menschenrechte weltweit durchsetzt. Die Entwicklung ist nicht abzusehen.

Aus der Fülle der Möglichkeiten seien in der Folge drei Szenarien heraus gegriffen.

### *1. Szenario: Das System zerstört sich selbst*

Es könnte sein, dass der Business-Krieg nicht zu einer Erneuerung, sondern zunächst zum Zusammenbruch unseres Wirtschaftssystems führt. Das könnte geschehen, indem sich weltweit eine extreme Form des Neoliberalismus mit einer radikalen Deregulierung und Marktöffnung durchsetzt. Dann gilt das Recht des Stärkeren, eine Form des Sozialdarwinismus, in dem die „Besten und Stärksten" das Rennen machen, während die anderen „unter die Nutzlosigkeit der Loser"[69] eingereiht werden. Genauer gesagt herrscht eine Art von „Kapitaldarwinismus", denn die Selektion erfolgt nicht mehr aufgrund von Wissen, Innovation oder Qualität, sondern durch die Macht der Finanzen. Dem Sozialstaat stehen für seine ursprünglichen Aufgaben wie Bildungsauftrag, Gesundheitsfürsorge und letzte Daseinssicherung immer weniger Mittel zur Verfügung. Da der Staat die positive Entwicklung der freien Marktkräfte nur behindert, bildet er sich zurück zu einem „Nachtwächterstaat", zu dessen vordringlichsten Aufgaben die Eindämmung der wachsenden Kriminalität gehört. Für ihre Vorsorge müssen die Bürger und Bürgerinnen in Eigenverantwortung aufkommen. Es entsteht eine „Zweidrittelgesellschaft", in der sich aufgrund des sinkenden Lohnniveaus und der hohen Arbeitslosenzahlen immer weniger Menschen eine private Absicherung leisten können.

Die derzeit spürbaren, beunruhigenden Signale aus der Wirtschaft könnten bedeuten, dass der Zusammenbruch schon im Gange ist. Mögliche Gründe dafür: Die Finanzmärkte sind tatsächlich so kaputt, wie manche Wissenschafter und Fachleute behaupten.* Es bewahrheitet sich deren Annahme, dass ein auf Zinsen beruhendes Geldsystem nicht länger als etwa sechzig Jahre funktionieren kann.[70] Weder die Anstrengungen und Kämpfe der Business-Krieger noch die Opfer der Business-Zivilisten können ein neues Wirtschaftswachstum bewirken. Entweder entwickelt sich eine Deflation: Es wird immer mehr produziert, doch immer weniger Menschen können oder wollen sich etwas leisten. Die Unternehmen können ihre Produkte nicht mehr verkaufen und gehen massenweise zu Grunde.

* Zwei, die es wissen müssen: Joseph Stiglitz, ehemaliger Chefökonom der Weltbank und Clinton Berater, Nobelpreisträger, in: Stiglitz, Joseph: Die Schatten der Globalisierung, Berlin 2002; und George Soros, einer der berühmtesten Spekulanten der Welt, Begründer des erfolgreichsten Hedgefonds (Quantum-Fund) und Philantrop, in: Soros, George: Die Krise des globalen Kapitalismus. Offene Gesellschaft in Gefahr, Frankfurt 2000

Dadurch steigt die Arbeitslosigkeit und in Folge sinkt die Kaufkraft.[71] Oder die schleichende Inflation wird zu einer galoppierenden, das Geld wird immer weniger wert und die Konjunktur wird deutlich schwächer. In beiden Fällen würde sich die Negativspirale immer schneller drehen und die Arbeitslosenquote dramatisch ansteigen.

Die Folge davon wären: Destabilisierung des sozialen Friedens, Zusammenbrüche von Nationalökonomien und eine Weltwirtschaftskrise mit nicht absehbaren Folgen für die Weltpolitik. Erst dann würde eine Erneuerung einsetzen, von der wir heute noch nicht einmal ansatzweise wissen, wie sie aussehen könnte.

### *2. Szenario: Der Sieg der Business-Krieger*

Stellen wir uns vor, die Business-Krieger hätten in ihrem Kampf um die Durchsetzung des von den USA dominierten Wirtschaftssystems gesiegt. Das würde bedeuten, dass sich auch in Europa der Neoliberalismus ausbreitet: Auf den Kapital-, Arbeits- und Gütermärkten findet ein freier Austausch statt. Angebot und Nachfrage regeln das Wirtschaftsgeschehen. Der gesunde Wettbewerb verhilft nur den wirklich brauchbaren Innovationen zum Durchbruch und sorgt für den besten Preis. In Europa haben die Menschen nach einer unangenehmen Phase der Umstellung ihre Versorgungsmentalität abgelegt und entwickeln ein gesundes Leistungs- und Konkurrenzstreben. Die meisten sind jetzt flexibel, mobil und dazu bereit, dort und dann zu arbeiten, wo Arbeit angeboten wird. Die alten Arbeitnehmerrechte sowie die Gewerkschaften haben ausgedient, weil jeder mündige Arbeitnehmer seine Verträge und seine Arbeitsbedingungen selbst ausverhandeln kann. Das Bedürfnis nach Sicherheit und nach Gerechtigkeit ist der Faszination der Freiheit, der Gestaltungslust und der Individualität gewichen. Diese Haltung fördert weiterhin den Gedanken der Globalisierung und des Weltbürgertums. Die Eigenverantwortung ist maximal ausgeprägt, die Bürgerinnen und Bürger wissen, dass sie selbst verantwortlich sind für ihr Leben und dessen Standard. Sozialschmarotzer haben keine Chance mehr. Wenn jemand unverschuldet in Not gerät, wird ihm von einem der unzähligen privaten karitativen Vereine geholfen. Diejenigen, die durch individuelle Leistungsbereitschaft und Geschick zu Reichtum gekommen sind, spenden gerne bei den zahlreichen Charity-Veranstaltungen. So kann die soziale Not abgefedert werden.

Der Staat hat seine einengenden und hinderlichen Regulierungsbestrebungen gänzlich eingestellt. Er hat die verkrusteten Strukturen der Bürokratie aufgebrochen und die Beamtenschaft modernisiert. Die Staatsquote ist auf 30 % gesenkt und die Staatsverschuldung eingedämmt. Durch die Privatisierung der Sozialleistungen im Bereich von Gesundheit und Bildung werden diese kostengünstiger und effizienter. Die Menschen wissen, dass sie die Qualität der Ausbildung ihrer Kinder sowie die Versorgung bei Krankheit selbst bestimmen können und beginnen rechtzeitig dafür zu sparen bzw. Kapital anzulegen. Der Sozialstaat zieht sich auf die Aufrechterhaltung der inneren Ordnung zurück, seine Hauptaufgabe ist die Bekämpfung der Kriminalität. Die Ausgaben dafür sowie für das Militärbudget werden kräftig aufgestockt.

Das Prinzip „Der Mensch kommt immer vor der Umwelt“ setzt sich durch, daher hat aktiver Umweltschutz keine Priorität mehr. Entstehende Probleme bei der Versorgung mit Wasser, Luft und Grundnahrungsmitteln werden durch technologische Innovationen gelöst. Militärisch gehört Europa der NATO an, de facto steht es unter dem Schutz der USA, die als „der stärkste Hegemon, den es in der Geschichte der modernen Staatenwelt jemals gegeben hat“, über ein Militärbudget verfügen, das so hoch ist wie das aller anderen Staaten zusammen.[72]

Die kulturellen Unterschiede zwischen den USA und einer maximal erweiterten EU sind nahezu verschwunden. Die Amtssprache ist Englisch und „The American Way of Life“ hat sich zur allseits akzeptierten Leitkultur entwickelt. Daneben existieren museale Reservate der regionalen Besonderheiten. Brauchtum und Dialekte werden archiviert und als Freizeitbeschäftigung gepflegt, vermarktbare Kulturprodukte werden für die Nachwelt und den Tourismus konserviert.

Der Sieg der Business-Krieger in Europa bedeutet allerdings nicht, dass Friede einkehren würde. Vielmehr gehört ein kämpferischer Stil jetzt zum Alltag, weil schärfster Wettbewerb die bestimmende Komponente im Berufsleben ist – zwischen den Unternehmen ebenso wie zwischen den einzelnen Mitarbeitern. Kampfkompetenz gehört zu den wichtigsten Sozialtechniken für Führungskräfte. Die Fähigkeit zur Selbstvermarktung entscheidet für alle Menschen über Erfolg oder Misserfolg im Berufsleben. Die Business-Krieger gehören zum höchsten Stand in der Gesellschaft. Das Image von Top-Managern liegt über jenem von Politikern und ihr Verdienst erreicht wie jenes von Spitzensportlern und Hollywood-Stars astronomische Höhen. Sie sind einerseits verantwortlich für die Aufrechterhaltung der Konkurrenzfähigkeit der Unternehmen innerhalb des neoliberalen Wirtschaftsraumes und führen daher permanent Schlachten um Marktvorteile. Andererseits gibt es noch genügend Bereiche, die noch nicht nach dem neoliberalen System gestaltet sind und daher erobert werden müssen.

### *3. Szenario: Die Emanzipation Europas*

Vielleicht tritt auch keines dieser beiden Szenarien ein, sondern der Business-Krieg ist ein Auslöser dafür, dass Europa ein eigenständiger, leistungsstarker Wirtschaftsraum wird. Eine Voraussetzung für eine solche Entwicklung ist die wirtschaftliche, kulturelle und militärische Emanzipation Europas von den USA. Es könnte sogar als Fortschritt betrachtet werden, wenn durch den Business-Krieg eine Erneuerung des Wirtschafts- und Gesellschaftssystems möglich wird, ohne dass dazu ein militärischer Krieg oder eine Revolution ausbrechen musste. Wie könnte eine solche Veränderung aussehen?

Stellen wir uns vor, die Kritiker des Neoliberalismus lösen mit ihrem Anspruch nach Kontrolle der negativen Auswirkungen der Globalisierung ein tief greifendes Umdenken aus. Die Besorgnis erregenden Ereignisse der Weltpolitik erzeugen sowohl bei Politikern als auch in der Bevölkerung eine größere Bereitschaft, über bisher unantastbare Fragen nachzudenken. Auch in den Medien kann eine wachsende kritische Haltung gegenüber dem Hegemonieanspruch der USA Platz greifen. Europa erwacht aus seiner bedingungslosen Hingabe an Amerika. Die Mitgliedsländer einer erweiterten EU besinnen sich auf ihre gemeinsamen kulturellen Wurzeln und können nach und nach ihre historischen Verwicklungen und Konflikte auflösen.[73] Werte wie „Freiheit, Gleichheit und Brüderlichkeit“, die seit der Französischen Revolution nichts an Bedeutung verloren haben, rücken wieder in das Bewusstsein der Öffentlichkeit. Der Geist der Aufklärung sowie die christlichen oder sozialistischen Ansätze von Solidarität und Gemeinschaft und die Ideale der Moderne wie Individualismus und Leistungswille werden in ein neues Wertesystem integriert.

Der Niedergang des Sozialstaates kann gestoppt werden. Statt dessen wird das gemeinsame Europa zur EU des sozialen Fortschrittes. Die Verhandlungen über GATS – die Liberalisierung der öffentlichen Leistungen wie Gesundheit, Bildung, Wasserwirtschaft – werden öffentlich geführt. Die Bürgerinnen und Bürger setzen durch, dass diese brisanten Themen anlässlich von Wahlen in allen Ländern konsequent aufgegriffen und allgemein diskutiert werden. Schließlich wird die Privatisierung jener Leistungen, welche die Grundversorgung der Menschen sicherstellen sollen, zurückgenommen und werden diese wieder durch den Staat kontrolliert.

Die Erkenntnis, dass der Sozialstaat über hohe Schulden finanziert wurde, löst einen heilsamen Schock aus und leitet eine Neuorientierung ein. Die Bürger und Bürgerinnen kommen zur Einsicht, dass Absicherung und Vollversorgung etwas kosten. Anstatt permanent bloß eine Verringerung der Staatsquote zu fordern, wird eine Diskussion darüber geführt, welche Versorgungsleistungen der Staat erbringen soll und wer diese finanzieren soll. Es kann ein Konsens darüber erzielt werden, dass der Staat nicht nur in Notfällen helfen soll. Zu seinen Aufgaben soll vielmehr die wirtschaftliche und gesellschaftliche Entwicklung gehören, wie unter anderem die Einkommensverteilung, die Ausrichtung der Bildungsmaßnahmen, der Standard der Gesundheits- und Altersversorgung sowie das Verhältnis der Geschlechter zueinander. Die Ausrichtung dieser Bereiche unterliegt dem demokratischen Einfluss der Bürger, weil Regierungen im Gegensatz zu Konzernen gewählt werden können. Es greift die Erkenntnis, dass ein funktionierender Sozialstaat in seinem vollen Umfang unter Umständen eine Staatsquote von etwa 60 % braucht.[74] Weil Europa seine Lektion aus dem neoliberalistischen Gedankengut gelernt hat, entwickelt sich in den öffentlichen Institutionen ein besseres Kostenbewusstsein und eine höhere Leistungsbereitschaft.

Internationalisierung und Globalisierung werden weiter gefördert, die notwendige Marktöffnung jedoch auf definierte Bereiche beschränkt. Transnationale Konzerne können durch Rahmenbedingungen an die geltenden Sozial- und Steuergesetze gebunden werden. Das sichere Umfeld und die hohe Qualität der Arbeitskräfte verhindern, dass die Unternehmen in Billiglohnländer abwandern und es können neue Niederlassungen ohne staatliche Zuschüsse angesiedelt werden. Auch werden die internationalen Bestrebungen zur Kontrolle des Wildwuchses des Turbokapitalismus verstärkt. Dazu gehört ein Konsens über „Corporate Governance“, „Corporate Citizenship“ und „Corporate Social Responsibility“[75], welcher die Wirtschaftsbetriebe zur Selbstbeschränkung anregt und eine Bewegung in Richtung „Stakeholder Value“ auslöst. Die Wirtschaftspolitik der EU kann die Steuerflucht stoppen und den Finanzmärkten die Raubtiermentalität nehmen. Nach kurzer Diskussion wird die „Tobinsteuer“[*] eingeführt und die Europäische Zentralbank unter das Primat dieser Politik gestellt.

Ein wesentliches Element des Erstarkens des europäischen Wirtschaftsraumes ist die Entschärfung des Wachstumszwanges für Klein- und Mittelbetriebe. Günstige Darlehen sowie Steuererleichterungen für nicht entnommene Gewinne, für Forschung und Realinvestitionen verbessern deutlich ihre Finanzierungsgrundlage.[**] Dadurch wird eine Gründerwelle ausgelöst. Das Unternehmertum gewinnt gegenüber den „anonymen Shareholdern“ wieder an Bedeutung, und „an Eigentümern orientierte Betriebe“ sind wie-

* Die Tobinsteuer wird nicht nur von Globalisierungsgegnern gefordert, sondern auch von prominenten Wirtschaftswissenschaftern wie dem ehemaligen Chefökonomen der Weltbank und Nobelpreisträger Joseph Stiglitz

** Erste Ansätze dazu finden sich in der „Mittelstandsoffensive“ der deutschen Bundesregierung, o.A.: ZDH läuft Sturm gegen Regierungspläne. Lockerung des Meisterzwanges ist „indiskutabel“ – SPD-Parteivorstand billigt Mittelstandsoffensive, in: Die Welt, 8. 1. 2003

der „in“. Die eigenständige wirtschaftliche Entwicklung der Regionen wird gezielt gefördert, wodurch sich auch neue Organisationsformen entwickeln können. Ein dichtes Netz an Nahversorgern, mittelständischen Betrieben, Kooperativen und Genossenschaften kann ein neues Vertrauensverhältnis von Kunden, Unternehmern und Arbeitnehmern, das nicht nur auf Billigstpreis und -lohn basiert, herstellen.[76] Dieses Netzwerk bildet die Basis für höhere Produktivität und Wertschöpfung.

Die nationale kulturelle Vielfalt wird durch die Aufwertung der Regionen über die Landesgrenzen hinweg erhalten und aktiviert, sodass gelebte Alltagskultur einerseits von Bodenständigkeit und Tradition getragen wird und andererseits dem Neuen durchaus aufgeschlossen ist. Gemeinschaft erlebt in unterschiedlichsten Formen – als traditionelle Familie, aber zunehmend auch in neuen Modellen von Wahlverwandtschaften* – eine Aufwertung ihrer Bedeutung. Sie erhält ihren Platz in der Gesellschaft als Gegenpol zu Wirtschaftsleben und Leistungsstreben, als Ort der physischen und psychischen Regeneration und Entwicklung.

## Utopien

Obwohl das eben geschilderte Szenario von der Emanzipation Europas schon phantastisch anmutet, gibt es Menschen, die mit ihren Vorstellungen von einer Gesellschaft nach dem Business-Krieg noch ein ganzes Stück weiter gehen. Sie stellen auf der Basis der europäischen Grundwerte Überlegungen an, die heute vielleicht utopisch klingen. Doch waren das nicht alle innovativen Gedanken in ihren Anfängen? Einige Utopisten beschäftigen sich mit einer Veränderung im Umgang mit Geld: Sie sind der Meinung, dass eine Gesellschaft, die sich an Arbeit und Sinnstiftung orientiert, ein neues Geldsystem statt der Kulminierung von privatem Profit braucht. Ihre Vertreter gehen davon aus, dass der Zyklus von Geldschöpfung, Eskalation und Geldvernichtung immer derselbe bleibt, solange alles Geld mit Zinsen und Zinseszinsen behaftet ist. Modelle – wie beispielsweise die Freigeldlehre[77] oder so genannte Bartergeschäfte[78] – mögen vielleicht noch unausgereift sein, sie helfen jedoch, die eingefahrenen Denkmuster zu sprengen und Neues anzuregen.

Auch das Unternehmertum müsste neu überdacht werden. Dies setzt voraus, dass wir uns von der Vorstellung lösen, ein jeder, der ein Unterneh-

* Mehr über neue Wohn-, Lebens- und Wirtschaftsformen im Konzept für den „Wohnclub Wien – Leben in Freiheit und Geborgenheit“ von Christine Bauer-Jelinek, www.wohnclub.at

men betreiben will, wäre automatisch nur an der Maximierung des Profits interessiert. Es gibt genügend Menschen, deren oberstes Lebensziel nicht der persönliche Reichtum, sondern eine für sie sinnvolle Tätigkeit ist. Viele leben diese Ambitionen in einer ehrenamtlichen Arbeit aus, was sie allerdings nur können, wenn sie einen Brotberuf haben, der sie ernährt. Für Vereine besteht die Möglichkeit, eine „Non-Profit-Organisation" (NPO) zu sein. Das bedeutet, dass sie keine Gewinne machen dürfen. Unter diesem Aspekt werden heute bereits große Institutionen wie karitative Vereine oder sogar Autofahrerclubs betrieben.

Könnte eine solche Regelung nicht ausgeweitet werden, indem prinzipiell *jedem* Unternehmen ein „Non-Profit-Status" ermöglicht wird? Das setzt voraus, dass von Gewinnen nicht einzelne Privatpersonen profitieren dürfen, sondern die Allgemeinheit oder das Unternehmen. Ein „Non-Profit-Unternehmen" müsste seine Kosten wie Gehälter, Risikovorsorge und eventuelle Kreditrückzahlungen erwirtschaften. Die „Unternehmer" beziehen ein marktübliches Geschäftsführer- oder Vorstandsgehalt mit erfolgsabhängigen Anteilen, erzielte Überschüsse müssten investiert oder als Erfolgsanteil an Kunden und Beschäftigte weiter gegeben werden. Solche Konzepte brauchen gesetzliche Rahmenbedingungen, etwa die Möglichkeit zur Errichtung von „Non-Profit-GesmbH's oder -Aktiengesellschaften". So kann eine neue Dynamik ins Wirtschaftsleben gebracht werden, die neue Arbeitsplätze und leistbare Produkte schafft,* umso mehr, da ja ein Großteil der Zukunftsberufe im Sozialbereich liegen wird.

Viele Menschen machen sich Gedanken über die Entwicklung der Wirtschaft und überlassen diese nicht einfach den Fachleuten. Die Einrichtung von Foren, in denen man revolutionäre und innovative Ideen – und mögen sie auf den ersten Blick auch naiv oder unrealistisch erscheinen – auf breiter Basis und unter Beteiligung der Öffentlichkeit diskutieren kann, erhöht die Innovationskraft der gesamten Gesellschaft.

Sollte sich Europa erfolgreich von den USA emanzipieren und eine eigenständige Wirtschaftspolitik entwickeln, können die Business-Krieger abrüsten. Viele von ihnen werden zu Power-Zivilisten und setzen ihr Engagement und ihre Tatkraft dafür ein, einen neuen Business-Frieden aufzubauen. Der lebensbedrohliche Druck im Berufsleben weicht einem gesunden Leistungsstreben, weil der scharfe Wettkampf sich wieder zu einem fairen Wettbewerb entwickeln kann.

* Mehr über „Menschliche Wirtschaft" im Konzept für den „Wohnclub Wien – Leben in Freiheit und Geborgenheit" von Christine Bauer-Jelinek, www.wohnclub.at

## Angstbewältigung

Die beschriebenen Szenarien und unzählige weitere, mögliche Entwicklungen liegen in der Zukunft. Noch befinden wir uns jedoch mitten im Business-Krieg und müssen mit seinen Auswirkungen fertig werden. Menschen, die einen militärischen Krieg miterleben – sei es an der Front oder im Hinterland –, fragen sich immer wieder: *„Wie soll es weiter gehen?"* Sie klammern sich an die Hoffnung, dass das Schlimmste schon überstanden sei und dass bald wieder Friede einkehren werde. Jede neue Bedrohung erzeugt wieder Angst, dazwischen herrschen Lethargie und Ohnmacht. Manchmal stellt sich sogar etwas wie Normalität ein, aus der man jederzeit in ein neues Schreckensszenario gerissen werden kann.

Wenn wir uns die Situation des Business-Kriegs vor Augen führen, macht sich Beklemmung breit. Medien und Politik beschwören Aufschwungszenarien und Optimismus, doch wir bekommen im Alltag immer mehr von seiner negativen Wirkung zu spüren. Die Menschen fragen sich, wenn sie einen Job haben, wie lange dieser noch sicher ist, und wenn sie keinen Job haben, ob sie je wieder einen bekommen werden. Sie müssen täglich ihre ganz persönlichen Entscheidungen treffen und mit dem wachsenden Druck fertig werden. Wie schon beschrieben brauchen die Kämpfer dafür eine neue Kompetenz: Kampftechniken und Kampfgeist. Alle Menschen – auch jene, die sich der Kampfzone fern halten oder im Hinterland agieren – brauchen die Fähigkeit, mit der wachsenden Angst umzugehen. Angst wird zunehmend zum Leitgefühl unserer Gesellschaft. Doch es ist eine Angst, die man verbergen, geheim halten muss. Sie scheint keine Entsprechung in der Allgemeinheit zu haben, wird daher als persönliches Versagen interpretiert und als individuelle Krankheit behandelt. Die Auseinandersetzung mit einer unangenehmen Realität und die Aktivierung von Engagement erfordern jedoch weitgehende Angstfreiheit. Daher ist die Bewältigung von Zukunftsangst der wichtigste Teil im Überlebenstraining.

Wovor fürchten wir uns, wenn wir es uns eingestehen? Viele Menschen in Westeuropa haben Angst vor dem Ausbruch eines militärischen Kriegs und beobachten die internationalen Krisenherde mit Spannung: nach dem Kosovo und Afghanistan der Irak und danach vielleicht Nordkorea. Die NATO-Mitglieder in Europa sind von vielen dieser bewaffneten Auseinandersetzung direkt betroffen, weil sich für sie die Frage der Beteiligung durch Entsendung von Truppen stellt. Weitet sich der Nord-Süd-Konflikt zwischen dem politischen Islam und den reichen Industriestaaten aus, dann könnten auch die Europäer sehr rasch davon betroffen sein. Wenn auch ein Krieg auf dem eigenen Territorium zur Zeit nicht realistisch ist, so ist die Angst vor Terroranschlägen in allen Ländern durchaus berechtigt. Diese finden nicht im Rahmen von Regeln und Abkommen statt und richten sich in erster Linie gegen die Zivilbevölkerung.

Neben den offenkundigen, aber auch diffusen Kriegsängsten plagt die Menschen in unserer Gesellschaft die massive Sorge um die wirtschaftliche Situation – die persönliche, die des Staates und die der Welt. Viele haben Angst, ihren Job oder ihre Firma zu verlieren. Sie fürchten sich davor, sich selbst und die Familie nicht mehr erhalten zu können, bei Krankheit und im Alter nicht abgesichert zu sein. Die steigenden Arbeitslosenzahlen, die schlechte Wirtschaftslage ohne Aussicht auf Besserung und der Rückbau des Sozialstaates drücken die Stimmung. Die globalen Sorgen drehen sich um Szenarien wie Börsencrashes, zahlungsunfähige Nationalökonomien* oder die Möglichkeit einer Weltwirtschaftskrise durch den Zusammenbruch der internationalen Finanzmärkte. Nach den allgemeinen Überlegungen stellt man sich die Frage: *„Und was davon wird mich betreffen?"*

## Für den Ernstfall vorsorgen

Will man diese Gedanken nicht unterdrücken, sondern aktiv bewältigen, dann sollte man sich ernsthaft mit dem „Worst Case Szenario" auseinandersetzen und sich fragen: *„Wie gut habe ich für den ‚Ernstfall' vorgesorgt, wie werde ich leben, wenn der Hauptverdiener oder die Hauptverdienerin ausfällt?"* Ausfallen bedeutet in diesem Zusammenhang nicht, nur einige Monate arbeitslos zu sein und dann wieder einen adäquaten Job zu bekommen. Es heißt vielmehr, sein Leben komplett ändern zu müssen, weil es keine entsprechende Arbeit und keinen gewohnten Verdienst mehr gibt. Zu dieser Vorsorge gehören folgende Schritte:

### *1. Der möglichen Krise ins Auge sehen*

Wer sich mit der Situation nicht schon im Vorfeld zurechtfinden kann, den trifft der Schock doppelt hart. „Was wäre wenn" sollte man mit seiner Familie und seinen besten Freunden durchgesprochen haben, bevor die Lage ernst wird. Der anfängliche Schock, den das Aussprechen von Ungeheuerlichkeiten auslöst, kann als Initialzündung zum Aufwachen genützt werden. Dabei sollte man nicht vergessen: Für den schlimmsten Fall vorgesorgt

* Ende des Jahres 2001 musste sich Argentinien für bankrott und zahlungsunfähig erklären. Der Grund: 132 Mrd. US-Dollar Auslandsschulden, die das Land an internationale private und öffentliche Gläubiger zurück zu zahlen versucht. Ein großer Teil der Kredite wurde in den 70er Jahren von korrupten und illegitimen Militärregierungen aufgenommen, in: www.erlassjahr.de, 28. 7. 2002

zu haben, heißt noch lange nicht, dass dieser auch eintritt. Anstatt auf die allgemeinen Aufrufe zum Optimismus zu hören oder in Folge der verdrängten Ängste zu Alkohol und Medikamenten zu greifen, ist es sinnvoller, einen „Katastrophenplan" zu entwickeln – und sei es auch nur, um ihn in die Schublade zu legen.

### *2. Umgang mit materiellen (Un-)Sicherheiten*

Eine Frage ist in Zeiten des Business-Kriegs besonders schwierig zu beantworten: Wie soll man Geldreserven – sofern man welche besitzt – anlegen? Jeder muss seinem Typ gemäß handeln – Aktien, Sparbuch, Sparstrumpf, Gold, Antiquitäten, eine Eigentumswohnung, ein Garten, ein Bauernhof etc. Die Entscheidung darüber sollte Sicherheit vermitteln und ein realistisches Leben ermöglichen. Die Angst, auch das Letzte noch zu verlieren, schwingt dabei immer mit, und die Gefahr, sich zu verschätzen, ist hoch.

Aber ob mit oder ohne Reserven – am wichtigsten ist die Auseinandersetzung damit, wie man ganz ohne materielle Sicherheiten überleben kann. Was ist, wenn alle Stricke reißen? Wird man es schaffen, die Situation so zu meistern wie etwa der Lebenskünstler Alexis Sorbas?[79] Vorbilder sind gefragt, denn der größere Teil unserer Gesellschaft ist an materiellen Wohlstand gewöhnt und kann sich ein Überleben ohne Sicherheiten nicht vorstellen.

### *3. Reduzierung der Lebenskosten*

In guten Zeiten leben viele Menschen nicht nur einfach gut, sondern oft auch über ihre Verhältnisse. Die laufenden Kosten bewegen sich auf einem hohen Niveau knapp unter oder über der Belastungsgrenze. Eine kleine Unregelmäßigkeit im Lebensplan kann das ganze System zum Kippen bringen. Es hilft daher, die Fixkosten so zu gestalten, dass sie bei Bedarf leicht zu reduzieren sind. Eine Durchforstung des Haushaltsbudgets ist der erste Schritt. Doch der wesentlichere Teil liegt im mentalen Bereich mit der Frage: *„Worauf könnte ich verzichten?"*, oder umgekehrt: *„Was ist für mich lebensnotwendig?"* Das klingt leichter, als es ist, denn die meisten Menschen müssten dazu ihre Lebensweise insgesamt überdenken und ändern. Da warten manche dann doch lieber auf die Krise.

### *4. Aktivierung der Kreativität*

Wenn nichts mehr ist, wie es war, sind unkonventionelles Denken und Handeln gute Begleiter. Es gilt, Denkgrenzen und Konventionen zu sprengen und sich auf neue Situationen einzulassen, längst vergessene Fähigkeiten auszugraben, Ideen zu wälzen und Umsetzungspläne zu schmieden.

Dabei hilft die Vorstellung, dass in Krisen auch das Potenzial zur Lösung wächst. Wem Eltern und Großeltern erzählt haben, wie sie in Kriegen und Wirtschaftkrisen überlebt haben, der kann auf einen Fundus von Anregungen zurückgreifen. Wer mehr über Lebenskünstler erfahren will, der lese Biografien und Familienromane. Auch Filme und Dokumentationen aus anderen Kulturen können dem kreativen Denken auf die Sprünge helfen.

*5. Belebung der menschlichen Kontakte*

In Zeiten des Wohlstandes und der „Fronteinsätze" im Business-Krieg bleibt oft nicht genug Zeit und Kraft, um die Beziehungen zu Verwandten und Freunden ausreichend zu pflegen. Doch nicht erst, wenn die persönliche Katastrophe bereits eingetreten ist, sollte einem klar werden, dass man auf deren Hilfe angewiesen ist. Es verbessert die Lebensqualität ganz entscheidend, wenn man sich die Mühe macht, herauszufinden, wer zu den „guten Freunden" gehört. Das sind jene Menschen, auf die man sich verlassen kann, die in jeder Lebenslage zu einem stehen würden. Dazu muss man sich natürlich auch die umgekehrte Frage stellen: *„Für wen kann und ich will ich diese verlässliche Person sein?"* Die restlichen Menschen werden in den Kreis der Bekannten oder Geschäftspartner eingereiht. Ordnung innerhalb der Beziehungen – die durch den Lauf des Lebens oft gar nicht mehr das sind, was man eigentlich ersehnt und brauchen würde – befreit gebundene Kräfte und schafft Sicherheit jenseits des Materiellen.

## Engagieren oder Abwarten?

Was können die einzelnen Bürger und Bürgerinnen im Business-Krieg tun? Woran soll man sich orientieren? Wenn die Angstbewältigung gelungen ist, kann man die gewonnene Energie zur aktiven Gestaltung des persönlichen Lebens und auch der Gesellschaft einsetzen.

Gleichgültig welche politische Partei man zurzeit wählt, man unterstützt damit in jedem Fall Liberalisierung und Globalisierung. Eine Partei, die explizit dagegen auftritt und die Grundwerte Europas verteidigt oder innovative Konzepte entwickelt, steht nicht zur Wahl. Ein Engagement bei Globalisierungskritikern kann zwar ein Zeichen des Protests setzen, jedoch keine grundsätzliche Änderung bewirken. Eine Entscheidung, als „europäischer Softkapitalist" nach dem Prinzip des Stakeholder Value zu wirtschaften und den Business-Frieden im Kleinen zu leben, kann zwar Befriedigung und Sinn erzeugen, bringt aber auch große ökonomische Risken mit sich. Ganz aus dem immer schneller werdenden Prozess auszusteigen, sich dem Druck gänzlich zu entziehen, ist zwar möglich, aber mit einer radikalen

Änderung der Lebensweise und enormem persönlichem Verzicht verbunden.

Will man sich nicht persönlich engagieren, so kann man sich darauf verlassen, dass die Entwicklung durch die Summe aller Aktivitäten von selbst voran schreitet. Es wird dem Einzelnen in seinem täglichen Berufsleben jedoch auf Dauer nicht erspart bleiben, zu entscheiden, auf welche Seite im Business-Krieg er sich schlagen will, denn neutral zu bleiben, wird zunehmend schwieriger. Nur solange das Konzept des europäischen Sozialstaates noch greift, kann man sich den „Luxus" leisten, sich nicht zu deklarieren und den Business-Krieg zu ignorieren. Je mehr der Einzelne auf sich selbst gestellt ist, je weiter der Wohlfahrtsstaat zurückgenommen wird, desto deutlicher spürt jeder die Botschaft der neuen Werte: „*Wer nicht mit uns ist, ist gegen uns. Wenn du es nicht tust, tut es ein anderer. Individualität und Freiheit statt Solidarität und Selbstbeschränkung.*" Bald wird sich niemand mehr diesem Prozess entziehen können – nicht die „europäischen Softkapitalisten" mit einer christlich-sozialen oder sozialistischen Ethik, nicht die Arbeitnehmer mit ihrem Bedürfnis nach Sicherheit, nicht die Bürger mit ihren privaten Ansprüchen.

Wünscht man sich ein eigenständiges europäisches Wirtschafts- und Gesellschaftssystem und vielleicht auch eine grundlegende Werterneuerung, so benötigt man politisches Engagement. Es könnte sich eine „Achse der Intelligenz" bilden, mit Vertretern aus allen politischen Lagern, Interessenvertretungen und NGO's. Sie sollten wesentliche Fragen an Politik und Wissenschaft stellen und genügend Druck erzeugen, um auch Antworten zu bekommen. Ob der Druck über die Zivilgesellschaft, über „Rebellen-Organisationen", die Gründung neuer politischer Bewegungen oder über bestehende Parteien erzeugt wird, ist Nebensache – wesentlich wäre, dass sich genügend Kräfte solidarisieren, um die Entwicklung in die gewünschte Richtung zu bewegen.

Steht man auf dem Standpunkt, dass Globalisierung und Neoliberalismus ihre Versprechungen von Wohlstand und Menschenrechten für alle wahr machen können, dann braucht man zurzeit nur dem Strom zu folgen und sich den Business-Kriegern anzuschließen. Dieser Zug fährt mit Höchstgeschwindigkeit seinem Ziel entgegen. Man muss nur die eigene Kampfkompetenz auf ein hohes Niveau bringen und rechtzeitig sein persönliches Kriegs-Tabu brechen. Eine positive Einstellung zu den Gesetzmäßigkeiten des Business-Krieges hilft, bei Kräften zu bleiben und den Anschluss nicht zu verlieren. Denn trotz aller Besorgnis erregender Anzeichen muss der Business-Krieg nicht zwangsweise in eine Katastrophe führen. Vielleicht behalten die Business-Krieger mit ihren Argumenten Recht, und der freie Markt erweist sich wirklich als die einzige Garantie für weltweiten Wohlstand und die Durchsetzung der Menschenrechte. Vielleicht war die Zeit noch zu kurz und die Deregulierung noch nicht weit genug fortgeschritten. Vielleicht bewahrheiten sich die großen Hoffnungen, die sie in die Gestaltungsmöglichkeiten einer globalisierten Wirtschaft setzen. Dann können die angekündigten Vorteile des freien Marktes ihre positive Wirkung entfalten, und der Einsatz, den wir für diese Veränderung leisten mussten, hätte sich gelohnt.

# Quellenverzeichnis


1 o.A.: Commerzbank baut massiv Stellen ab, in: Die Presse/Economist International, 9. 11. 2002

2 o.A.: Deutsche Telekom verliert 24,5 Mrd. EUR, in: Kurier, 14. 11. 2002

3 Davidovits, Daniela: Asiatische Kampfkunst im Management, in: Kurier, 28. 9. 2002

4 vgl. Böhm, Werner: Sklaven der Gier. Börsenmanipulation zwischen New Economy und Osama Bin Laden, Wien 2002

5 s.o.

6 in: www.schlafgestoert.de, 28. 12. 2002

7 in: www.neuland.com, 28. 12. 2002

8 Garbe, Christian, Biotech-Analyst der GZ-Bank, in: Frankfurter Allgemeine Zeitung, 8. 7. 2001

9 in: www.hls-ksh.de, 28. 12. 2002

10 Klemme, Thomas M.: Alkohol als Gesellschaftsproblem, in: www.netdoktor.de, 28. 12. 2002

11 vgl. Hans-Olaf Henkel: Die Ethik des Erfolgs. Spielregeln für die globalisierte Gesellschaft, München 2002

12 vgl. Decrescenzo, Luciano: Als Männer noch Helden sein durften. Antike Mythen neu erzählt, München 1999

13 vgl. Kalischer, Erwin; Pissin, Raimund (Hrsg.): Gedanken und Einfälle von Heinrich Heine, Berlin – Leipzig – Wien – Stuttgart 1908

14 vgl. Heine, Heinrich: Die Grenadiere, in: Buch der Lieder, München 1997

15 Überliefert frei nach Flavius Vegetius Renatus, epitama rei militaris, 390 v. Chr., Originalzitat „qui desiderat pacem, praeparet bellum“

16 vgl. Kokert, Ronnie: Shinergy. Die Kraft der neuen Krieger, Wien 2001

17 Neues Testament: Mt. 5,9 und 39

18 vgl. Lorber, Jakob: Das große Evangelium Johannes, Bietigheim 1982-1986

19 vgl. Bauer-Jelinek, Christine: Die helle und die dunkle Seite der Macht, Wien 2000

20 Das Herkunftswörterbuch (Bd. 7), in: Der Duden in 12 Bänden, München 2001

21 vgl. Clausewitz, Carl von: Vom Kriege, München 2001

22 s.o.

23 vgl. „Die friedlichen Formen der Macht“, in: Bauer-Jelinek, Christine: Die helle und die dunkle Seite der Macht, Wien 2000

24 vgl. Schulz von Thun, Friedemann; Ruppel, Johannes; Stratmann, Roswitha: Miteinander reden, Berlin 2000 und Watzlawick, Paul: Vom Schlechten des Guten oder Hekates Lösungen, München 1997
25 vgl. Cicero, Marcus Tullius: Pax Romana: Die Frage nach dem gerechten Krieg, in: De officiis, Bamberg 1997
26 vgl. Augustinus, Aurelius: Der Gottesstaat, München 1997
27 vgl. Albert, Sigrid: Bellum Iustum, Kallmünz Opf. 1980; Deschner, Karlheinz: Opus Diaboli, Hamburg 1987
28 vgl. Clemens, Otto: Luthers Werke in Auswahl, 3. Band, Berlin 1950
29 vgl. Stratmann, Franziskus Maria: Weltkirche und Weltfriede. Katholische Gedanken zum Kriegs- und Friedensproblem, Augsburg 1924
30 vgl. Lasson, Georg (Hrsg.): Schriften zur Politik und Rechtsphilosophie, Leipzig 1913
31 vgl. Czempiel, Ernst-Otto: Der Friede – sein Begriff, seine Strategien, in: Dieter Senghaas (Hrsg.): Den Frieden denken. Si vis pacem, para pacem, Frankfurt (Main) 1995
32 vgl. Aristoteles Politik aus dem 5. Buch 8. Kapitel, Die Erhaltung der Verfassungen" nach der Rowohlt-Klassikerausgabe von 1965 zitiert
33 Charta der Vereinten Nationen, in: BGBl 1973/11430
34 vgl. Pauer-Studer, Herlinde: Ethik des gerechten Kriegs, in: Liessmann, Konrad Paul (Hrsg.): Der Vater aller Dinge, Wien 2001
35 vgl. Liessmann, Konrad Paul: Nachdenken über den Krieg, in: Liessmann, Konrad Paul (Hrsg.): Der Vater aller Dinge, Wien 2001
36 vgl. Fischer, Klemens: Humanitäts-, Kriegs- und Neutralitätsrecht sowie Kulturgüterschutz. Ein Leitfaden durch das Völkerrecht für die Truppe, Wien 1991
37 s. o.
38 vgl. Münkler, Herfried: Krieg und Politik am Beginn des 21. Jahrhunderts, in: Liessmann, Konrad Paul (Hrsg.): Der Vater aller Dinge, Wien 2001
39 vgl. Czempiel, Ernst-Otto: Der Friede – sein Begriff, seine Strategien, in: Dieter Senghaas (Hrsg.): Den Frieden denken. Si vis pacem, para pacem, Frankfurt (Main) 1995
40 s. o.
41 vgl. Clausewitz, Carl von: Vom Kriege, München 2001
42 s. o.
43 vgl. „Inventur in der Waffenkammer", in: Bauer-Jelinek, Christine: Die helle und die dunkle Seite der Macht, Wien 2000
44 vgl. Czempiel, Ernst-Otto: Der Friede – sein Begriff, seine Strategien, in: Dieter Senghaas (Hrsg.): Den Frieden denken. Si vis pacem, para pacem, Frankfurt (Main) 1995
45 vgl. „Der kontrollierte Kampf", in: Bauer-Jelinek, Christine: Die helle und die dunkle Seite der Macht, Wien 2000

46 vgl. Schulmeister, Stephan: Der polit-ökonomische Entwicklungszyklus der Nachkriegszeit. Vom Bündnis Realkapital-Arbeit in der Prosperität zum Bündnis Realkapital-Finanzkapital in der Krise, in: Internationale Politik und Gesellschaft, 1/1998
47 vgl. Keynes, J.M.: Allgemeine Theorie der Beschäftigung, des Zinses und des Geldes, London 1936
48 vgl. Hutton, Will; Giddens, Anthony (Hrsg.): Die Zukunft des globalen Kapitalismus, Frankfurt – New York 2001
49 vgl. Luttwark, Edward: Turbo-Kapitalismus – Gewinner und Verlierer der Globalisierung, Wien 1999
50 vgl. Vertreter der Chicagoer Schule: Sachs, Jeffrey; Larrain, Felipe: Makroökonomik in globaler Sicht, München 2001
51 vgl. Matzner, Egon: Europa braucht Konflikt mit den USA, Destruktiver Konservatismus: Warum Will Hutton ihn schlecht für Europa hält, in: Wiener Zeitung, 2. 9. 2002
52 vgl. Schulmeister, Stephan: Der polit-ökonomische Entwicklungszyklus der Nachkriegszeit. Vom Bündnis Realkapital-Arbeit in der Prosperität zum Bündnis Realkapital-Finanzkapital in der Krise, in: Internationale Politik und Gesellschaft 1/1998
53 vgl. Matzner, Egon: Monopolare Weltordnung. Zur Sozioökonomie der US-Dominanz, Marburg 2000
54 Stadler, Wilfried: Die offene Gesellschaft und ihre Werte, Vortrag vom 20. August 2002, Kongress Wirtschaft und Ethik im Forum Alpbach
55 o.A.: Ost-West-Konferenz: Experten diskutieren Wettbewerbschancen. EU: Mehr Wachstumspotenzial als USA, in: Wiener Zeitung, 5. 11. 2002
56 vgl. Bourdieu, Pierre: Gegenfeuer II. Für eine europäische soziale Bewegung, Konstanz 2001
57 vgl. Trimondi, Victor; Trimondi, Victoria: Hitler, Buddha, Krishna. Eine unheilige Allianz vom Dritten Reich bis heute, Wien 2002
58 vgl. Hemdsärmelige Helden oder Nieten im Nadelstreif? Vom Aufstieg und Fall der Manager; Radiokolleg im ORF vom 25.–28. November 2002
59 vgl. Hayek, Friedrich August von: Der Weg zur Knechtschaft, München 1994
60 vgl. Lanthaler, Werner; Zugmann, Johanna: Die ICH-Aktie. Mit neuem Karrieredenken auf Erfolgskurs, Frankfurt (Main) 2000
61 in: Tätigkeitsbericht Greenpeace International 2001, www.greenpeace.at, 28. 12. 2002
62 in: www.attac-austria.org, 28. 12. 2002
63 Angelo, Silvia; Grisold, Andrea: Zur Verteilung von Arbeitszeit zwischen Frauen und Männern – eine internationale Betrachtung, in: Kurswechsel, 4/1999
64 vgl. Männermacht und Frauenmacht in: Bauer-Jelinek, Christine: Die

helle und die dunkle Seite der Macht, Wien 2000
65 Bettstein, Erika: Teilzeitbeschäftigung nimmt zu – und ist „Frauensache“, in: Wiener Zeitung, 30. 10. 2002
66 Litz, Christian: Wolfgang Grupp. Der Anachronist, in: Brand eins, 6/2002
67 vgl. Herr, Theodor: Katholische Soziallehre. Eine Einführung, Paderborn 1987
68 Reichenberger, Petra: Biogemüse für Babysitten. Wirtschaft anders, in: WQ, März/April 2002
69 vgl. Bourdieu, Pierre: Gegenfeuer. Wortmeldungen im Dienste des Widerstandes gegen die neoliberale Invasion, Konstanz 1998
70 vgl. Senf, Bernd: Der Nebel um das Geld. Zinsproblematik, Währungssysteme, Wirtschaftskrisen, Lütjenburg 1996
71 vgl. Rifkin, Jeremy: Das Ende der Arbeit, Frankfurt – New York 1996
72 vgl. Heinz Gärtner, Experte für Internationale Sicherheitspolitik im Interview; Hämmerle, Walter: Supermacht des 21. Jahrhunderts, in: Wiener Zeitung, 2. 1. 2003
73 vgl. Fukuyama, Francis: Der große Aufbruch. Wie unsere Gesellschaft eine neue Ordnung erfindet, München 2002
74 Aiginger, Karl: Chancen, Risken, Rezepte. EU-Länder im Standortwettbewerb. Wo Vater Staat seine Lektion gelernt hat: Schweden, in: Die Presse, 30. 11. 2002
75 o.A.: Konzerne agieren nicht im gesellschaftsfreien Raum. Qualitätsmerkmal „Corporate Social Responsibility“, in: Die Presse, 9./10. 11. 2002
76 Hämmerle, Walter: Brüssel muss nicht alles wissen. Wie aus der sterbenden 2.000-Seelen-Gemeinde Steinbach an der Steyr wieder ein blühendes Dorf wurde, in: Wiener Zeitung, 28. 10. 2002
77 vgl. Gesell, Silvio: Die natürliche Wirtschaftsordnung, Ort 1916, www.geldreform.de; Kennedy, Margrit: Geld ohne Zinsen und Inflation, München 1994
78 Täubner, Mischa: Milliardentausch für Unternehmer-Tauschhandel in anderen Ländern: Privat, politisch kommerziell, in: Die Zeit, 28/2002, mehr dazu auch unter www.futuremoney.de
79 vgl. Kasantsakis, Nikos: Alexis Sorbas, Reinbek 1952

# SERVICETEIL

*„Wer überleben will, muss kämpfen können“* ist eine der Kernaussagen über den Business-Krieg. Die meisten Menschen müssen ihre Kampfkompetenz jedoch erst aufbauen oder zumindest verbessern. Dies ist eine Grundvoraussetzung für das Überleben in Zeiten der Globalisierung – unabhängig von der Positionierung als Business-Krieger, -Soldat, -Rebell oder -Zivilist.

Im Folgenden werden Anregungen für weiterführende Maßnahmen in diesen Bereichen geboten:*

1. Kenntnis der politischen, wirtschaftlichen und gesellschaftlichen Lage
2. Meinungsbildung und persönliche Positionierung
3. Wissen über die Prinzipien des Krieges, über Strategie und Taktik
4. Mentales und körperliches Training von Kampftechniken
5. Aneignung und Perfektionierung von Fachwissen, das zu den „Waffen“ im Business-Krieg zählt wie: Finanzierungstechnik, strategisches Management, Marketing und Öffentlichkeitsarbeit
6. Aneignung von kommunikativen Fähigkeiten wie: Selbstpräsentation, Kampfrhetorik, Manipulationstechniken, Durchsetzungsstrategien, Machtkompetenz

Zusätzlich zum Literaturstudium empfiehlt es sich, besonders im Bereich der Verhaltensänderung, Seminare und Kurse zu besuchen.

## 1. Kenntnis der politischen, wirtschaftlichen und gesellschaftlichen Lage

### *„Klassiker“*

**Schumpeter, Joseph Alois:** Theorie der wirtschaftlichen Entwicklung, Eine Untersuchung über Unternehmergewinn, Kapital, Kredit, Zins und den Konjunkturzyklus, Duncker & Humblot 1997
Österreichischer Nationalökonom (1883–1950).
*Seine Botschaft:* Schumpeter betonte den Einfluss der Unternehmer, der Kreditschöpfung und der Technik auf die wirtschaftliche Entwicklung („Kapitalismus als Prozess der kreativen Destruktion“).

---

* Die Auswahl der Literatur und Links erfolgte nach subjektiven Kriterien; für die Qualität der Inhalte im www wird keine Verantwortung übernommen.

**Keynes, John Maynard:** Allgemeine Theorie der Beschäftigung, des Zinses und des Geldes, Duncker & Humblot 2000
Britischer Nationalökonom (1883–1946). War nach dem 2.Weltkrieg Mitbegründer der internationalen Währungsordnung von „Bretton Woods". Der „Keynesianismus" ist eine Antithese zum Neoliberalismus, der ja die staatliche Kontrolle zurückdrängen möchte.
*Seine Botschaft:* Vor dem Hintergrund der Arbeitslosigkeit in den 20er und 30er Jahren forderte Keynes in seiner Wirtschaftstheorie staatliche Eingriffe, da Marktwirtschaften instabil sind und gesteuert werden müssen.

**Hayek, Friedrich August von:** Der Weg zur Knechtschaft, Olzog 1994
und: Freiheit, Wettbewerb und Wirtschaftsordnung, (Hrsg. Viktor Vanberg), Haufe Verlag 1999
Britischer Nationalökonom österreichischer Herkunft (1899–1992), Nobelpreis für Wirtschaftswissenschaften, „Urvater" des Neoliberalismus.
*Seine Botschaft:* Hayek geht davon aus, dass planwirtschaftliche Methoden unweigerlich zu Totalitarismus und Missachtung der Rechte des Individuums führen. Auf seine Werke beriefen sich unter anderem Margaret Thatcher und Ronald Reagan; (Metapher von der „Unsichtbaren Hand").

**Friedman, Milton:** Kapitalismus und Freiheit, Eichborn 2002
US-amerikanischer Nationalökonom, (1912– ), Nobelpreisträger für Wirtschaftswissenschaften.
*Seine Botschaft:* Der Konjunkturverlauf ist am besten durch die Geldmenge zu steuern. Als einer der wichtigsten Vertreter des Monetarismus ist Friedman ein dezidierter Gegner der von Keynes begründeten antizyklischen Fiskalpolitik zur Erreichung beschäftigungs- und wachstumspolitischer Ziele.

**Röpke, Wilhelm Paul:** Die Lehre von der Wirtschaft, Haupt 1979
und: Das Maß des Menschlichen. Ein Wilhelm-Röpke-Brevier, (Hrsg.: Gerd Habermann), Ott Verlag 1999
Deutscher Nationalökonom (1899–1966), lehrte ab 1937 in Genf.
*Seine Botschaft:* Röpke bekämpfte den Kollektivismus und trat als Vertreter des Neoliberalismus für eine sozial und ethisch verpflichtete Marktwirtschaft ein. Aus seinen (u.a.) Thesen entwickelte sich in der Folge der Begriff „Soziale Marktwirtschaft".

## *„Streiflichter"*

**Servan-Schreiber, Jean-Jacques:** Die amerikanische Herausforderung, Hoffmann u. Campe 1990 (Erstauflage 1968)
Französischer Journalist, 1953 Mitbegründer des „L'Express".
*Seine Botschaft:* Servan-Schreiber legte bereits Ende der 1960er Jahre die zuneh-

mende kulturelle und ökonomische Bevormundung der USA gegenüber Europa offen und wies auf deren Gefahren hin.

**Ludwig Erhard:** Wohlstand für alle, Econ 1957
Von 1949 bis 1963 deutscher Bundeswirtschaftsminister, von 1963 bis 1966 Bundeskanzler.
*Seine Botschaft:* Ein aktiver Staat soll die Marktwirtschaft so steuern, dass diese Wohlstand für alle produziert. Erhard setzte im Nachkriegsdeutschland das Experiment der sozialen Marktwirtschaft in Gang.

**Stiglitz, Joseph:** Die Schatten der Globalisierung, Siedler Verlag
Einer der weltweit bekanntesten Ökonomen. Professor in Yale, Princeton, Oxford und Stanford sowie ehemaliger Chefvolkswirt der Weltbank, Nobelpreis für Wirtschaftswissenschaften.
*Seine Botschaft:* Kritik des Vorgehens des IWF (Internationaler Währungsfonds) in den Schwellen- und Entwicklungsländern. Stiglitz verteidigt das Recht der Regierungen, regulierend in die Wirtschaft einzugreifen. Und er zeigt wie machtlos die Politik derzeit dem Treiben der multinationalen Konzerne ausgeliefert ist.

**Fukuyama, Francis:** Der große Aufbruch. Wie unsere Gesellschaft eine neue Ordnung erfindet, dtv 2000
Osteuropaexperte im Planungsstab des US-Außenministeriums.
*Seine Botschaft:* Fukuyama wendet sich gegen den zunehmenden Pessimismus angesichts von Staatsverdrossenheit, steigender Kriminalität, wachsender sozialer Kälte und sinkender Prosperität. Er sieht darin Begleiterscheinungen des Überganges von der Industrie- zu Informationsgesellschaft. Deren Strukturen, Arbeitsstile und Technologien fördern jedoch Kooperation und Austausch, ermöglichen neue individuelle Lebensgestaltungen und eine faire Verteilung der Aufgaben. Was sie aber braucht, ist ein neues Verantwortungsgefühl für ethische Normen und traditionelle Werte.

**Bourdieu, Pierre:** Gegenfeuer, edition discurs 1998 und: Gegenfeuer 2, Für eine europäische soziale Bewegung, UVK Verlagsgesellschaft mbH 2001
Französischer Philosoph und Soziologe, Vertreter des sozialwissenschaftlichen Strukturalismus mit Schwerpunkt auf Sprache, Mythos, Religion und Kunst.
*Seine Botschaft:* „Gegenfeuer“ versteht sich als „Wortmeldungen im Dienst des Widerstandes gegen die neoliberale Invasion“. Die systematische Analyse der neuen weltwirtschaftlichen Ordnung führt zu einer grundlegend neuen Sicht politischen Handelns. Nur eine europäische soziale Bewegung, wäre in der Lage, den ökonomischen Kräften, die heute die Welt regieren, die Stirn zu bieten.

**Chomsky, Noam:** Profit Over People. Neoliberalismus und globale Weltordnung, Europa Verlag 2002; und: War Against People. Menschenrechte und Schurkenstaaten, Europa Verlag 2001
Bedeutender US-amerikanischer Sprachwissenschafter, von der New York Times als der „möglicherweise bedeutendste lebende Intellektuelle" bezeichnet, einer der schärfsten öffentlichen Kritiker der US-amerikanischen Politik, der weltpolitischen Entwicklungen und der Macht der Medien.
*Seine Botschaft:* Der Mythos von der freiheitsliebenden, menschenfreundlichen und demokratischen Supermacht ist nicht zu halten – die USA sind vielmehr ein Wohlfahrtsstaat für die Reichen, regiert von Wirtschaftslobbies.

**Edward Luttwak:** Turbo-Kapitalismus – Gewinner und Verlierer der Globalisierung, Europa Verlag 1999
Ehemaliger Regierungsbeamter, Professor am hochrenommierten Zentrum für strategische und internationale Studien in Washington.
*Seine Botschaft:* Luttwak stellt die simple Formel „Globalisierung + Privatisierung + Deregulierung = wachsender Wohlstand" in Frage. Der beschleunigte (= Turbo) Kapitalismus schafft sehr wohl gesellschaftliche Probleme.

**Hutton, Will; Giddens, Anthony** (Hrsg.): Die Zukunft des globalen Kapitalismus, Campus 2001
Will Hutton ist Hauptgeschäftsführer der „Industrial Society London". Anthony Giddens ist Direktor der „Londoner School of Economics" (wo u.a. Karl Popper unterrichtete).
*Ihre Botschaft:* Hutton und Giddens untersuchen die Erscheinungsformen des gegenwärtigen Kapitalismus: Die Auswirkungen der Globalisierung auf die Finanzmärkte sowie auf die Unternehmerstrukturen, aber auch auf das alltägliche Leben, auf Familie, Geschlechterverhältnisse und auf die Sozialstruktur der Gesellschaft.

**Martin, Hans-Peter:** Die Globalisierungsfalle, Rowohlt 1996
Langjähriger Spiegel-Redakteur, derzeit Abgeordneter im Europaparlament.
*Seine Botschaft:* Martin fragt, ob die Zweidrittel-Gesellschaft mit ungeahnter Arbeitslosigkeit kommt, ob nur noch die mithalten können, die mit ihren Ersparnissen auf den Kapitalmärkten genügend Geld verdienen, und ob dem Abstieg der Mittelklasse der Aufstieg radikaler Populisten folgt. Er zeigt die Falle auf, in die wir durch die globale Vernetzung von Wirtschaft, Politik und Medien zunehmend geraten.

**Rifkin, Jeremy:** Das Ende der Arbeit, Fischer TB 2001
Gründer und Präsident der „Foundation on Economic Trends" in Washington D.C.
*Seine Botschaft:* Allein in der Bundesrepublik Deutschland würde die Arbeitslosigkeit auf 38 % ansteigen, wenn die heute bereits verfügbare Technik zum vollen

Einsatz käme. Diese Entwicklung wird gewaltige soziale Konflikte nach sich ziehen, die aus der Spaltung der Gesellschaft in Arm und Reich, aus dem Wegfall sozialer Sicherungssysteme und aus den Strukturen der Wohlstandsverteilung erwachsen werden.

**Schulmeister, Stephan:** Der polit-ökonomische Entwicklungszyklus der Nachkriegszeit, Vom Bündnis Realkapital – Arbeit in der Prosperität zum Bündnis Realkapital – Finanzkapital in der Krise, Beitrag in: Internationale Politik und Gesellschaft, Heft 1/1998
Wissenschafter am Österreichischen Institut für Wirtschaftsforschung WIFO), Wirtschaftsjournalist, Mitinitiator des „Österreichischen Sozialstaatsvolksbegehren". Seine wesentlichen Beiträge wie etwa zur Entwicklung der internationalen Finanzmärkte oder makroökonomische Analysen von Arbeitslosigkeit und Staatsverschuldung und der schwerwiegenden Gefährdung des Sozialstaates findet man in Fachzeitschriften, bei Vorträgen und Diskussionen. www.wifo.ac.at

**Henkel, Hans-Olaf:** Die Ethik des Erfolgs. Spielregeln für die globalisierte Gesellschaft, Econ 2002
Ehemaliger Chef IBM Deutschland und Europa, ehemaliger Präsident des Bundesverbandes der deutschen Industrie (BDI).
*Seine Botschaft:* Jeder Einzelne soll motiviert werden, seine Fähigkeiten zu entwickeln und sich im Wettbewerb zu bewähren. Was für das Individuum gilt, kann auf die ganze Gesellschaft übertragen werden. Gerade die Globalisierung eröffnet jedem Land die Chance, in kreative Konkurrenz mit den anderen zu treten - zum Wohle des Ganzen. Globalisierung wird weltweit zu Wohlstand, Demokratie und Durchsetzung der Menschenrechte führen.

**Norberg, Johan:** Das Kapitalistische Manifest – Warum allein die globalisierte Marktwirtschaft den Wohlstand der Menschheit sichert, Eichborn 2003
Historiker, lebt in Stockholm. Norberg hat die ökonomische Literatur nach Globalisierungsthemen durchforstet und macht deren wichtigsten Ergebnisse dem interessierten Laien in geordneter Form zugänglich.
*Seine Botschaft:* Ein engagiert vorgetragenes Plädoyer für einen globalen Kapitalismus, das zeigen soll, dass die Behauptungen der Globalisierungsgegner den empirischen Fakten nicht standhalten, dass die Welt in den letzten 50 Jahren eine bessere geworden ist – und das auf Grund des globalen Kapitalismus. Mehr über Daten, Fakten und Argumente der Business-Krieger auf der Website des Autors: www.globalcapitalism.st

**Soros, George:** Der Globalisierungsreport, Verlag Fest 2002
Soros hat über dreißig Jahre mit dem „Quantum Fund" den wohl erfolgreichsten

Hedge Fonds geleitet (Performance 30 %). Gilt als erfolgreichster Spekulant, seit er durch den Angriff auf das Pfund die Bank of England zur Abwertung zwang und das EWS zerschlug. Gleichzeitig baute er ein Netz von Stiftungen zur Förderung offener Gesellschaften auf.
*Seine Botschaft:* Freie Finanzmärkte tendieren zu Ungleichgewicht und Übertreibungen. Durch die Marktfundamentalisten ist die offene Gesellschaft gefährdet. Aus seiner genauen Kenntnis des internationalen Finanzsystems heraus, entwickelt er eine Fülle konkreten Vorschläge zur Reform der Weltwirtschaftsordnung.

**Böhm, Werner:** Sklaven der Gier. Börsenmanipulation zwischen New Economy und Osama Bin Laden, Edition Va bene 2002
Gründer und ehemaliger Vorstand des New Economy Unternehmens Yline.
*Seine Botschaft:* Die Börsenhypes waren keine zufälligen Entwicklungen, sondern von einflussreichen Investmentbankern ausgelöst und gesteuert. Die großen Börsencrashes funktionierten als gigantische Umverteilungsmaschinen, die das Geld vom Mittelstand an die Superreichen transferierten.

**Ogger, Günter:** Macher im Machtrausch. Deutschlands Manager auf gefährlichem Kurs. Droemer 1999
Einer der bekanntesten deutschen Wirtschaftsjournalisten.
*Seine Botschaft:* Von Ergeiz getrieben und unfähig zur Selbstkritik orientieren sich die Wirtschaftsbosse bei ihren kurzsichtigen Entscheidungen heutzutage ausschließlich an der Wertsteigerung der Aktien – Arbeitnehmerinteressen spielen keine Rolle mehr.

**Werner, Klaus;** Das Schwarzbuch der Markenfirmen, Deuticke 2001
Journalistische Tätigkeit u.a. bei Trend und Profil, ehem. Pressesprecher des „Österreichischen Ökologie-Institutes", Attac-Aktivist.
*Seine Botschaft:* Er verschafft den Konsumenten Einblick in die Machenschaften bekannter und beliebter Weltkonzerne

**Klein, Naomi:** No Logo. Riemann-Verlag 2002
Chefredakteurin der Zeitschrift „This Magazine".
*Ihre Botschaft:* Sie zeigt auf, wie Markenmultis den öffentlichen Raum okkupieren, wie transnationale Unternehmen die Vielfalt unterdrücken und die Politik beeinflussen, wie sie die Löhne drücken und die Produktion in Entwicklungsländer ohne vernünftigen Arbeitschutz und geringen Umweltstandards verlagern.

**Forrester, Viviane:** Der Terror der Ökonomie, Goldmann Verlag 1998
Schriftstellerin, Essayistin und Literaturkritikerin, (u.a. für „Le Monde") erhielt den „Prix Medici" für dieses Buch.
*Ihre Botschaft:* Es wird nie mehr Arbeit für alle geben. Der Arbeitnehmer ist längst

schon für die Industrie zu einem lästigen Stör- und Kostenfaktor geworden. Erwerbstätigkeit wird zum Privileg – eine zornige, leidenschaftliche Anklage gegen eine zynische Weltwirtschaftsordnung und das Versagen der Politik.
Und: Die Diktatur des Profits, Hanser Verlag 2001
*Ihre Botschaft:* In den westlichen Demokratien ist eine ideologische Diktatur entstanden. Es ist die neoliberale Ideologie, die heute die Parteiunterschiede einebnet und nur ein Ziel kennt: den puren Profit.

**Roy, Arundhati:** Die Politik der Macht, btb-Verlag 2002
Die Inderin Arundhati Roy studierte Architektur und schrieb mehrere preisgekrönte Drehbücher. Für ihren Erstlingsroman „Der Gott der kleinen Dinge" wurde sie mit dem renommierten „Booker Prize" ausgezeichnet.
*Ihre Botschaft:* Sie weist auf die gemeinsame Mentalität von Terrorfürsten, Politikern und Wirtschaftsbossen hin. Es sind die Industrienationen, die ihre eigenen Werte global durchzusetzen versuchen. Dies wird aber zum Boomerang. Al Kaida ist eine der Antworten. Roy plädiert für die Wiederentdeckung des Kleinen und Überschaubaren. Nicht die Globalisierung wirtschaftlicher Mega-Interessen, sondern die regionale Entscheidung über Machbares und Sinnvolles sollte im Vordergrund stehen.

**Niejahr, Elisabeth;** Pörtner, Rainer: Joschka Fischers Pollenflug und andere Spiele der Macht. Wie Politik wirklich funktioniert, Eichborn 2002
Beide Journalisten, begleiten Spitzenpolitiker seit vielen Jahren durch deren politischen Alltag.
*Ihre Botschaft:* Sie geben Einblick in das Geschäft der Politik, das immer mehr einer Show ähnelt und schildern die heimlichen Gesetze, wo wirklich entschieden wird, wann auf keinen Fall die Wahrheit gesagt werden darf und wie die Medien manipuliert werden. Moral spielt bei diesen Machtspielen die geringste Rolle. Weil Politik ein Spiel ist. Und ein Spiel kennt nur Regeln, aber keine Moral.

**Simmert, Christian;** Engels, Volkert: Die Lobby regiert das Land, Argon 2002
Grüner Bundestagsabgeordneter analysiert sein Arbeitsleben. In den Hinterzimmern wird von Lobbyisten erfolgreich Politik gemacht und das Parlament ist zu schwach um sich dagegen zu wehren. Geschwächt durch Fraktionszwang, die Notwendigkeit zu Mehrheitsentscheidungen und immer komplexeren globalen Zusammenhängen, die kaum mehr zu durchschauen sind.

**Lahnstein; Manfred:** Die Feuerwehr als Brandstifter. Die unheimliche Macht der Experten in Politik und Wirtschaft, Droemer 2000
Wirtschafts- und Sozialwissenschafter, Bundesfinanzminister unter Helmut Schmidt, ehem. Vorstand der Bertelsmann AG, zurzeit internationaler Unternehmensberater.
*Seine Botschaft:* Die Experten in Parteien, Gewerkschaften, Unternehmen und

Verwaltung haben die Welt mit einem Netzwerk an Machtkartellen überzogen mit der Hauptaufgabe, ihre Privilegien abzusichern. Die Folge: Sie werden ineffektiv, verkrusten und ersticken unter den Regeln, die sie selbst geschaffen haben.

**Ferguson, Niall:** Politik ohne Macht. Das fatale Vertrauen in die Wirtschaft, DVA 2001
Professor für Politische Ökonomie und Finanzgeschichte in Oxford.
*Seine Botschaft:* Der demokratische Wohlfahrtsstaat ist für die Gefahren der Zukunft nicht gewappnet. Der freie Markt hat sich die Politik unterworfen, die Politik muss ihren Einfluss zurückerobern, sonst ist die Demokratie verloren.

## *Einige „Utopisten"*

**Gesell, Silvio:** Die natürliche Wirtschaftsordnung, 1916, der vollständige Text findet sich auf www.geldreform.de.
Kaufmann und Kurzzeitfinanzminister in der Räterepublik Bayern (1919), „Urvater" der Freigeldlehre, von ihm wurde das „Experiment von Wörgl" inspiriert.
*Seine Botschaft:* Theoretische Arbeit über eine Wirtschaftsordnung, die frei von Zins, Bodenrente und Handelsbeschränkungen ist.

**Senf, Bernd:** Der Nebel um das Geld, Gauke Verlag 1996
Professor für Volkswirtschaftslehre an der Fachhochschule für Wirtschaft Berlin.
*Seine Botschaft:* Anschaulich und verständlich erklärt Senf die Grundlagen unseres Geld- und Währungssystems. Der soziale Organismus Wirtschaft ist abhängig vom Fließen des Geldes. Dies wird durch den Zins blockiert und führt zu wirtschaftlichen Krisen.

**Lietaer, Bernard:** Das Geld der Zukunft, Riemann Verlag 2002
und: Mysterium Geld, Riemann Verlag 2000
Zentralbankier in Belgien, verantwortlich für die Einführung des ECU, Berater der peruanischen Regierung bei Währungsgeschäften, Geschäftsführer eines Hedgefonds, Professor u.a. am Institute for Sustainable Resources der Universität Berkeley.
*Seine Botschaft:* Zwei Billionen Dollar fließen täglich zwischen den Währungen hin und her. Nur 2 % davon dienen der Bezahlung von Waren und Dienstleistungen – der Rest sind Spekulationsgelder. Er erläutert die Funktionsweise unseres Geldsystems, die Wirkung von Komplementärwährungen (Arbeitsstunden als Währung oder Zeitkonten). Er sieht in „Kompensationsgeschäften" oder „Bartergeschäften" (Ware gegen Ware unter Ausschaltung von Geld als Zahlungsmittel, kurz gesagt, Tauschkreise) einen Ausweg aus der Finanzkrise. Mehr darüber: www.futuremoney.de

**Holzer, Sepp:** Der Agrar-Rebell, L. Stocker Verlag 2002
Salzburger Biobauer und Kämpfer gegen Behinderungen durch die Bürokratie.

*Seine Botschaft:* Sich selbst erhaltende, dauerhafte Systeme aus Pflanzen und Tieren, die sich gegenseitig ergänzen und bereichern, sind möglich. Bewiesen auf seinem „Krameterhof". „Zum obersten Prinzip wurde es mir, die Natur zu begreifen und sie nicht, wie in der Ausbildung anerzogen, zu bekämpfen. Jedes Tier und jede Pflanze hat ihre Aufgabe in der Schöpfung. Zu Problemen kommt es nur, wenn der Mensch die Geschicke falsch lenkt." Mehr darüber: www.krameterhof.at oder auch: www.permakultur.de

## 2. Meinungsbildung und persönliche Positionierung

Um in der Vielfalt der Informationen Entwicklungen rechtzeitig zu erkennen und zu einer eigenen Position zu finden ist es hilfreich, die eigenen Beobachtungen mit den Berichten von Arbeitnehmer- und Arbeitgebervertretern, Sozialwissenschaftern, Arbeitsmedizinern u.Ä. zu vergleichen.

**Österreich:**
**Arbeitnehmerverbände**

| | |
|---|---|
| Österreichischer Gewerkschaftsbund: | www.oegb.at |
| Arbeiterkammer Wien: | www.akwien.or.at |

**Arbeitgeberverbände**

| | |
|---|---|
| Österreichische Wirtschaftskammer: | www.wko.at |
| Industriellenvereinigung: | www.voei.at |

**Deutschland:**
**Arbeitnehmerverbände**

| | |
|---|---|
| Deutscher Gewerkschaftsbund: | www.dgb.de |
| Deutscher Beamtenbund: | www.dbb.de |

**Arbeitgeberverbände**

| | |
|---|---|
| Industrie- und Handelskammer: | www.ihk.de |
| Bundesverband der Deutschen Industrie: | www.bdi-online.de |
| Bundesvereinigung der Deutschen Arbeitgeberverbände: | www.bda-online.de |

### *Beschaffung aktueller Informationen*

**Aus der Sicht der Business-Krieger:**

| | |
|---|---|
| The Wall Street Journal: | www.online.wsj.com |
| Financial Times Deutschland: | www.ftd.de |
| Frankfurter Allgemeine: | www.faz.net |

| | |
|---|---|
| Neue Zürcher Zeitung: | www.nzz.ch |
| Wirtschaftswoche heute: | www.wiwo.de |
| Die Presse: | www.diepresse.com |
| Trend: | www.trend.at |

**Aus der Sicht gemäßigter Kritiker:**

| | |
|---|---|
| Der Spiegel: | www.spiegel.de |
| Die Zeit: | www.zeit.de |
| Süddeutsche Zeitung: | www.sueddeutsche.de |
| „Le Monde Diplomatique": | www.monde-diplomatique.de |
| Die Tageszeitung: | www.taz.de |
| Wirtschaftsmagazin „brand eins": | www.brandeins.net |
| Profil: | www.profil.at |
| Der Standard: | www.derstandard.at |

**Aus der Sicht der Business-Rebellen:**

| | |
|---|---|
| Internationales Netzwerk für eine demokratische Kontrolle der Finanzmärkte: | www.attac.org |
| Internationale Organisation zum Schutz der Umwelt: | www.greenpeace.at |
| Plattform zur demokratischen Kontrolle der GATS-Verhandlungen: | www.stoppgats.at |
| Plattform für ein neues Geldsystem: | www.geldreform.de |
| Initiative zur Erhaltung des Sozialstaats: | www.sozialstaat.at |

## 3. Wissen über die Prinzipien des Kriegs, über Strategie und Taktik

**Sunzi:** Die Kunst des Krieges, Droemer 1988
Chinesischer General und Philosoph Sunzi um 500 v. Chr., Wahrheiten und Einsichten über die Kunst der richtigen Strategie in allen Lebenslagen, bei Konflikten und Auseinandersetzungen.

**Machiavelli, Niccolò:** Der Fürst, Insel Verlag 1990
Italienischer Politiker, Geschichtsschreiber und Dichter, (1469–1527 in Florenz). Er war Kanzler des „Rates der Zehn" von Florenz, als die Medicis zurückkehrten, verlor er 1512 alle Ämter und wurde verbannt. Im „Il Principe" geht es darum, wie man Macht erwirbt, sie als Herrscher erhält und warum sie verloren geht. Machiavelli entwickelt aber auch mit dem Prinzip der Staatsräson das Grundgesetz des modernen Staates.

**Liessmann, Konrad Paul (Hg):** Der Vater aller Dinge. Nachdenken über den Krieg (4. Philosophikum in Lech ), P. Zsolnay 2001
Professor für Philosophie in Wien, Das „Philosophikum Lech 4" stellt sich dem widerspruchsvollen Phänomen „Krieg" und bearbeitet differenzierte Sichtweisen auf dem neuesten Stand der Forschung und vor dem Hintergrund der jüngsten europäischen Kriege auf dem Balkan.

**Clausewitz, Carl von:** Vom Kriege, Ullstein 2002
Preußischer Offizier und Kriegstheoretiker, (1780–1831). Mit der Auswertung der napoleonischen Kriege schuf Clausewitz die moderne Theorie der Kriegsführung. Ausgehend von den Wechselbeziehungen zwischen Politik, Militär und Gesellschaft betont er den Primat der Politik. Systematisch unterscheidet er zwischen Strategie und Taktik.

**Stephan, Cora:** Das Handwerk des Krieges. Männer zwischen Mäßigung und Leidenschaft, Rowohlt 1998
Professorin für Politikwissenschaften an der Johann Wolfgang von Goethe Universität, Spiegeljournalistin.
*Ihre Botschaft:* Eine Mentalitätsgeschichte des Krieges, es geht auch um die Gefühle im Krieg. „Krieg appelliert an mächtige, tief sitzende, archetypische Gefühlswelten. Das macht ihn schier unwiderstehlich."

**Nippel, Wilfried (Hg):** Virtuosen der Macht, C.H. Beck 2000
Professor für Alte Geschichte an der Humboldt Universität, Berlin. In 15 Beiträgen wird jeweils eine Persönlichkeit (von Perikles bis Mao) porträtiert, die durch eine Aura des Außergewöhnlichen ihren Regimes mit einer starken persönlichen Prägung führten.

**Bauer-Jelinek, Christine:** Die helle und die dunkle Seite der Macht, Va Bene 2000
Wirtschaftscoach und Psychotherapeutin.
*Ihre Botschaft:* Macht wird als dynamisches Element der Interaktion bei jedem Interessenskonflikt eingesetzt. Die „Acht Quellen der Macht" wirken sich auf den „Vier Schauplätzen: Haus, Markt, Burg, Tempel" unterschiedlich aus. In einem Eskalationsmodell kann man zwischen „Friedlichen Formen der Macht" und dem Kampf wählen. Männer und Frauen haben unterschiedliche Zugänge zur Macht.

## *Ratgeber zu Erfolgstechniken*

**Musashi, Miyamoto:** Das Buch der fünf Ringe. Die klassische Anleitung für strategisches Handeln, Econ 1999

**Yamamoto, Tsunetomo:** Hagakure. Der Weg des Samurai, Piper 2000

**Lao Tse:** Das Tao der Stärke, Knaur 1996

**Bassford, Christopher; Ghyczy, Tiha von; Oetinger, Bolko von:** Clausewitz – Strategie denken. Strategieinstitut der Boston Consulting Group, Hanser 2003

**Rubin, Harriet:** Machiavelli für Frauen. Strategie und Taktik im Kampf der Geschlechter, Krüger 1998

**Robert Greene:** Power. Die 48 Gesetze der Macht, Carl Hanser Verlag, 1999

**Friedrich, Gerhard; Ditz, Katharina:** Wer nicht auffällt, fällt durch, Deuticke 1997

**Pulm, Markus:** Falsche Taktik – Große Schäden. Ein strategisches Führungskonzept und seine Leistungsfähigkeit, Kohlhammer 2002

**Hahn, Rolf-Michael, u.a.:** Die Sprache der Sieger. So setzen Sie Kommunikative Intelligenz für Ihren Erfolg ein, Mvg 2002

**Lanthaler Werner; Zugmann, Johanna:** Die ICH-Aktie. Mit neuem Karrieredenken auf Erfolgskurs, Frankfurter Allgemeine Zeitung 2000

**Kellner, Hedwig:** Denken statt Schuften. Die sieben Erfolgsintelligenzen für Ihren beruflichen Aufstieg, Mvg 2002

## *Strategiespiele*

**Schach**

Schach, das „Spiel der Könige", ist eines der ältesten Brettspiele mit hohem Symbolcharakter. Es gelangte von Indien über Persien nach Europa. Historiker vermuten, dass das Schachspiel eine philosophische und unblutige Antwort auf die ewige Wiederkehr von Kriegen war und die schrecklichen Kriegshandlungen im friedlichen Symbolismus des Schachspiels bannen wollte. Es vermittelt alles wesentlichen Elemente der Kriegsführung in abstrahierter Form.
Gefördert wird: Konzentration, Kombinationsgabe, Gedächtnisleistung, Nervenstärke und die Fähigkeit, diffizile Entscheidungen bei kurzer Bedenkzeit zu treffen. Es existieren zahlreiche Clubs und umfangreiche Literatur darüber.

**Österreichischer Schachbund:**
Sackstraße 17
A-8010 Graz
www.chess.at

**Deutscher Schachbund:**
Hanns-Braun-Straße
Friesenhaus I
D-14053 Berlin
www.schachbund.de

**Go**

*„Kämpfen ist nicht der Schlüssel zum Go, es dient allein als letzter Ausweg."*
(Zhong-Pu Liu)

Jahrtausende altes Brettspiel, kam von China nach Japan und gehörte dort zur Allgemeinbildung der gehobenen Schichten. Wird heute weltweit gespielt. Die Regeln des Spiels sind von verblüffender Einfachheit. Ziel ist das Abgrenzen von Gebiet – freien Schnittpunkten auf dem Brett –, wobei allerdings auch gegnerische Steine gefangen werden können. Gewonnen hat, wer am Ende mehr Gebiet abgegrenzt hat. Die beiden Spieler sind damit gleichsam Bauern, die ein Stück Land unter sich aufteilen, wobei jeder etwas mehr als der andere haben möchte. Es geht nicht darum, das ganze Land zu besitzen. Jeder von beiden will allein zeigen, dass er sich beim Verteilen etwas geschickter anstellt. Es geht nicht um die Vernichtung des Gegners, sondern um mindestens einen Punkt mehr am Ende der Partie. Nicht der totale Krieg, sondern der faire Vergleich von geistigen Fähigkeiten liegt dem Spiel als Idee zugrunde.

**Österreichischer Go-Bund:**
www.austria.european-go.org

**Deutscher Go-Bund:**
Postfach 60 54 54
D-22249 Hamburg
www.dgob.de

## 4. Mentales und körperliches Training von Kampftechniken

**Huang, Al Chungliang; Lynch, Jerry:** Tao Sport. Denkender Körper – tanzender Geist. Bauer 1995

**Pater, Robert:** Fernöstliche Kampftechniken im modernen Management, Heyne 1998

**Kokert, Ronny:** The spirit of shinergy. Die Kraft der neuen Krieger, Entertainment publishing 2002

### *Westliche Kampfsportarten*

**Boxen und Ringen**

*„Was dein Auge nicht sehen kann, können deine Hände nicht treffen",*
*Cassius Clay alias Muhamed Ali, Boxerlegende*

Faustkampf und Ringen zählen zu den ältesten Kampftechniken (3000 vor Chr. Ägypten, Griechenland). Der direkte Körperkontakt mit dem Gegner und der Einsatz physischer Kraft machen das Erleben von Kampf und die Überwindung von Angst besonders deutlich. In einer Abwandlung als Kickboxen wird es in vielen Fitnesscenters angeboten und ist auch für Laien erlernbar.

**Österreichische Amateurboxverband:**
Fachental 80
A-6233 Kramsach / Tirol
www.boxverband.at

**Deutscher Boxsportverband:**
Pfannkuchstraße 7
D-34121 Kassel
www.boxverband.de

**Österreichischer Amateurringer-Verband:**
Postfach 285
A-5021 Salzburg
www.ringkampf.at

**Deutscher Ringer-Bund:**
Pilgermannsweg 17
D-44379 Dortmund
www.ringen.de

**Fechten**
Der Einsatz einer Waffe und die hohe Geschwindigkeit, mit der die Angriffe erfolgen, schult insbesondere die Reaktionsgeschwindigkeit und die sorgfältige Beobachtung des Gegners. Der richtige Augenblick (Tempo) sowie der richtige Abstand (Mensur) entscheiden über den Augenblick des Angriffs.

**Österreichischer Fechtverband:**
Mozartstraße 17
A-3512 Mautern
www.fencing.at

**Deutscher Fechter Bund:**
Am Neuen Lindenhof 2
D-53117 Bonn
www.fechten.org

## *Fernöstliche Kampfsportarten*

**Karate, Kungfu (Shaolin), Taekwondo, Aikido**
Östliche Kampfsportarten basieren auf einer spirituellen Einstellung. Sie wurden (wahrscheinlich) vor etwa 2.000 Jahren von Mönchen entwickelt und erst später vom Militär übernommen (Samurai). Kampf und Transzendenz sind nicht getrennt. Während im Westen das Ausüben einer Kampfsportart negativ bewertet und eher mit Charakterverrohung in Zusammenhang gebracht wird, dient der Kampf im Osten der Vervollkommnung – ja sogar der Erleuchtung. Im Zentrums steht daher nicht der Gegner, sondern der Kämpfer selbst. Selbstkontrolle, Disziplin und Respekt gehören in allen Sparten zum Ehrenkodex (Bushido, der Weg des Kriegers). Durch die Überwindung der eigenen Schwächen und Begrenzungen bringt er die oft spektakulären Leistungen zustande (Shaolin-Mönche). Körperliches Training ist mit Meditation und mentalem Training eng verknüpft. In den Trainings im Westen wird die Einstellung des „kampflosen Kampfes" und die Kampfvermeidung stark betont, dennoch sind die Techniken prinzipiell tödlich – unabhängig davon, ob sie mit bloßen Händen und Füßen oder mit Stock und Schwert ausgeführt werden.

**Österreichischer Karatebund:**
Dr. Adolf Schärf Straße 25
A-3100 St. Pölten
www.karate-austria.at

**Deutscher Karate-Verband:**
Grabenstraße 37
D-45964 Gladbeck
www.karate-online.de

**Shaolin Tempel Austria:**
Markhofgasse 19
A-1030 Wien
www.shaolin-tempel.at

**Shaolin-Tempel Deutschland:**
Am Schimmelsbusch 25
D-41517 Grevenbroich
www.shaolin-tempel.de

**Österreichischer TaekwonDo Verband:**
Grinningerstraße 15
A-4050 Traun
www.oetdv.at

**Deutsche Taekwondo Union:**
Luisenstraße 3
D-90762 Fürth
www.dtu.de

**Österreichischer Aikidoverband:**
Angermayerstr. 36
A - 8047 Hart / Graz
www.aikido.co.at

**Aikido-Verband Deutschland:**
Lindemannstr. 54
D-44137 Dortmund
www.tendoryu-aikido.de

Westliche Kampftechniken betonen den Bezug zum Kampf und den Willen zum Sieg deutlicher als östliche. In allen Richtungen des Kampfsports lernt man etwas über: die Kontrolle der Gefühle, die Unterordnung menschlicher Impulse unter den Willen, die mentale Verarbeitung von Siegen und Niederlage, das Akzeptieren von Notwendigkeiten wie die Anerkennung von Regeln, von Disziplin und das Ertragen von Schmerzen, das kontrollierte Ablegen der „Beißhemmung“ in der Kampfsituation, Selbstbeherrschung auch in anderen Situationen, strategisches und taktisches Vorgehen zum eigenen Vorteil, Konzentration und geschärfte Wahrnehmung.

## 5. Aneignung und Perfektionierung von Fachwissen

Kompetenzen wie kaufmännische Unternehmensführung, strategisches Management, Marketing und Öffentlichkeitsarbeit sind Teil von Fachausbildungen, sie müssen ergänzt, perfektioniert und im Sinne des Business-Kriegs eingesetzt werden. Entscheidende Tricks lernt man am besten von „Meistern“ ihres Fachs, von Mentoren oder in Netzwerken.

## 6. Aneignung von kommunikativen Fähigkeiten

Zusätzlich zum Literaturstudium zu den Themen Selbstpräsentation, Kampfrhetorik, Manipulationstechniken, Durchsetzungsstrategien, Machtkompetenz empfiehlt es sich, besonders im Bereich der Verhaltensänderung Seminare und Kurse zu besuchen. Aktuelle Angebote zu allen Themen bieten die jeweiligen Veranstalter im Internet und in ihren Programmen.

## *Verhandlungstechniken*

**Mayer, Robert:** Der Verhandlungskünstler, Ueberreuter 1998

**Edelmann, Joel,** Crain, Mary Beth: Das Tao der Verhandlungskunst, Kabel 1995

**Fisher, Roger,** u.a.: Das Havard-Konzept, Campus 1998

**Ruede-Wissmann, Wolf:** Satanische Verhandlungskunst und wie man sich dagegen wehrt, Heyne 1993

**Hierhold, Emil, Laminger, Erich:** Gewinnend argumentieren, Ueberreuter 1998

**Hahn, Rolf-Michael, Stickel, Nicolai:** Gut gefragt ist fast gewonnen. Erfolgreiche Fragetechniken für Beruf und Privatleben, rororo Sachbuch 2000

## *Kampfrhetorik und Konfliktstrategien*

**Schopenhauer, Arthur:** Die Kunst, Recht zu behalten, Insel Verlag 1995

**Bredemeier, Karsten:** Schwarze Rhetorik. Macht und Magie der Sprache, Orell Füssli Management 2002

**Bredemeier, Karsten, Neumann Reiner:** Nie wieder sprachlos, mvg 2000

**Berckhan, Barbara:** Die etwas gelassenere Art, sich durchzusetzen, Kösel 1995

**Berckhan, Barbara:** Die etwas intelligentere Art, sich gegen dumme Sprüche zu wehren, Kösel 1998

**Stiebel, David:** Die Taktik des Streitens. Konfliktstrategie statt Harmoniesucht, Krüger 1999

**Edmüller, Andreas, Wilhelm, Thomas:** Manipulationstechniken. Erkennen und abwehren, Haufe Verlag 2002

**Brendl, Erich:** Clever manipulieren. Die Kunst, sich geschickt und erfolgreich durchzusetzen, Gabler 2001

**Drummond, Helga:** Machtspiele für kleine Teufel. Mit List und Tücke an die Spitze, mvg

**Senger, Harro von:** Die Kunst der List. Strategeme durchschauen und anwenden, C.H. Beck 2001

## *Emotionale Intelligenz, Angstbewältigung*

**Winfried Panse, Wolfgang Stegmann:** Kostenfaktor Angst, mi 1996

**Goleman, Daniel:** Emotionale Intelligenz, dtv 1997

**Riemann, Fritz:** Grundformen der Angst, Ernst Reinhardt 1997

**Morschitzky, Hans; Sator, Sigrid:** Die Zehn Gesichter der Angst, Walter Verlag 2002

**Assinger, Armin:** Auch Sieger haben Angst, Wernbacher Werbe & Verlags KEG 2002

## *Satirisches zur Auflockerung*

**Noll, Peter; Bachmann, Hans Rudolf:** Der kleine Machiavelli, Pendo 1998

**Suter, Martin:** Business Class. Geschichten aus der Welt des Managements, Diogenes 2000

**Bing, Stanley:** Was hätte Machiavelli getan? Bosheiten für Manager, Econ 2002

**Lord, Graham:** Leider sehen wir uns gezwungen, Ihnen mitzuteilen..., Zweitausendeins 2002

# GLOSSAR – WIRTSCHAFT

**Atypische Beschäftigungsverhältnisse**
Als atypisch beschäftigt bezeichnet man alle Personen, die nicht in einem Vollzeit- (38,5 oder 40 Stunden) bzw. Normalarbeitsverhältnis stehen. Das betrifft vor allem folgende Bereiche: Beschäftigte mit Werkverträgen und freien Dienstverträgen, Scheinselbstständigkeit bzw. „neue" Selbstständigkeit, befristete Arbeitsverhältnisse, Leiharbeit, Arbeit auf Abruf, Teilzeitarbeit, geringfügige Beschäftigung.

**Bartergeschäft**
Transaktionen die auf dem Prinzip des Kompensationsgeschäfts beruhen. Es werden verschiedene Leistungen miteinander verrechnet, ohne dass Geldströme fließen. Bartergeschäfte machen heute ein Viertel des gesamten Welthandels aus. Das Bartervolumen wächst um das dreifache schneller als der Handel über Geld. (!) Experten sehen darin nicht nur für Privatpersonen und mittelständische Unternehmen wirtschaftliche Vorteile, sondern insbesondere auch für Konzerne.

**Basel II**
Eine Neugestaltung der Eigenkapitalvorschriften der Kreditinstitute soll ab 2007 die Stabilität des internationalen Finanzsystems erhöhen. Das bedeutet im Kern, dass die Kreditinstitute zukünftig umso mehr Eigenkapital vorhalten sollen, je höher das Risiko des Kreditnehmers ist, an den sie einen Kredit vergeben, was in der Folge die Kredite für finanzschwache Unternehmen erheblich verteuern wird.

**Benchmarking**
Informationstechnik des strategischen Controllings. Es vergleicht Wertschöpfungsprozesse, Managementpraktiken usw. mit denen anderer Unternehmen mit dem Ziel Leistungslücken aufzudecken.

**Bretton Woods Abkommen**
Ein Abkommen zur Währungsbindung (1944), mit dem Ziel, den internationalen Zahlungsverkehr zu stabilisieren und ein neues Währungssystem aufzubauen. Beitrittsstaaten mussten fixe Paritäten für ihre Währungen in Dollar oder Gold definieren, die Wechselkurse durften nur um +/- 1% um die Parität schwanken. Damit der Kurs beibehalten werden kann, müssen die Nationalbanken ständig intervenieren. Der Dollar erhielt eine Sonderrolle als „internationale Leit- und Reservewährung". Die USA verpflichteten sich, jeden Dollar gegen Gold zu einem fixen Preis (35 Dollar pro Feinunze) einzutauschen. Am 15. August 1971 kündigte Präsident Nixon diese Garantie einseitig (ohne Absprache mit den Vertragspartnern) auf. Dies markiert das Ende von Bretton Woods und eröffnet in der Folge den Weg zur Währungsspekulation.

**Browserkrieg**
Kampf um die Vormachtstellung im Browsermarkt (Browser dienen dem Ablesen von Informationen aus dem Internet) zwischen Microsoft und Netscape, den Microsoft 2002 für sich entscheiden konnte – mit ca. 90 % Marktanteil.

**Business Plan**
Auch Geschäftsplan, Geschäftskonzept oder Unternehmenskonzept. Enthält unter anderem folgende Punkte: Produkt, Kundennutzen, Marktanalyse, Marketing- und Absatzkonzept, Finanzplanung.

**Change-Management, Change-Manager**
Gezieltes Management für den ständigen Veränderungsprozess der Arbeitswelt. Der Change-Manager ist die Schnittstelle zwischen Vorstand, Geschäftsführung, Führungskräften, Mitarbeitern und Umwelt bei der unternehmensweiten Institutionalisierung des Wandels. Er vernetzt Informationen, Impulse und Ideen aus den unterschiedlichen Quellen und Bereichen.

**Corporate Citizenship**
Ordnungspolitische Mitverantwortung von Unternehmen an der Entwicklung der Gesellschaft. Unternehmen haben dieselben Pflichten wie Staatsbürger.

**Corporate Governance**
International eingeführte, freiwillige Standards für gute Unternehmensführung, die das Vertrauen der Aktionäre fördern sollen.

**Deflation**
Krisenhafter Zustand der Unterversorgung einer Volkswirtschaft mit Zahlungsmittel, der zur Erhöhung des Tauschwerts des Geldes führt. Die Deflation wirkt preisdrückend und einkommensmindernd. Die daraus folgenden Störungen des wirtschaftlichen Gleichgewichts führen zu Arbeitslosigkeit und zu Konkursen. Die wirtschaftliche Entwicklung wird nachhaltig gehemmt (> Rezession) (Gegenteil von > Inflation).

**Deregulierung**
Der Abbau staatlicher Vorschriften, Einschränkungen und Behinderungen an den Kapital-, den Arbeits -, und Gütermärkten und die damit einhergehende Öffnung dieser Märkte für den international orientierten Investor.

**Dividende**
Auch Gewinnbeteiligung. Die Dividende ist der Gewinn, der anteilig für eine Aktie von der Aktiengesellschaft ausgeschüttet wird. Über die Dividendenhöhe und ihre Auszahlung entscheidet die Hauptversammlung des Unternehmens.

**Facilitator**
Begriff aus der Managementtheorie für einen neuen Führungsstil. Bereitstellen von Ressourcen und Rahmenbedingungen; Anregung der Mitarbeiter zu größtmöglicher Selbstständigkeit.

**feindliche Übernahme**
Ein Unternehmen verschafft sich die Kontrolle über ein anderes gegen dessen Willen. Bei einer Aktiengesellschaft geschieht dies über den Erwerb der Aktienmehrheit.

**Filetierung**
Aufteilung eines Unternehmens in einzelne Bereiche.

**Finanzkapital**
Kapital, mit dem gehandelt wird. Banken, Aktieninhaber oder große anonyme Kapitalgesellschaften beeinflussen damit die Wirtschaft durch ihre beherrschende Lage auf dem Kapitalmarkt.

**fixe Wechselkurse**
Handelspartner oder Staaten einigen sich untereinander, die Währung gegenseitig so zu wechseln, dass der Austauschpreis nur innerhalb von engen Grenzen schwanken darf. Die Nationalbank muss ständig intervenieren, damit der Kurs beibehalten werden kann (> Bretton Woods Abkommen).

**Forecast**
Prognose, hier: Angaben des Vertriebs über den zu erwartenden Umsatz, oft auch strikte Vorgaben für den Umsatz, der zu erreichen ist.

**Fusion**
Verschmelzung mehrerer Unternehmen zu einer wirtschaftlichen und rechtlichen Einheit.

**Freigeldlehre**
Der Zins hat in der Wirtschaft die Funktion der Umlaufsicherung des Geldes. Dies führt zu einem permanenten Wachstumsdruck, zu Verschuldung und zu einer Umverteilung von Arm zu Reich. Die Freigeldlehre beschreibt Alternativen dazu wie Tauschkreise, standardisiertes > Bartergeld, Schwundgeld (= Geld, das dem Wirtschaftkreislauf entzogen wird, soll mit der Zeit weniger wert werden, statt mehr. Das wäre eine andere Form der Umlaufsicherung).

**Gemeinnützigkeit**
Handlungen zum Wohle der Allgemeinheit. Im Vereinsrecht wird der Begriff syno-

nym für Steuerbegünstigung verwendet (Gemeinnützige Zwecke, Mildtätige Zwecke, Kirchliche Zwecke).

**gesättigte Märkte**
Wenn ein Produkt (beispielsweise Fernsehgeräte) nahezu flächendeckend verbreitet wurde, dann ist der Markt dafür „gesättigt". Ein Erfolg in diesem Segment ist nur noch durch Verdrängungswettbewerb der Unternehmen untereinander möglich, wenn auch Produkt-Innovationen nicht vermarktet werden können.

**Global Player**
Konzern, der international operiert.

**Globalisierung**
Zunehmende weltweite Durchdringung von Märkten auf Grund der wachsenden Bedeutung der internationalen Finanzmärkte, des freien Austauschs von Güter- und Arbeitsströmen.

**Golden Handshake**
Hohe Abfertigungszahlung an meist gut bezahlte Mitarbeiter, die ihren Posten aufgeben sollen, bevor ihr Vertrag endet.

**Headcosts**
Personalkosten

**Hire and Fire**
Prinzip, nach dem Arbeitnehmer eingestellt und bei erster Gelegenheit wieder gefeuert werden.

**Inflation**
Zustand einer Geldwertverschlechterung und Kaufkraftsenkung; entsteht durch Vermehrung der umlaufenden Geldmenge über den volkswirtschaftlichen Bedarf hinaus.

**Kerngeschäft**
Der Hauptzweck eines Unternehmens.

**Keynesianismus**
Ökonomische Theorie, die durch variables Nachfrageverhalten des öffentlichen Sektors zum Ausgleich einer ungenügenden effektiven Nachfrage der Privaten den Wirtschaftsprozess beeinflusst.

**Liberalisierung**
Aufhebung wirtschaftspolitischer Eingriffe und Beschränkungen.

**Liquidation**
Abwicklung der laufenden Geschäfte, abschließende Befriedigung der Gläubiger, Verwertung des Vermögens bei Auflösung eines Unternehmens.

**Marktbereinigung**
Unternehmen, die sich in wirtschaftlichen Schwierigkeiten befinden, werden durch großen Konkurrenzdruck oder unvorhergesehen Krisen in den Konkurs getrieben und damit vom Markt „gefegt".

**Marshall Plan**
Hilfsprogramm für die durch den 2. Weltkrieg zerstörten Länder Europas (Sachlieferungen und Kredite).

**McJobs**
Jobs mit schlechter Bezahlung und oft auch Entrechtung.

**Merger**
Freiwillige Verschmelzung von zwei oder mehreren Unternehmen, hat gegenüber der Übernahme den Vorteil, dass weniger Kapital benötigt wird und sich keiner der Beteiligten als „Verlierer" sieht.

**Monetarismus**
Ökonomische Theorie: Nicht die Finanzpolitik des Staates eignet sich zur Steuerung des wirtschaftlichen Ablaufs, sondern die Geldpolitik. Eine konstant wachsende Geldmenge ist in der Lage, die starken Auf- und Abwärtsbewegungen der Wirtschaftsentwicklung harmonisch zu gestalten. Über die Geldmenge soll gleichmäßiges Wachstum gesichert, Inflation eingedämmt und Arbeitslosigkeit auf eine „natürliche Rate" gehoben oder gesenkt werden. Alles Weitere regelt der Markt.

**Neoliberalismus**
Erneuerte liberale Wirtschaftstheorie. Oberstes Prinzip ist der Leistungswettbewerb. Die Märkte sollen in ihrer Entfaltung nicht gehemmt werden. Der Staat soll sich aus dem Wirtschaftsgeschehen zurückziehen und sich auf die Vorgabe des wettbewerbfördernden rechtlichen Rahmens beschränken. Die soziale Funktion des Staates wird minimalisiert. Der Begriff Neoliberalismus wird unterschiedlich verwendet: sowohl für die „laissez fair"-Haltung der „Chicagoer Schule" (z.B. > Friedmann, Neoliberalismus angloamerikanischer Prägung) wie auch für die ordoliberalen Varianten europäischer Wissenschafter (z.B. > Röpke, > Soziale Marktwirtschaft), die durchaus

die Notwendigkeit einer stark ordnenden Hand des Staates betonen. Neoliberalismus wird heute meist als Synonym für > Monetarismus bis hin zum > Turbokapitalismus verwendet. Gemeinsam ist allen Denkrichtungen, dass es nicht Aufgabe des Staates sei „soziale Gerechtigkeit“ zu schaffen.

**New Economy**
Bezeichnung für innovative Wirtschaftsbranchen wie Telekommunikation, Medien, Unterhaltung, Computer, Internet, E-Commerce, Biotechnologie, Umwelttechnik u.Ä. Die New Economy kennzeichneten (insbesondere vor dem Platzen der „Blase“) hohe Wachstumsraten, beruflich hoch qualifizierte Tätigkeiten sowie Mobilität und flexible Arbeits- und Entgeltsysteme. Diese haben Struktur und Prozesse der Wirtschaft grundlegend verändert sowie an den Börsen einen Hype verursacht.

**Outplacement**
Programme von Unternehmen, die bei Kündigungen Hilfestellung bei der Jobsuche geben.

**Performance**
Gesamteindruck oder Leistung von Personen, Firmen oder Aktien.

**Privatisierung**
Überführung von Staatseigentum in Privateigentum.

**Public-Relations (PR), PR-Stratege, PR-Strategie**
Kontinuierliche und strategische Information der Öffentlichkeit. Ziele, Zielgruppen und die dazu passenden Instrumente werden festgelegt, um das bestmögliche Image eines Unternehmens (oder auch von Personen) in der Öffentlichkeit zu erzeugen sowie Krisen möglichst ohne Imageschaden zu bewältigen.

**Profit Center**
Geschäftsbereich einer Firma mit eigener Gewinn- und Verlustrechnung.

**Realkapital**
Die in ein Unternehmen tatsächlich investierten Gelder (Gegensatz dazu > Finanzkapital).

**Realkapitalismus**
Wirtschaftssystem, das auf Realinvestitionen basiert.

**Relaunch**
Erneutes Lancieren eines schon länger existierenden Produkts oder Neuorganisation eines Projektes.

**Rezession**
Beginn des Abschwunges im Konjunkturverlauf. Auch: Ein Nachlassen der Wachstumsraten einer Volkswirtschaft.

**Rheinisches Modell**
Deutsches Modell der > Sozialen Marktwirtschaft.

**Rückbau des Sozialstaates**
Aufgrund der neoliberalen Wirtschaftsideologie reduziert der Staat sukzessive seine Leistungen in der Pensions-, Arbeitslosen-, Gesundheits- und Daseinsvorsorge. Durch Flexibilisierung und Deregulierung kommt es auch zu einem Abbau von Rechten in diesen Bereichen. Dies bedingt eine Zunahme der Belastungen für große Teile der Bevölkerung in Form von Eigenleistungen und Verantwortung.

**Shareholder**
Bezeichnung für Aktionär oder Anteilseigentümer.

**Shareholder Value**
Ertragswert des Eigenkapitals. Unternehmensstrategie, bei der der Vorstand einer Aktiengesellschaft durch alle Maßnahmen, die er in einem Unternehmen entwickelt und umsetzt, den Unternehmenswert im Sinne des Marktwertes des Eigenkapitals steigern soll. Dabei wird in letzter Konsequenz nur der Nutzen der Shareholder (= Aktionäre) berücksichtigt.

**Social Responsibility**
Die Übernahme „Sozialer Verantwortung" im und durch ein Unternehmen.

**Soziale Marktwirtschaft**
Wirtschaftsmodell. Die Wirtschaft wird oder ist privatisiert. Der Staat greift in die Verteilung der Gewinne ein, um Gerechtigkeit zu schaffen, Härten bei unvermeidlichem Strukturwandel zu vermeiden und den sozialen Frieden zu erhalten.

**Spin Doctor**
Im heutigen Sprachgebrauch: Wahlkampfmanager, der Parteien oder Kandidaten in der öffentlichen Meinung positioniert.

**Staatsquote**
Verhältnis von Staatsausgaben zum BIP (Bruttoinlandsprodukt). Dies drückt den Grad der Inanspruchnahme der gesamten Volkswirtschaft durch den staatlichen Sektor aus. Internationale Vergleiche von Staatsquoten sind problematisch, da bereits geringfügige Unterschiede in den jeweils angewandten Konzepten der volks-

wirtschaftlichen Gesamtrechnungen die Aussagefähigkeit erheblich herabsetzen können.

**Stakeholder**
„Anspruchsgruppen" (= Stakeholder) wie Mitarbeiter, Konsumenten, Gesellschaft und Umwelt.

**Stakeholder Value**
Bei Unternehmensentscheidungen wird nicht nur der Nutzen der > Shareholder berücksichtigt, sondern gleichermaßen die Forderungen aller Anspruchsgruppen.

**Stock-Options**
Die Option räumt dem Käufer das Recht ein eine bestimmte Menge an stocks (= Aktien) zu einem bestimmten Preis zu erwerben. Häufig werden Managern als Leistungsanreiz Stock-Options geboten.

**Tobinsteuer**
Alle Devisentransaktionen sollen mit einer geringfügigen Steuer belegt werden. Dies würde kurzfristige Spekulationen unrentabel machen und Steuereinkommen generieren (James Tobin, US-amerikanischer Wirtschaftswissenschaftler, machte 1972 den Vorschlag zur „Tobin Tax", erhielt 1981 den Nobelpreis).

**Transnationaler Konzern**
Unternehmen, das staaten- und grenzübergreifend operiert.

**Turbokapitalismus**
Von > Edward Luttwark geprägt. Bezeichnung für eine neoliberale, besonders aggressive Form des Kapitalismus (heute oft auch: Raubtierkapitalismus).

**Überproduktion**
Die Produktionskapazitäten werden über die mögliche Nachfrage hinaus ausgeweitet. Dies führt zu Absatzkrisen, in denen der Markt mit billigen Waren überschwemmt wird. Die Folge sind Firmenzusammenbrüche, durch die Arbeitnehmer massenweise entlassen werden.

**Underperformer oder Lowperformer**
Bezeichnung aus der Personalbeurteilung für Personen, deren Leistung nicht der geforderten Qualität entspricht.

**Unfriendly (Hostile) Takeover**
Überraschende und zügig durchgeführte Übernahme eines Unternehmens gegen

den Widerstand des Managements und/oder der Aktionäre des zu übernehmenden Betriebs. Auch wenn sich das betroffene Unternehmen heftig wehrt, sind solche Übernahmen oft erfolgreich. Die Geschäftsführung (und meist auch eine große Zahl der Mitarbeiter) eines übernommenen Unternehmens muss mit der Entlassung rechnen.

**War For Talents**
Kampf um Mitarbeiter mit hohem Potenzial. Solche sind schwer zu gewinnen und ebenso schwer im Unternehmen zu halten.

# GLOSSAR – ORGANISATIONEN

**ATTAC**
„Association pour une Taxation des Transactions financières pour l'Aide aux Citoyens" (Vereinigung für die Besteuerung von Finanztransaktionen zu Gunsten der Bürger), gegründet 1998 unter dem Eindruck einer durch massive Spekulation ausgelösten Finanzkrise, die weite Teile Südostasiens in eine tiefe Rezession riss und die Stabilität der Weltwirtschaft bedrohte, nach einem Aufruf zur Kontrolle der Finanzmärkte von Ignacio Ramonet, Chefredakteur von „Le Monde diplomatique", weltweite Organisation, die sich für die Einhebung der > Tobinsteuer und für die demokratische Kontrolle der Finanzmärkte einsetzt. www.attac.org

**GREENPEACE**
Weltweit vernetzte Umweltschutzorganisation, 1972 unter dem Motto „Let's make it a green peace" gegründet. Ziel: Abwendung von Umweltgefahren unter Ausnützung aller Mittel des friedlichen und gewaltfreien Protestes, Lobbyarbeit in Politik und Industrie, professionelle Öffentlichkeitsarbeit. Mit weltweiten und regionalen Umweltschutz-Kampagnen verbreitet Greenpeace wissenschaftliche Erkenntnisse und ökologische Warnungen in der Öffentlichkeit und an Entscheidungsträger aus Politik und Wirtschaft. www.greenpeace.at

**GATT**
„General Agreement on Tariffs and Trade", Allgemeines Zoll- und Handelsabkommen. 1947 von 23 Ländern in Genf unterzeichnet, ist der Vorläufer der WTO. Wird oft mit > GATS verwechselt.

**GATS**
„General Agreement on Trade in Services" (Allgemeines Abkommen über Handel mit Dienstleistungen); Abkommen der Mitgliedstaaten der > WTO (Welthandelsorganisation) zur Liberalisierung des Dienstleistungssektors. Dieser soll nahezu uneingeschränkt dem Wettbewerb geöffnet werden, wobei der Staat die meisten Mittel zur Regulierung des Marktes verliert. Es wird derzeit von den 144 Mitgliedstaaten der > WTO, darunter auch Österreich, verhandelt.

**IWF**
„Internationaler Weltwährungsfonds" (engl. IMF, International Monetary Fund). Auf der Konferenz von Bretton Woods, 1944, gemeinsam mit der Weltbank geschaffene multilaterale Institution. Ziele: Förderung der internationalen Währungsstabilität durch Bereitstellung von Krediten bei kurzfristigen Zahlungsbilanzungleichgewichten. www.imf.org

**OECD**
„Organization for Economic Cooperation and Development“ (Organisation für wirtschaftliche Zusammenarbeit und Entwicklung), der Club der wirtschaftlich höchstentwickelten Staaten (zurzeit 29 Mitgliedstaaten), Förderung des wirtschaftlichen Wachstums der Mitgliedstaaten, Koordinierung der Wirtschaftspolitik, Liberalisierung und Ausweitung des Außen-handels, gemeinsame Entwicklungshilfe. www.oecd.org

**NGO**
„Non Governmental Organization“ (Nichtstaatliche Organisationen), Sammelbegriff. NGO's beschäftigen sich mit Fragen der gesellschaftlichen Entwicklung und erlangen als Verhandlungspartner und Lobbyisten bei Gesetzesentwürfen immer größere Bedeutung.

**NPO**
„Non-Profit-Organisation“, Sammelbegriff. Vereine oder Institutionen, die keinen privaten Profit machen dürfen (zurzeit nur für gemeinnützige, für wohltätige oder soziale Zwecke möglich).

**WELTBANK**
„Internationale Bank für Wiederaufbau und Entwicklung“ (IBRD, International Bank for Reconstruktion and Development), 1944 auf der Konferenz von Bretton Woods u.a. vom IWF geschaffene multilaterale Institution zum Wiederaufbau und zur Stimulierung ökonomischer Entwicklung von Staaten durch Vergabe langfristiger, projektbezogener Darlehen. www.worldbank.org

**WEF**
„World Economic Forum“, Weltwirtschaftsforum, 1971 in Davos als „European Management Forum“ gegründet, Präsident: Klaus Schwab, deutscher Wirtschaftsprofessor. Ziel: Jährliches Treffen von Fachleuten aus Wirtschaft, Politik und Wissenschaft zu einem informellen Gedankenaustausch. www.weforum.org

**WELTSOZIALFORUM**
Weltweiter loser Verbund vom Individuen, Gruppen und Organisationen, die sich gegen den Prozess der neoliberalen Globalisierung wenden, gegründet 2001 in Porto Allegre, Brasilien. „Das Weltsozialforum bringt Organisationen und Bewegungen der Zivilgesellschaft aus allen Ländern in der Welt nur zusammen und verbindet sie, aber beabsichtigt nicht, eine Institution zu sein, welche die Weltzivilgesellschaft repräsentiert.“ (Art. 5 der Charta der Prinzipien des WSF). www.weltsozialforum.org / www.forumsocialmundial.org.br

**WTO**

„World Trade Organization" (Welthandelsorganisation) entstand 1995 als Nachfolgeorganisation des > GATT, arbeitet an Abkommen ihrer Mitgliedstaaten über den Abbau von Zoll- und Handelsschranken und an der Vereinheitlichung der Zoll- und Handelspraktiken. www.wto.org

# GLOSSAR – BUSINES-KRIEG

**Business-Friede**
Ureigenster Zweck der Wirtschaft: Güter produzieren und verteilen, um die Versorgung der Bevölkerung in ihrem Bedürfnis nach Lebenserhalt und Lebensverbesserung sicherzustellen. Dieser wird mit weitgehend friedlichen Mitteln erfüllt. Wettbewerb und persönlicher Profit stehen gleichberechtigt neben sozialer Sicherheit und Gerechtigkeit. Werte wie Partnerschaft, Fairness und die Bereitschaft, Profitstreben mit den Anforderungen der Gemeinschaft zu koordinieren (> Integratives Wachstum, > Stakeholder Value) prägen das Wirtschaftssystem.

**Business-Krieg**
Ein metaphorischer Krieg. Teile der Wirtschaft setzen ihre Interessen mit „ökonomischer Gewalt“ durch. Kapital, Produktionsstätten und Organisationsstrukturen der Gegner werden vereinnahmt oder vernichtet (z.B. durch > feindliche Übernahmen). In weiterer Folge werden durch Kündigung und Überbelastung auch die wirtschaftliche Existenz sowie die physische und psychische Gesundheit von Menschen zerstört und werden Regionen zu Grunde gerichtet.

**ökonomische Gewalt, Waffen im Business-Krieg**
Gewaltsame Durchsetzung von Zielen mit den Waffen der Wirtschaft wie Knowhow, Finanzen, Public Relations, Informationstechnologien u.Ä.

**kriegführende Organisation**
Alle in einer Gesellschaft agierenden Gruppen, die zur Erreichung ihrer Ziele ökonomische Gewalt einsetzen.

**friedliche Organisation**
Alle in einer Gesellschaft agierenden Gruppen, die zur Erreichung ihrer Ziele weitgehend friedliche Formen der Macht einsetzen.

**Neoliberalisierung des Individuums**
Das Wertesystem des Business-Kriegs wird vom Individuum übernommen, um den eigenen Überlebenskampf zu bestehen (> Entsolidarisierung).

**Fronten im Business-Krieg**
- Der Turbokapitalismus als Angreifer
  Die USA führen über den Turbokapitalismus (freier Markt, Liberalisierung, Deregulierung und Privatisierung zur Maximierung des privaten Profits) einen Mehrfrontenkrieg um die ideologische und ökonomische Weltherrschaft.

- Globalisierungskritiker im Widerstand
  Die Kritiker dieser Entwicklung sind seit einigen Jahren international organisiert, mit klaren Zielen ausgestattet und kämpfen mit politischen Mitteln wie auch mit den Waffen des Business-Kriegs.
- Europa/EU als Hauptfront
  Am schwersten zu erkennen ist, dass die Hauptfront des Business-Kriegs in Europa liegt. Erst langsam regt sich Widerstand von einer sich besinnenden Minderheit mit dem Ziel einer Emanzipation Europas von den USA.
- Die eigenen Reihen
  Der Verdrängungswettbewerb zwingt die kriegführenden Organisationen zum Angriff auf andere Unternehmen. Sie vernichten auch Verbündete und setzen ihre eigenen Mitarbeiter außer Gefecht.

**Hinterland des Business-Kriegs**
Bereiche der Wirtschaft, die nicht nach den Gesetzmäßigkeiten des Business-Kriegs ablaufen, am Rande jedoch auch von seinen Auswirkungen bedroht sind.

**Business-Krieger**
Personen, welche die Ziele des neoliberalen Wirtschafsystems freiwillig und gerne vertreten und bereit sind, dafür zu kämpfen.

**Business-Soldaten**
Personen, welche die Ziele des neoliberalen Wirtschaftsystems nicht mittragen, jedoch aus existenziellen Gründen keine Wahl haben und daher zum Kampf gezwungen sind.

**Business-Gefangene**
Personen, welche durch eine feindliche Übernahme „gegen ihren Willen" beim „Sieger" arbeiten müssen.

**Business-Gefallene**
Personen, welche durch Langzeitarbeitslosigkeit oder Krankheit dauerhaft in ihrer Marktfähigkeit beschädigt wurden.

**Business-Lazarett**
Institutionen und Maßnahmen, durch die Personen, welche in ihrer Marktfähigkeit beschädigt wurden, wieder einsatzfähig gemacht werden.

**Business-Rebellen**
Personen, welche mit ökonomischer Gewalt gegen die negativen Auswirkungen des neoliberalen Wirtschaftssystems kämpfen.

**europäischer Softkapitalist**
Kapitalistischer Unternehmer (mit christlichem oder sozialistischem Hintergrund), der sich sozialen Werten verpflichtet fühlt und bei seinen Entscheidungen das Wohl des Individuums, der Gesellschaft und der Umwelt mitberücksichtigt.

**Power-Zivilisten**
Wirtschaftstreibende, die u.a. neue Formen der Unternehmensführung (wie z. B. > Non-Profit-Gesellschaften) und der Geldgebarung (wie z.B. > Bartergeschäfte > Komplementärwährungen) einsetzen und weiterentwickeln.

# DIE AUTORIN

**Christine Bauer-Jelinek**

gilt in Österreich als Coaching-Pionierin und als „Machtexpertin". Als Wirtschaftscoach berät sie Manager/innen und Politiker/innen auf Top-Level, Unternehmer/innen bei Gründungen und auch in Krisensituationen (Massenentlassungen, Insolvenz, Neubeginn u.Ä.). Zu ihren Klienten zählen weiters Vertreter/innen der öffentlichen Verwaltung, von NGO's sowie Menschen auf Arbeitssuche.

Die Vielfalt der Informationen und Szenarien ermöglicht der Autorin ein tiefes Verständnis gesellschaftlicher wie psychologischer Zusammenhänge. Als ausgebildete Pädagogin und Managementtrainerin verarbeitet sie in ihren Büchern, Vorträgen und Seminaren komplexe Inhalte zu klaren Strukturen. Ihr erstes Buch: *„Die helle und die dunkle Seite der Macht"* gehört zu den meistverkauften Sachbüchern seiner Sparte und hat bereits die 5. Auflage erreicht. Christine Bauer-Jelinek wird vom ORF und internationalen Medien als Expertin angesprochen.

Im WOHNCLUB WIEN ©, einem innovativen Projekt für neue Formen des Wohnens und Arbeitens für Alt und Jung, realisiert die Autorin ihre gesellschaftspolitischen Anliegen.

Christine Bauer-Jelinek, Wirtschaftscoach und Psychotherapeutin, ist Jahrgang 1952, geschieden, hat zwei erwachsene Söhne, lebt und arbeitet in Wien.

Mehr Informationen, Presseberichte sowie die aktuellen Termine für Vorträge und Seminare der Autorin finden Sie auf folgenden Internetseiten:

www.business-krieger.com  
www.bauer-jelinek.at  
www.wohnclub.at